全国高等院校土建类应用型规划教材
住房和城乡建设领域关键岗位技术人员培训教材

建筑工程资料管理与实务

《住房和城乡建设领域关键岗位技术人员培训教材》编写委员会 编

主　　编：刘启泓　柳献忠
副 主 编：袁进东　李双喜
组编单位：住房和城乡建设部干部学院
　　　　　北京土木建筑学会

中国林业出版社

图书在版编目（CIP）数据

建筑工程资料管理与实务 /《住房和城乡建设领域关键岗位技术人员培训教材》编写委员会编. —北京 ：中国林业出版社，2018.12

住房和城乡建设领域关键岗位技术人员培训教材

ISBN 978-7-5038-9197-7

Ⅰ. ①建… Ⅱ. ①住… Ⅲ. ①建筑工程－技术档案－档案管理－技术培训－教材 Ⅳ. ①G275.3

中国版本图书馆 CIP 数据核字（2017）第 172501 号

本书编写委员会

主　编：刘启泓　柳献忠

副主编：袁进东　李双喜

组编单位：住房和城乡建设部干部学院　北京土木建筑学会

国家林业和草原局生态文明教材及林业高校教材建设项目

策　　划：杨长峰　纪　亮

责任编辑：陈　惠　王思源　吴　卉　樊　菲

出版：中国林业出版社

（100009 北京西城区德内大街刘海胡同 7 号）

网站：http://lycb.forestry.gov.cn/

印刷：固安县京平诚乾印刷有限公司

发行：中国林业出版社

电话：(010)83143610

版次：2018 年 12 月第 1 版

印次：2018 年 12 月第 1 次

开本：1/16

印张：20.25

字数：320 千字

定价：80.00 元

编写指导委员会

前言

“全国高等院校土建类应用型规划教材”是依据我国现行的规程规范，结合院校学生实际能力和就业特点，根据教学大纲及培养技术应用型人才的总目标来编写。本教材充分总结教学与实践经验，对基本理论的讲授以应用为目的，教学内容以必需、够用为度，突出实训、实例教学，紧跟时代和行业发展步伐，力求体现高职高专、应用型本科教育注重职业能力培养的特点。同时，本套书是结合最新颁布实施的《建筑工程施工质量验收统一标准》(GB50300—2013) 对于建筑工程分部分项划分要求，以及国家、行业现行有效的专业技术标准规定，针对各专业应知识、应会和必须掌握的技术知识内容，按照“技术先进、经济适用、结合实际、系统全面、内容简洁、易学易懂”的原则，组织编制而成。

考虑到工程建设技术人员的分散性、流动性以及施工任务繁忙、学习时间少等实际情况，为适应新形势下工程建设领域的技术发展和教育培训的工作特点，一批长期从事建筑专业教育培训的教授、学者和有着丰富的一线施工经验的专业技术人员、专家，根据建筑施工企业最新的技术发展，结合国家及地方对于建筑施工企业和教学需要编制了这套可读性强，技术内容最新，知识系统、全面，适合不同层次、不同岗位技术人员学习，并与其工作需要相结合的教材。

本教材根据国家、行业及地方最新的标准、规范要求，结合了建筑工程技术人员和高校教学的实际，紧扣建筑施工新技术、新材料、新工艺、新产品、新标准的发展步伐，对涉及建筑施工的专业知识，进行了科学、合理的划分，由浅入深，重点突出。

本教材图文并茂，深入浅出，简繁得当，可作为应用型本科院校、高职高专院校土建类建筑工程、工程造价、建设监理、建筑设计技术等专业教材；也可作为面向建筑与市政工程施工现场关键岗位专业技术人员职业技能培训的教材。

前言

目　　录

第一章　概　述

第一节　基础知识

一、工程资料的相关概念

1. 建设工程项目

经批准按照一个总体设计进行施工，经济上实行统一核算，行政上具有独立组织形式，实行统一管理的工程基本建设单位。它由一个或若干个具有内在联系的工程所组成。

2. 单位工程

具有独立的设计文件，竣工后可以独立发挥生产能力或工程效益的工程，并构成建设工程项目的组成部分。

3. 分部工程

单位工程中可以独立组织施工的工程。

4. 建设工程资料

在工程建设过程中形成的各种形式的信息记录，包括工程准备阶段文件、监理文件、施工文件、竣工图和竣工验收文件，也可简称为工程资料。

5. 工程准备阶段文件

工程开工以前，在立项、审批、征地、勘察、设计、招投标等工程准备阶段形成的文件。

6. 监理文件

监理单位在工程设计、施工等监理过程中形成的文件。

7. 施工文件

施工单位在工程施工过程中形成的文件。

8. 竣工图

工程竣工验收后，真实反映建设工程项目施工结果的图样。

9. 竣工验收文件

建设工程项目竣工验收活动中形成的文件。

10. 建设工程档案

在工程建设活动中直接形成的具有归档保存价值的文字、图表、声像等各种形式的历史记录，也可简称工程档案。

11. 案卷

由互有联系的若干文件组成的档案保管单位。

12. 立卷

按照一定的原则和方法，将有保存价值的文件分门别类整理成案卷，亦称组卷。

二、工程资料的分类

工程资料可分为工程准备阶段文件、监理资料、施工资料、竣工图和工程竣工文件5类。

(1)工程准备阶段文件可分为决策立项文件、建设用地文件、勘察设计文件、招投标及合同文件、开工文件、商务文件6类。

(2)监理资料可分为监理管理资料、进度控制资料、质量控制资料、造价控制资料、合同管理资料和竣工验收资料6类。

(3)施工资料可分为施工管理资料、施工技术资料、施工进度及造价资料、施工物资资料、施工记录、施工试验记录及检测报告、施工质量验收记录、竣工验收资料8类。

(4)工程竣工文件可分为竣工验收文件、竣工决算文件、竣工交档文件、竣工总结文件4类。

三、工程资料的形成

(1)工程资料形成单位应对工程资料的真实性、完整性、有效性负责；由多方形成的资料，应各负其责，即坚持“谁形成，谁负责”的原则。

(2)工程资料的填写、编制、审核、审批、签认应及时进行，其内容符合相关规定。

(3)工程资料不得随意修改；当需要修改时，应实行划改，并由划改人签署。

(4)工程资料的文字、图表、印章应清晰。

(5)工程资料应为原件。当为复印件时，提供单位应在复印件上加盖单位印章，并应有经办人签字及日期。提供单位应对资料的真实性负责。

四、工程资料的基本特征

1. 复杂性

由于建筑工程建设的周期长，建设过程中阶段性和季节性较强，并且建筑材料种类繁多，生产工艺又比较复杂，因此，影响建筑工程的因素多种多样，这就必然导致建筑工程文件和档案资料具有一定的复杂性。

2. 随机性

由于建筑工程文件档案资料产生于工程建设的整个过程之中，无论是在工程的立项审批、勘察设计，还是在开工准备、施工、监理或竣工验收等各个阶段和环节，都会产生各种文件和档案资料。尤其是在影响建筑工程的因素发生变化时，还会随机产生一些由于具体事件而引发的特定文件和档案资料，因此工程文件档案资料还具有一定的随机性。

3. 时效性

有时工程文件和档案资料一经生成，就必须及时传达到有关部门。否则，如果有关单位或部门不予认可，将会产生严重的后果。因此，建筑工程文件和档案资料具有很强的时效性。另外，随着施工工艺水平、新材料以及管理水平的不断提高，文件和档案资料的价值也会随着时间的推移而衰减，但文件和档案资料仍可以被借鉴、继承，积累经验。

4. 真实性

建设工程文件和档案资料只有全面真实地反映项目的各类信息，包括发生的事故和存在的隐患，才具有实用价值。否则一旦引用，会起到误导作用，造成难以想象的后果。因此，建设工程文件和档案资料必须真实全面地反映工程的实际情况，来不得片面和虚假。

5. 综合性

由于建设工程项目常常都是综合的系统的工程，涉及多个专业、多个工种的协同工作才能完成。比如，环境评价、安全评价、建筑、市政、园林、公用、消防、智能、电力、电信、环境工程、声学、美学等多种学科，并同时综合了组织协调、合同、造价、进度、质量、安全等诸多方面的工作内容。可见，建设工程文件和档案资料是多个专业和单位的文件档案资料的集成，具有很强的综合性。

五、工程资料的重要性

(1)做好建筑工程资料管理工作，是认真贯彻《建设工程文件归档整理规范》(GB/T 50328—2001)，确实加强建设工程资料的规范化管理，提高工程管理水平，确保工程质量的具体体现。

(2)建筑工程资料是城建档案的重要组成部分，是工程竣工验收，评定工程质量优劣、结构及安全卫生可靠程度,认定工程质量等级的必要条件。因此必须加强管理,使其能够全面客观地反映工程的实际状况。

(3)建筑工程资料是对工程质量及安全事故的处理,以及对工程进行检查、维修、管理、使用、改建、扩建、工程结算、决算、审计的重要技术依据。

(4)加强工程资料管理,可以督促每个单位和个人按照标准、规范和规程进行工作。工程资料不符合有关规定和要求的,不得进行工程竣工验收。施工过程中工程资料的验收必须与工程质量验收同步进行。

(5)施工过程中工程资料的保存管理应按有关程序和约定执行,工程竣工后,参建的各方应对工程资料进行归档保存,为未来的建设提供参考、积累经验,是指导未来工程建设的重要信息。

因此,凡在中华人民共和国行政区域内,无论是参与新建、改建,还是扩建的建设、勘察、设计、监理和施工的单位,均应做好工程资料的管理工作。

六、工程资料的作用

工程资料应与建筑工程建设过程同步形成,并应真实地反映建筑工程的建设情况和实体质量。同步是保证工程资料真实性的必要手段,工程资料的形成与管理应当跟随工程建设的进度完成,即随着工程建设进展阶段而形成相应的工程资料,使工程资料的真实性得到保证,发挥工程资料在工程建设中的作用,达到提高建筑工程管理水平,规范工程资料管理,从而保证工程质量的目的。工程资料的作用具体体现如下:

(1)体现了工程实体质量状况,以及项目过程管理与全面控制情况,工程资料对工程质量具有否决权。

(2)体现了项目对建设工程法律、法规、标准、规范,特别是强制性标准的执行情况。

(3)充分体现建筑企业自身的综合管理水平。

(4)规范管理人员、操作人员的工作意识与行为。

(5)为建设管理者做决策提供准确、直接的工程信息。

(6)为明确建设工程质量责任提供真实、有效的法律凭证。

(7)为城市基础设施建设,以及现有工程新建、扩建、改建、维修、管理提供翔实依据。

(8)通过资料或数据的统计、计算、分析等,及时发现、处理并解决问题。

七、工程资料的载体形式

1. 工程资料的载体形式

目前,工程资料的载体常见形式有纸质载体、缩微品载体、磁性载体、光盘载体等。

(1)纸质载体是以纸张为基础,在实际工作中应用最多和最普遍的一种载体形式。

(2)缩微品载体是以胶片为基础,利用微缩技术对工程资料进行收集、保存的一种载体形式。

(3)磁性载体是以磁带、磁盘等磁性记忆材料为基础,对实际工程的各种活动声音、图像以及电子文件、资料等进行收集、保存的一种载体形式。

(4)光盘载体是以光盘为基础,利用现代计算机技术对实际工程的各种活动声音、图像以及电子文件、资料等进行收集、存储的一种载体形式。

由于缩微品载体和磁性载体资料的耐久性不如光盘载体,因此纸质载体、光盘载体的资料是文件、资料档案保存的主要形式。然而,无论是哪种载体形式的工程资料,都是在工程建设的实际工作过程中形成、收集和整理而成的。

2. 光盘载体的电子工程档案的归档

(1)存档保管单位,尤其是城建档案馆,在接受工程档案时,首先应该对纸质载体的工程档案进行仔细、严格的验收;验收合格后,进行电子工程档案的核查,核查无误后,方可进行电子工程档案的光盘刻制。

(2)电子工程档案的封套、格式必须按照存档保管单位或城建档案馆的要求进行。

八、工程资料的密级与保管期限

1. 工程资料保管密级的划分

工程资料保管的密级可划分为绝密、机密、秘密三种。如果在同一案卷内有不同密级的文件,则应以其中最高的密级作为该卷的密级。

2. 工程资料保管的期限的划分

工程资料保管的期限可分为永久、长期、短期三种期限。

所谓永久,是指工程档案需永久保存。长期是指工程档案的保存期限等于该工程的使用寿命。短期是指工程档案保存 20 年以下。

如果在同一案卷内,同时存在有不同保管期限的文件和资料时,则该案卷保管期限应以保管期限较长的为准。

第二节 工程资料管理

一、管理职责

1. 资料管理通用职责

(1)工程资料的形成应符合国家相关的法律、法规、施工质量验收标准和规范、工程合同与设计文件等规定。

(2)工程各参建单位应将工程资料的形成和积累纳入工程建设管理的各个环节和有关人员的职责范围。

(3)工程资料应随工程进度同步收集、整理并按规定移交。

(4)工程资料应实行分级管理,由建设、监理、施工单位主管(技术)负责人组织本单位工程资料的全过程管理工作。建设过程中工程资料的收集、整理工作和审核工作应有专人负责,并按规定取得相应的岗位资格。

(5)各工程参建单位应确保各自文件的真实、有效、完整和齐全,对工程资料进行涂改、伪造、随意抽撤或损毁、丢失等的,应按有关规定予以处罚,情节严重的,应追究法律责任。

2. 工程参建单位职责

(1)建设单位的资料管理职责

1)建设单位负责工程准备阶段文件(基建文件)管理工作,并设专人对工程准备阶段文件(基建文件)进行收集、整理和归档。

2)在工程招标及与勘察、设计、施工、监理等单位签订协议、合同时,应对工程资料和工程档案的编制责任、套数、费用、质量和移交时间等提出明确要求。

3)必须向参与工程建设的勘察、设计、施工、监理等单位提供与工程建设有关的资料。

4)由建设单位采购的建筑材料、构配件和设备,建设单位应保证建筑材料、构配件和设备符合设计文件和合同要求,并保证相关物资文件的完整、真实和有效。

5)应负责监督和检查各参建单位工程资料的形成、积累和立卷工作,也可委托监理单位检查工程资料的形成、积累和立卷工作。

6)应对须建设单位签认的工程资料签署意见。

7)应收集和汇总勘察、设计、监理和施工等单位立卷归档的工程档案。

8)应负责组织竣工图的绘制工作,也可委托施工单位、监理单位或设计单位,并按相关文件规定承担费用。

9)列入城建档案馆接收范围的工程档案,建设单位应在组织工程竣工验收前,提请城建档案馆进行预验收,未取得《建设工程竣工档案预验收意见》的,不得组织工程竣工验收。

10)建设单位应在工程竣工验收后三个月内将工程档案移交城建档案馆。

(2)勘察、设计单位的资料管理职责

1)应按合同和规范要求提供勘察、设计文件。

2)应对须勘察、设计单位签认的工程资料签署意见。

3)工程竣工验收时,应出具工程质量检查报告。

(3)监理单位的资料管理职责

1)应负责监理资料的管理工作,并设专人对监理资料进行收集、整理和归档。

2)应按照合同约定,在勘察、设计阶段,对勘察、设计文件的形成、积累、组卷和归档进行监督、检查;在施工阶段,应对施工资料的形成、积累、组卷和归档工作进行监督、检查,使施工资料的完整性、准确性符合有关要求。

3)列入城建档案馆接收范围的监理资料,监理单位应在工程竣工验收后两个月内移交建设单位。

(4)施工单位的资料管理职责

1)应负责施工资料的管理工作,实行技术负责人负责制,逐级建立健全施工资料管理岗位责任制。

2)应负责汇总各分包单位编制的施工资料,分包单位应负责其分包范围内施工资料的收集和整理,并对施工资料的真实性、完整性和有效性负责。

3)应在工程竣工验收前,完成工程施工资料的整理、汇总。

4)应负责编制两套施工资料,其中,移交建设单位一套,自行保存一套。

3. 城建档案馆职责

(1)应负责接收、收集、保管和利用城建档案的日常管理工作。

(2)应负责对城建档案的编制、整理、归档工作进行监督、检查、指导,对国家和省市重点、大型工程项目的工程档案编制、整理、归档工作应指派专业人员进行指导。

(3)应在工程竣工验收前,对列入城建档案馆接收范围的工程档案进行预验收,并出具《建设工程竣工档案预验收意见》。

4. 资料员职责和专业技能、知识

(1)资料员的工作职责

1)参与制定施工资料管理计划。

2)参与建立施工资料管理规章制度。

3)负责建立施工资料台账,进行施工资料交底。

4)负责施工资料的收集、审查及整理。

5)负责施工资料的往来传递、追溯及借阅管理。

6)负责提供管理数据、信息资料。

7)负责施工资料的立卷、归档。

8)负责施工资料的封存和安全保密工作。

9)负责施工资料的验收与移交。

10)参与建立施工资料管理系统。

11)负责施工资料管理系统的运用、服务和管理。

(2)资料员应具备的专业技能

1)能够参与编制施工资料管理计划。

2)能够建立施工资料台账。

3)能够进行施工资料交底。

4)能够收集、审查、整理施工资料。

5)能够检索、处理、存储、传递、追溯、应用施工资料。

6)能够安全保管施工资料。

7)能够对施工资料立卷、归档、验收、移交。

8)能够参与建立施工资料计算机辅助管理平台。

9)能够应用专业软件进行施工资料的处理。

(3)资料员应具备的专业知识

1)通用知识

①熟悉国家工程建设相关法律法规。

②了解工程材料的基本知识。

③熟悉施工图绘制、识读的基本知识。

④了解工程施工工艺和方法。

⑤熟悉工程项目管理的基本知识。

2)基础知识

①了解建筑构造、建筑设备及工程预算的基本知识。

②掌握计算机和相关资料管理软件的应用知识。

③掌握文秘、公文写作基本知识。

3)岗位知识

①熟悉与本岗位相关的标准和管理规定。

②熟悉工程竣工验收备案管理知识。

③掌握城建档案管理、施工资料管理及建筑业统计的基础知识。

④掌握资料安全管理知识。

二、基建文件管理

1. 基建文件的形成

基建文件宜按图 1-1 形成。

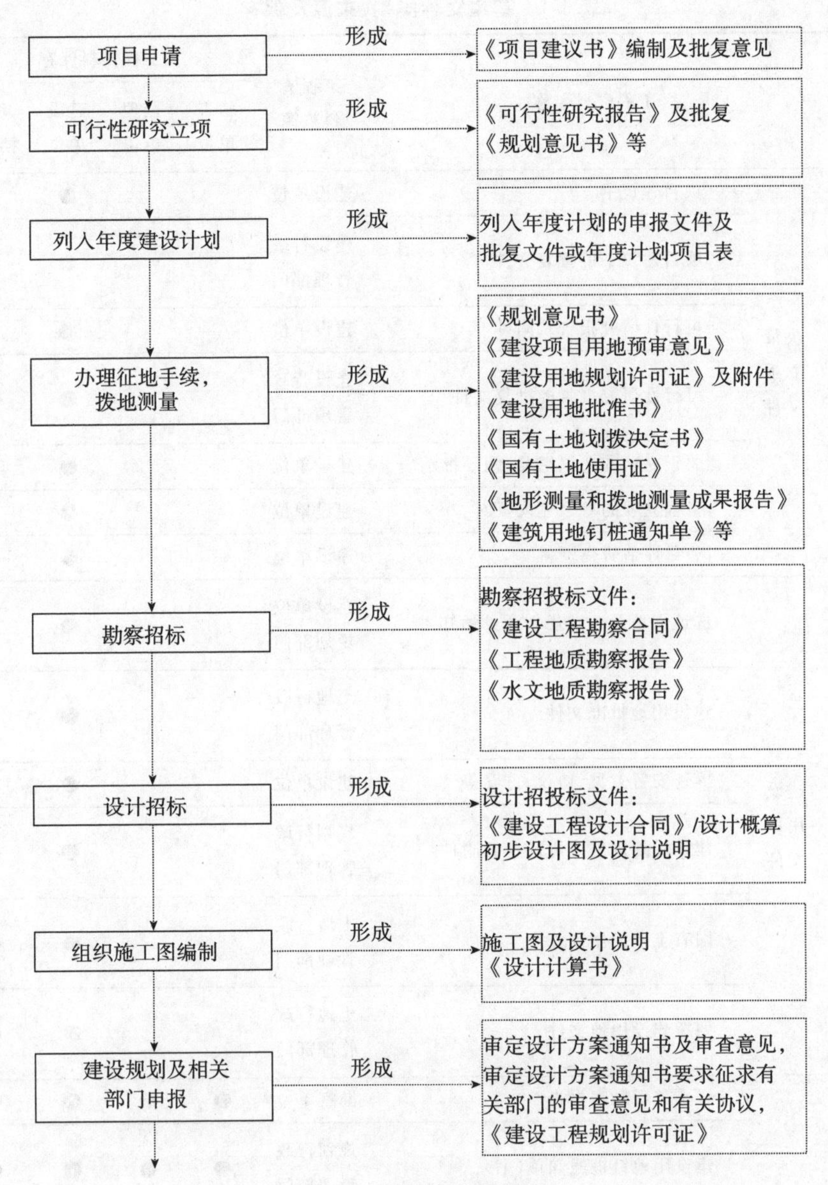

图 1-1 基建文件形成图

2. 基建文件分类及编号

(1)基建文件应包括决策立项文件，建设用地、征地、拆迁文件，勘察、测绘、设计文件，工程招投标及合同文件，工程开工文件，工程商务文件等几类。

(2)基建文件按表 1-1 规定的文件类别和形成时间先后顺序编号。

表 1-1 基建文件类别、来源及保存

工程资料类别		工程资料名称	工程资料来源	工程资料保存			
				施工单位	监理单位	建设单位	城建档案馆
A1类	决策立项文件	项目建议书	建设单位			●	●
		项目建议书的批复文件	建设行政管理部门			●	●
		可行性研究报告及附件	建设单位			●	●
		可行性研究报告的批复文件	建设行政管理部门			●	●
		关于立项的会议纪要、领导批示	建设单位			●	●
		工程立项的专家建议资料	建设单位			●	●
		项目评估研究资料	建设单位			●	●
A2类	建设用地文件	选址申请及选址规划意见通知书	建设单位 规划部门			●	●
		建设用地批准文件	土地行政管理部门			●	●
		拆迁安置意见、协议、方案等	建设单位			●	●
		建设用地规划许可证及其附件	规划行政管理部门			●	●
		国有土地使用证	土地行政管理部门			●	●
		划拨建设用地文件	土地行政管理部门			●	●
A3类	勘察设计文件	岩土工程勘察报告	勘察单位	●	●	●	●
		建设用地钉桩通知单(书)	规划行政管理部门	●	●	●	●
		地形测量和拨地测量成果报告	测绘单位			●	●
		审定设计方案通知书及审查意见	规划行政管理部门			●	●
		审定设计方案通知书要求征求有关部门的审查意见和要求取得的有关协议	有关部门			●	●

（续）

工程资料类别		工程资料名称	工程资料来源	工程资料保存			
				施工单位	监理单位	建设单位	城建档案馆
A3类	勘察设计文件	初步设计图及设计说明	设计单位			●	
		消防设计审核意见	公安机关消防机构	○	○	●	●
		施工图设计文件审查通知书及审查报告	施工图审查机构	○	○	●	●
		施工图及设计说明	设计单位	○	○	●	
A4类	招投标与合同文件	勘察招投标文件	建设单位 勘察单位			●	
		勘察合同*	建设单位 勘察单位			●	●
		设计招投标文件	建设单位 设计单位			●	
		设计合同*	建设单位 设计单位			●	●
		监理招投标文件	建设单位 监理单位		●	●	
		委托监理合同*	建设单位 监理单位		●	●	●
		施工招投标文件	建设单位 施工单位	●	○	●	
		施工合同*	建设单位 施工单位	●	○	●	●
A5类	开工文件	建设项目列入年度计划的申报文件	建设单位			●	●
		建设项目列入年度计划的批复文件或年度计划项目表	建设行政管理部门			●	●
		规划审批申报表及报送的文件和图纸	建设单位 设计单位			●	
		建设工程规划许可证及其附件	规划部门			●	●

（续）

工程资料类别		工程资料名称	工程资料来源	工程资料保存			
				施工单位	监理单位	建设单位	城建档案馆
A5类	开工文件	建设工程施工许可证及其附件	建设行政管理部门	●	●	●	●
		工程质量安全监督注册登记	质量监督机构	○	○	●	●
		工程开工前的原貌影像资料	建设单位	●	●	●	●
		施工现场移交单	建设单位	○	○	○	
A6类	商务文件	工程投资估算资料	建设单位			●	
		工程设计概算资料	建设单位			●	
		工程施工图预算资料	建设单位			●	
A类其他资料							

注：1. 表中工程资料名称与资料保存单位所对应的栏中，“●”表示“归档保存”，“○”表示“过程保存”，是否归档保存可自行确定。

2. 表中注明“*”的文件，宜由施工单位和监理单位或建设单位共同形成；表中注明“**”的文件，宜由建设、设计、监理、施工等多方共同形成。

3. 勘察单位保存资料内容应包括工程地质勘察报告、勘察招投标文件、勘察合同、勘察单位工程质量检查报告以及勘察单位签署的有关质量验收记录等。

4. 设计单位保存资料内容应包括审定设计方案通知书及审查意见、审定设计方案通知书要求征求有关部门的审查意见和要求取得有关协议、初步设计图及设计说明、施工图及设计说明、消防设计审核意见、施工图设计文件审查通知书及审查报告、设计招投标文件、设计合同、图纸会审记录、设计变更通知单、设计单位签署意见的工程洽商记录（包括技术核定单）、设计单位工程质量检查报告以及设计单位签署的有关质量验收记录。

3. 基建文件管理要求

（1）工程决策立项文件，建设用地、征地、拆迁文件，工程开工文件，工程竣工验收及备案文件应由建设单位按规定程序及时办理，文件内容应完整，手续应齐全。

（2）勘察、测绘、设计文件由建设单位按相关规定要求委托有资质的勘察、测绘、设计单位编制形成。

（3）工程招投标及合同文件应由建设单位负责形成。

（4）工程商务文件由建设单位委托有资质的专业单位编制，应真实反映工程建设造价情况。

(5)工程音像资料由建设负责收集,应真实反映工程建设情况。

(6)工程竣工总结由建设单位在工程竣工阶段编制,应真实反映工程建设实施情况。

(7)工程竣工验收报告由建设单位在工程竣工验收后进行编制,应真实反映工程竣工验收情况。

(8)勘察单位工程质量检查报告是对与工程勘察相关的工程质量检查后,由勘察单位形成的报告。

(9)设计单位工程质量检查报告是对工程设计文件及设计单位签署的变更通知实施情况检查后,由设计单位形成的报告。

三、监理资料管理

1. 监理资料的管理要求

(1)监理资料是监理单位在工程建设监理活动过程中形成的全部资料。

(2)监理(建设)单位应在工程开工前按相关规定确定本工程的见证人员。见证人应履行见证职责,填写见证记录。

(3)监理规划应由总监理工程师审核签字,并经监理单位技术负责人批准。

(4)监理实施细则应由监理工程师根据专业工程特点编制,经总监理工程师审核批准。

(5)监理单位在编制监理规划时,应针对工程的重要部位及重要施工工序制定旁站监理方案,明确旁站监理的范围、内容、程序和旁站监理人员职责等。监理人员应根据旁站监理方案实施旁站,在实施旁站监理时应填写旁站监理记录。

(6)监理月报应由总监理工程师签认并报送建设单位和监理单位。

(7)监理会议纪要由项目监理部根据会议记录整理,经总监理工程师审阅,由与会各方代表会签。

(8)项目监理部的监理工作日志应由专人负责逐日记载。

(9)监理工程师对工程所用物资或施工质量进行随机抽检时,应填写监理抽检记录。

(10)监理工程师在监理过程中,发现不合格项时应填写不合格项处置记录。

(11)工程施工过程中如发生的质量事故,项目总监理工程师应记录事故情况并以书面形式上报。

(12)项目总监理工程师在工程竣工预验收合格后应撰写工程质量评估报告,对工程建设质量做出综合评价。工程质量评估报告应由项目总监理工程师及监理单位技术负责人签认,并加盖公章。

(13)工程竣工验收合格后,项目总监理工程师及建设单位代表应共同签署竣工移交证书,并加盖监理单位、建设单位公章。

(14)工程竣工验收合格后,项目总监理工程师应组织编写监理工作总结并提交建设单位。

2. **监理资料的形成流程**

监理资料宜按图1-2所示流程形成。

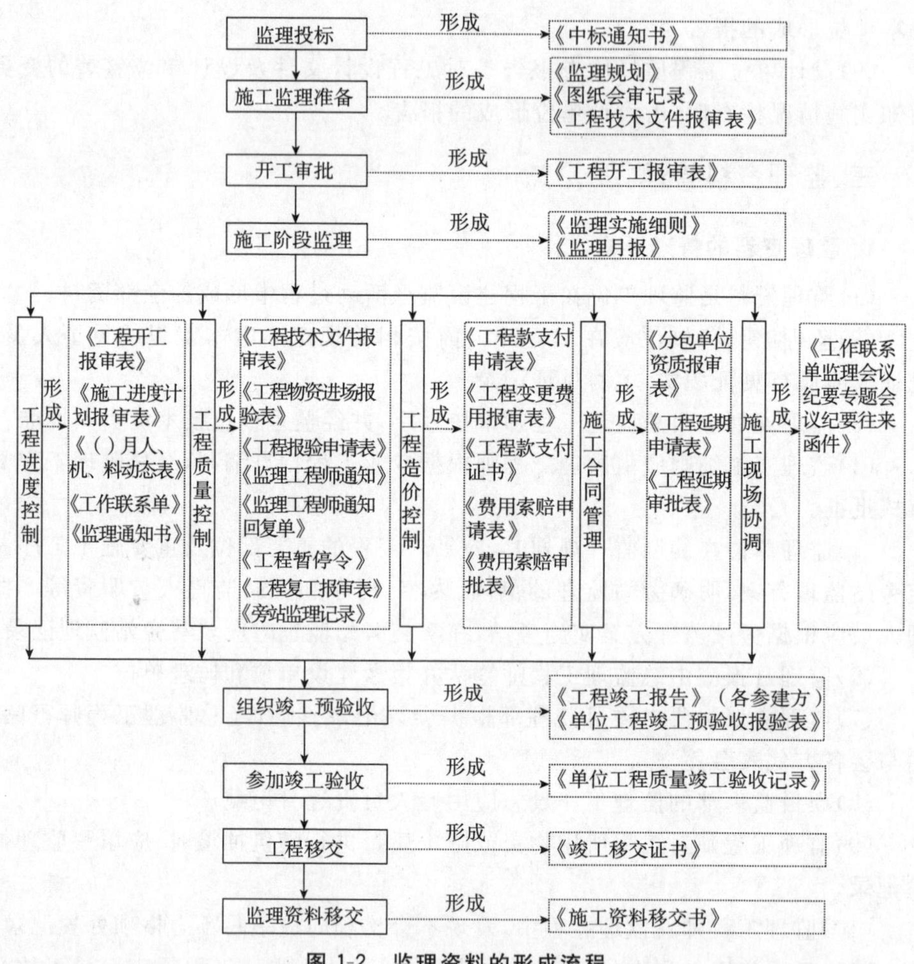

图1-2 监理资料的形成流程

3. **监理资料分类及编号**

(1)监理资料宜分为监理管理资料、进度控制资料、质量控制资料、造价控制资料、合同管理资料、竣工验收资料。

(2)监理资料宜按表1-2中规定的类别和形成时间顺序编号。

表 1-2 监理资料类别、来源及保存工程

工程资料类别		工程资料名称	工程资料来源	工程资料保存			
				施工单位	监理单位	建设单位	城建档案馆
B1类	监理管理资料	监理规划	监理单位		●	●	●
		监理实施细则	监理单位	○	●	●	●
		监理月报	监理单位		●	●	
		监理会议纪要	监理单位	○	●	●	
		监理工作日志	监理单位		●		
		监理工作总结	监理单位		●	●	●
		工作联系单(表 B. 1. 1)	监理单位 施工单位	○	○		
		监理工程师通知(表 B. 1. 2)	监理单位	○	○		
		监理工程师通知回复单*(表 C. 1. 7)	施工单位	○	○		
		工程暂停令(表 B. 1. 3)	监理单位	○	○	○	●
		工程复工报审表*(表 C. 3. 2)	施工单位	●	●	●	●
B2类	进度控制资料	工程开工报审表*(表 C. 3. 1)	施工单位	●	●	●	●
		施工进度计划报审表*(表 C. 3. 3)	施工单位	○	○		
B3类	质量控制资料	质量事故报告及处理资料	施工单位	●	●	●	●
		旁站监理记录*(表 B. 3. 1)	监理单位	○	●	●	
		见证取样和送检见证人员备案表(表 B. 3. 2)	监理单位或建设单位	●	●	●	
		见证记录*(表 B. 3. 3)	监理单位	●	●	●	
		工程技术文件报审表*(表 C. 2. 1)	施工单位	○	○		
B4类	造价控制资料	工程款支付申请表(表 C. 3. 6)	施工单位	○	○	●	
		工程款支付证书(表 B. 4. 1)	监理单位	○	○	●	
		工程变更费用报审表*	施工单位	○	○	●	
		费用索赔申请表	施工单位	○	○	●	
		费用索赔审批表(表 B. 4. 2)	监理单位	○	○	●	

（续）

工程资料类别		工程资料名称	工程资料来源	工程资料保存			
				施工单位	监理单位	建设单位	城建档案馆
B5类	合同管理资料	委托监理合同*	监理单位		●	●	●
		工程延期审批表(表C.3.5)	施工单位	●	●	●	●
		工程延期审批表(表B.5.1)	监理单位	●	●	●	●
		分包单位资质报审表*(表C.1.3)	施工单位	●	●	●	
B6类	竣工验收资料	单位(子单位)工程竣工预验收报验表*	施工单位	●	●	●	
		单位(子单位)工程质量竣工验收记录**	施工单位	●	●	●	●
		单位(子单位)工程质量控制资料核查记录*	施工单位	●	●	●	●
		单位(子单位)工程安全和功能检验资料核查及主要功能抽查记录*	施工单位	●	●	●	●
		单位(子单位)工程观感质量检查记录*	施工单位	●	●	●	●
		工程质量评估报告	监理单位	●	●	●	●
		监理费用决算资料	监理单位		○	●	
		监理资料移交书	监理单位		●	●	
		B类其他资料					

注：见表1-1。

四、施工资料管理

施工资料是指施工单位在工程施工过程中形成的全部资料，按其性质可分为施工管理、施工技术、施工进度及造价资料、施工物资、施工记录、施工试验及检测报告、施工质量验收记录及工程竣工质量验收资料。

1. 施工资料管理要求

(1)施工资料应真实反映工程施工质量。

(2)施工组织设计应由施工单位企业技术负责人审批，报监理单位批准后实施。

(3)对于危险性较大的分部分项工程，施工单位应组织不少于 5 人的专家组，对专项施工方案进行论证审查。专家组应填写《危险性较大的分部分项工程专家论证表》，并将其作为专项施工方案的附件。

(4)建筑工程所使用的涉及工程质量、使用功能、人身健康和安全的各种主要物资必须有质量证明文件。质量证明文件应反映工程物资的品种、规格、数量、性能指标等，并与实际进场物资相符。

(5)进口物资使用说明书为外文版的，应翻译为中文，翻译责任者应签字。

(6)涉及安全、消防、卫生、环保、节能的有关物资的质量证明文件中，应有相应资质等级检测单位出具的相应检测报告，或市场准入制度要求的法定机构出具的有效证明文件。

(7)工程物资供应单位或加工单位负责收集、整理和保存所供物资原材料的质量证明文件，施工单位则需收集、整理和保存供应单位或加工单位提供的质量证明文件和进场后进行的试(检)验报告。各单位应对各自范围内工程资料的汇集、整理结果负责，并保证工程资料的可追溯性。

(8)凡使用的新材料、新产品，均应有由具备鉴定资格的单位或部门出具的鉴定证书，同时具有产品质量标准和试验要求，使用前应按其质量标准和试验要求进行试验或检验。新材料、新产品还应提供安装、维修、使用和工艺标准等相关技术文件。

(9)施工单位应在完成分项工程检验批施工，自检合格后，由项目专业质量检查员填写检验批质量验收记录表，报请项目专业监理工程师组织质量检查员等进行验收确认。

(10)分项工程所包含的检验批全部完工并验收合格后，应由施工单位技术负责人填写分项工程质量验收记录表，报请项目专业监理工程师组织有关人员验收确认。

(11)分部(子分部)工程所包含的全部分项工程完工并验收合格后，应由施工单位技术负责人填写分部(子分部)工程质量验收记录表，报请项目总监理工程师组织有关人员验收确认。

(12)地基与基础、主体结构分部工程完工，应由建设、监理、勘察、设计和施工单位进行分部工程验收并加盖公章。

(13)单位(子单位)工程的室内环境、建筑设备与工程系统节能性能等应检测合格并有检测报告。

(14)单位(子单位)工程完工后，应由施工单位填写单位工程竣工预验收报验表报项目监理部，申请工程竣工预验收。总监理工程师组织项目监理部人员与施工单位进行检查预验收，合格后总监理工程师签署单位工程竣工预验收报验表、单位(子单位)工程质量控制资料核查记录、单位(子单位)工程安全和功能检查资料核查及主要功能抽查记录和单位(子单位)工程观感质量检查记录等,并报建设单位,申请竣工验收。

(15)建设单位应组织设计、监理、施工等单位对工程进行竣工验收,各单位应在单位(子单位)工程质量竣工验收记录上签字并加盖公章。

(16)对音像资料的要求应按《建设电子文件与电子档案管理规范》(CJJ/T 117-2007)执行。

2. 施工资料的形成流程

(1)施工技术及管理资料的形成,见图1-3。

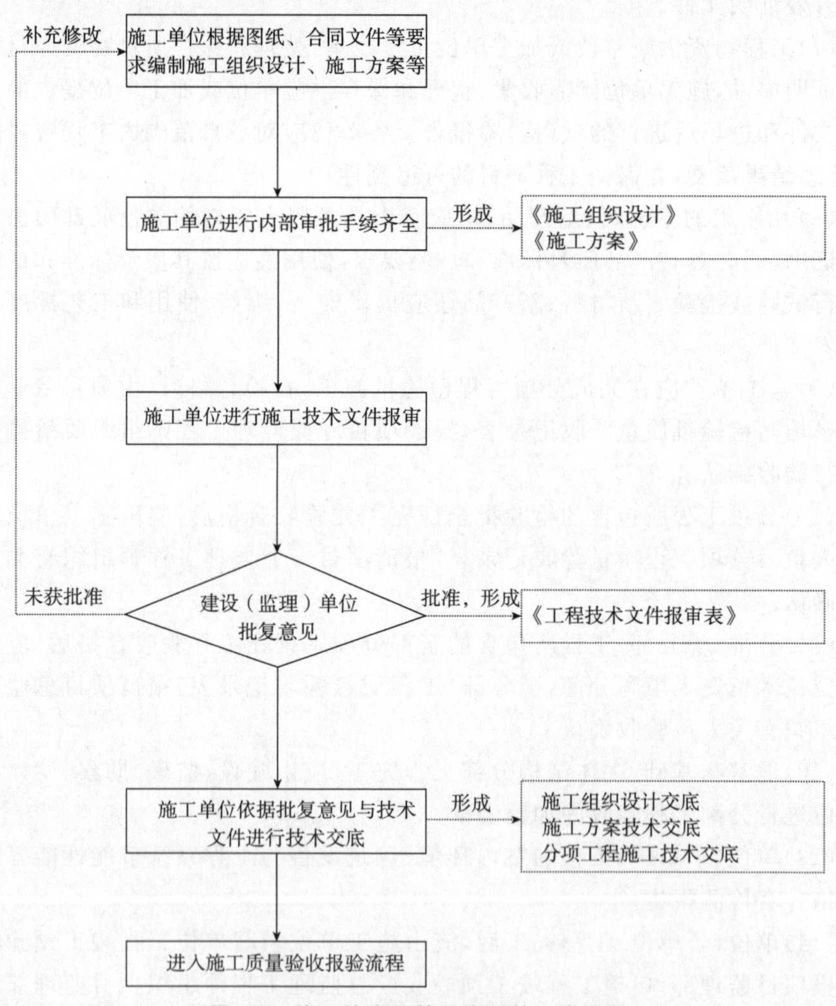

图1-3 施工技术及管理资料的形成流程

(2)施工物资及管理资料的形成,见图1-4。

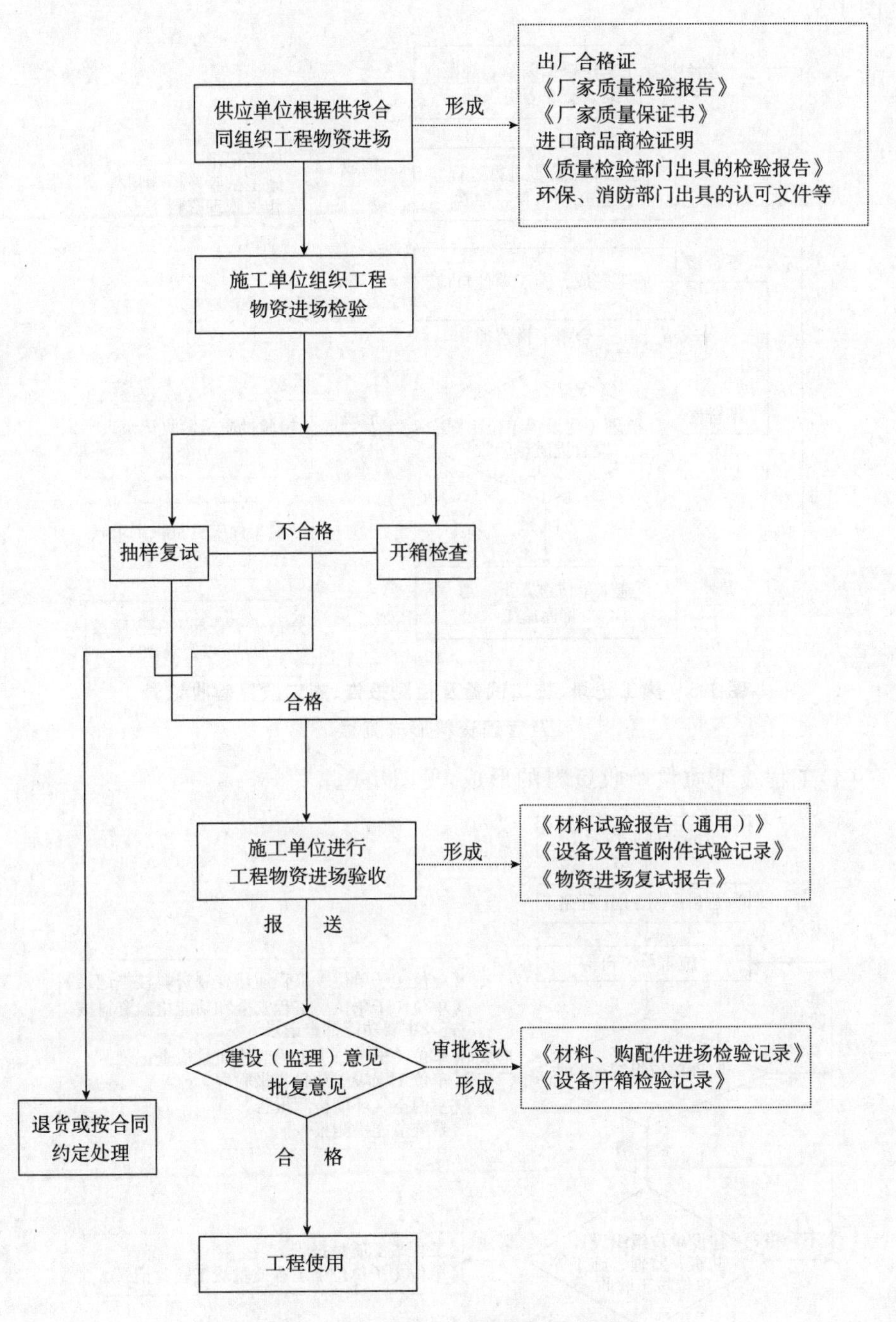

图1-4　施工物资及管理资料形成流程

(3)施工记录、施工试验及检测报告、施工质量验收记录及管理资料的形成，见图 1-5。

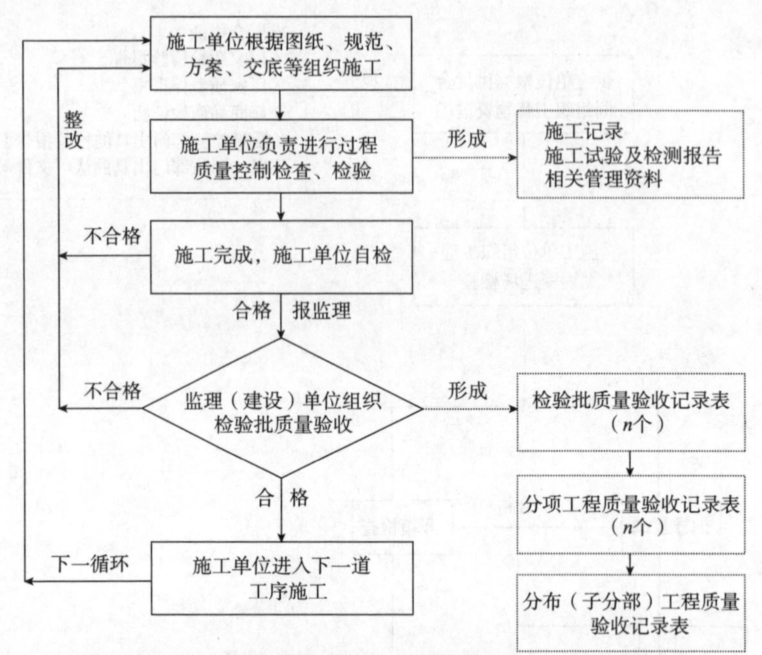

图 1-5　施工记录、施工试验及检测报告、施工质量验收记录及管理资料形成流程

(4)工程竣工质量验收资料的形成，见图 1-6。

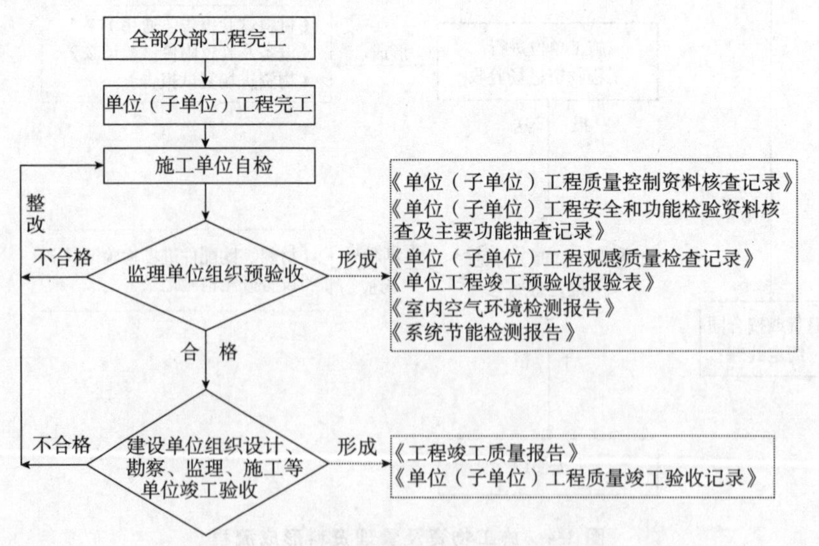

图 1-6　工程竣工质量验收资料形成流程

3. 施工资料分类及编号

(1)施工资料分类分为施工管理资料、施工技术资料、施工进度及造价资料、施工物资资料、施工记录、施工试验及检测报告、施工质量验收记录和工程竣工验收文件等八类。

(2)施工资料编号的组成：

1)施工资料编号可由分部工程代号(2 位)、子分部工程代号(2 位)、资料类别分类编号(2 位)、顺序号(3 位)共 4 组代号组成，组与组之间应用横线隔开，编号形式如下：××－××－××－×××

①　②　③　④

①为分部工程代号(共 2 位)，应根据资料所属的分部工程，按表 1-3 规定的代号填写。

②为子分部工程代号(共 2 位)，应根据资料所属的子分部工程，按表 1-3 规定的代号填写。

③为施工资料的类别编号(共 2 位)，应根据资料所属类别，按表 1-4 中规定的类别填写。

④为顺序号(共 3 位)，应根据相同表格、相同检查项目，按时间自然形成的先后顺序号填写，从 001 开始逐张编号。

2)施工资料编号应填入表格右上角的编号栏。

3)属于单位工程整体管理内容的资料，编号中的分部、子分部工程代号可用“00”代替。

4)同一厂家、同一品种、同一批次的施工物资用在两个分部、子分部工程中时，资料编号中的分部、子分部工程代号可按主要使用部位填写。

表 1-3　分部(子分部)工程、分项工程划分

分部工程代号	分部工程	子分部工程	分项工程
01	地基与基础	地基(01)	素土、灰土地基(01)，砂和砂石地基(02)，土工合成材料地基(03)，粉煤灰地基(04)，强夯地基(05)，注浆地基(06)，预压地基(07)，砂石桩复合地基(08)，高压旋喷注浆地基(09)，水泥土搅拌桩地基(10)，土和灰土挤密桩复合地基(11)，水泥粉煤灰碎石桩复合地基(12)，夯实水泥土桩复合地基(13)
		基础(02)	无筋扩展基础(01)，钢筋混凝土扩展基础(02)，筏形与箱形基础(03)，钢结构基础(04)，钢管混凝土结构基础(05)，型钢混凝土结构基础(06)，钢筋混凝土预制桩基础(07)，泥浆护壁成孔灌注桩基础(08)，干作业成孔桩基础(09)，长螺旋钻孔压灌桩基础(10)，沉管灌注桩基础(11)，钢桩基础(12)，锚杆静压桩基础(13)，岩石锚杆基础(14)，沉井与沉箱基础(15)

（续）

分部工程代号	分部工程	子分部工程	分项工程
01	地基与基础	基坑支护(03)	灌注桩排桩围护墙(01)，板桩围护墙(02)，咬合桩围护墙(03)，型钢水泥土搅拌墙(04)，土钉墙(05)，地下连续墙(06)，水泥土重力式挡墙(07)，内支撑(08)，锚杆(09)，与主体结构相结合的基坑支护(10)
		地下水控制(04)	降水与排水(01)，回灌(02)
		土方(05)	土方开挖(01)，土方回填(02)，场地平整(03)
		边坡(06)	喷锚支护(01)，挡土墙(02)，边坡开挖(03)
		地下防水(07)	主体结构防水(01)，细部构造防水(02)，特殊施工法结构防水(03)，排水(04)，注浆(05)
02	主体结构	混凝土结构(01)	模板(01)，钢筋(02)，混凝土(03)，预应力(04)，现浇结构(05)，装配式结构(06)
		砌体结构(02)	砖砌体(01)，混凝土小型空心砌块砌体(02)，石砌体(03)，配筋砌体(04)，填充墙砌体(05)
		钢结构(03)	钢结构焊接(01)，紧固件连接(02)，钢零部件加工(03)，钢构件组装及预拼装(04)，单层钢结构安装(05)，多层及高层钢结构安装(06)，钢管结构安装(07)，预应力钢索和膜结构(08)，压型金属板(09)，防腐涂料涂装(10)，防火涂料涂装(11)
		钢管混凝土结构(04)	构件现场拼装(01)，构件安装(02)，钢管焊接(03)，构件连接(04)，钢管内钢筋骨架(05)，混凝土(06)
		型钢混凝土结构(05)	型钢焊接(01)，紧固件连接(02)，型钢与钢筋连接(03)，型钢构件组装及预拼装(04)，型钢安装(05)，模板(06)，混凝土(07)
		铝合金结构(06)	铝合金焊接(01)，紧固件连接(02)，铝合金零部件加工(03)，铝合金构件组装(04)，铝合金构件预拼装(05)，铝合金框架结构安装(06)，铝合金空间网格结构安装(07)，铝合金面板(08)，铝合金幕墙结构安装(09)，防腐处理(10)
		木结构(07)	方木与原木结构(01)，胶合木结构(02)，轻型木结构(03)，木结构的防护(04)

（续）

分部工程代号	分部工程	子分部工程	分项工程
03	建筑装饰装修	建筑地面(01)	基层铺设(01)，整体面层铺设(02)，板块面层铺设(03)，木、竹面层铺设(04)
		抹灰(02)	一般抹灰(01)，保温层薄抹灰(02)，装饰抹灰(03)，清水砌体勾缝(04)
		外墙防水(03)	外墙砂浆防水(01)，涂膜防水(02)，透气膜防水(03)
		门窗(04)	木门窗安装(01)，金属门窗安装(02)，塑料门窗安装(03)，特种门安装(04)，门窗玻璃安装(05)
		吊顶(05)	整体面层吊顶(01)，板块面层吊顶(02)，格栅吊顶(03)
		轻质隔墙(06)	板材隔墙(01)，骨架隔墙(02)，活动隔墙(03)，玻璃隔墙(04)
		饰面板(07)	石板安装(01)，陶瓷板安装(02)，木板安装(03)，金属板安装(04)，塑料板安装(05)
		饰面砖(08)	外墙饰面砖粘贴(01)，内墙饰面砖粘贴(02)
		幕墙(09)	玻璃幕墙安装(01)，金属幕墙安装(02)，石材幕墙安装(03)，陶板幕墙安装(04)
		涂饰(10)	水性涂料涂饰(01)，溶剂型涂料涂饰(02)，美术涂饰(03)
		裱糊与软包(11)	裱糊(01)，软包(02)
		细部(12)	橱柜制作与安装(01)，窗帘盒和窗台板制作与安装(02)，门窗套制作与安装(03)，护栏和扶手制作与安装(04)，花饰制作与安装(05)
04	屋面	基层与保护(01)	找坡层(01)，找平层(02)，隔汽层(03)，隔离层(04)，保护层(05)
		保温与隔热(02)	板状材料保温层(01)，纤维材料保温层(02)，喷涂硬泡聚氨酯保温层(03)，现浇泡沫混凝土保温层(04)，种植隔热层(05)，架空隔热层(06)，蓄水隔热层(07)
		防水与密封(03)	卷材防水层(01)，涂膜防水层(02)，复合防水层(03)，接缝密封防水(04)
		瓦面与板面(04)	烧结瓦和混凝土瓦铺装(01)，沥青瓦铺装(02)，金属板铺装(03)，玻璃采光顶铺装(04)
		细部构造(05)	檐口(01)，檐沟和天沟(02)，女儿墙和山墙(03)，水落口(04)，变形缝(05)，伸出屋面管道(06)，屋面出人口(07)，反梁过水孔(08)，设施基座(09)，屋脊(10)，屋顶窗(11)

（续）

分部工程代号	分部工程	子分部工程	分项工程
05	建筑给水排水及供暖	室内给水系统(01)	给水管道及配件安装(01),给水设备安装(02),室内消火栓系统安装(03),消防喷淋系统安装(04),防腐(05),绝热(06),管道冲洗、消毒(07),试验与调试(08)
		室内排水系统(02)	排水管道及配件安装(01),雨水管道及配件安装(02),防腐(03),试验与调试(04)
		室内热水系统(03)	管道及配件安装(01),辅助设备安装(02),防腐(03),绝热(04),试验与调试(05)
		卫生器具(04)	卫生器具安装(01),卫生器具给水配件安装(02),卫生器具排水管道安装(03),试验与调试(04)
		室内供暖系统(05)	管道及配件安装(01),辅助设备安装(02),散热器安装(03),低温热水地板辐射供暖系统安装(04),电加热供暖系统安装(05),燃气红外辐射供暖系统安装(06),热风供暖系统安装(07),热计量及调控装置安装(08),试验与调试(09),防腐(10),绝热(11)
		室外给水管网(06)	给水管道安装(01),室外消火栓系统安装(02),试验与调试(03)
		室外排水管网(07)	排水管道安装(01),排水管沟与井池(02),试验与调试(03)
		室外供热管网(08)	管道及配件安装(01),系统水压试验(02),土建结构(03),防腐(04),绝热(05),试验与调试(06)
		建筑饮用水供应系统(09)	管道及配件安装(01),水处理设备及控制设施安装(02),防腐(03),绝热(04),试验与调试(05)
		建筑中水系统及雨水利用系统(10)	建筑中水系统(01)、雨水利用系统管道及配件安装(02),水处理设备及控制设施安装(03),防腐(04),绝热(05),试验与调试(06)
		游泳池及公共浴池水系统(11)	管道及配件系统安装(01),水处理设备及控制设施安装(02),防腐(03),绝热(04),试验与调试(05)
		水景喷泉系统(12)	管道系统及配件安装(01),防腐(02),绝热(03),试验与调试(04)
		热源及辅助设备(13)	锅炉安装(01),辅助设备及管道安装(02),安全附件安装(03),换热站安装(04),防腐(05),绝热(06),试验与调试(07)
		监测与控制仪表(14)	检测仪器及仪表安装(01),试验与调试(02)

（续）

分部工程代号	分部工程	子分部工程	分项工程
06	通风与空调	送风系统(01)	风管与配件制作(01),部件制作(02),风管系统安装(03),风机与空气处理设备安装(04),风管与设备防腐(05),旋流风口(06),岗位送风口(07),织物(布)风管安装(08),系统调试(09)
		排风系统(02)	风管与配件制作(01),部件制作(02),风管系统安装(03),风机与空气处理设备安装(04),风管与设备防腐(05),吸风罩及其他空气处理设备安装(06),厨房、卫生间排风系统安装(07),系统调试(08)
		防排烟系统(03)	风管与配件制作(01),部件制作(02),风管系统安装(03),风机与空气处理设备安装(04),风管与设备防腐(05),排烟风阀(口)、常闭正压风口、防火风管安装(06),系统调试(07)
		除尘系统(04)	风管与配件制作(01),部件制作(02),风管系统安装(03),风机与空气处理设备安装(04),风管与设备防腐(05),除尘器与排污设备安装(06),吸尘罩安装(07),高温风管绝热(08),系统调试(09)
		舒适性空调系统(05)	风管与配件制作(01),部件制作(02),风管系统安装(03),风机与空气处理设备安装(05),风管与设备防腐(06),组合式空调机组安装(07),消声器、静电除尘器、换热器、紫外线灭菌器等设备安装(08),风机盘管、变风量与定风量送风装置、射流喷口等末端设备安装(09),风管与设备绝热(10),系统调试(11)
		恒温恒湿空调系统(06)	风管与配件制作(01),部件制作(02),风管系统安装(03),风机与空气处理设备安装(04),风管与设备防腐(05),组合式空调机组安装(06),电加热器、加湿器等设备安装(07),精密空调机组安装(08),风管与设备绝热(09),系统调试(10)
		净化空调系统(07)	风管与配件制作(01),部件制作(02),风管系统安装(03),风机与空气处理设备安装(04),风管与设备防腐(05),净化空调机组安装(06),消声器、静电除尘器、换热器、紫外线灭菌器等设备安装(07),中、高效过滤器及风机过滤器单元等末端设备清洗与安装(08),洁净度测试(09),风管与设备绝热(10),系统调试(11)
		地下人防通风系统(08)	风管与配件制作(01),部件制作(02),风管系统安装(03),风机与空气处理设备安装(04),风管与设备防腐(05),过滤吸收器、防爆波活门、防爆超压排气活门等专用设备安装(06),系统调试(07)

（续）

分部工程代号	分部工程	子分部工程	分项工程
06	通风与空调	真空吸尘系统(09)	风管与配件制作(01)，部件制作(02)，风管系统安装(03)，风机与空气处理设备安装(04)，风管与设备防腐(05)，管道安装(06)，快速接口安装(07)，风机与滤尘设备安装(08)，系统压力试验及调试(09)
		冷凝水系统(10)	管道系统及部件安装(01)，水泵及附属设备安装(02)，管道冲洗(03)，管道、设备防腐(04)，板式热交换器(05)，辐射板及辐射供热、供冷地埋管(06)，热泵机组设备安装(07)，管道、设备绝热(08)，系统压力试验及调试(09)
		空调(冷、热)水系统(11)	管道系统及部件安装(01)，水泵及附属设备安装(02)，管道冲洗(03)，管道、设备防腐(04)，冷却塔与水处理设备安装(05)，防冻伴热设备安装(06)，管道、设备绝热(07)，系统压力试验及调试(08)
		冷却水系统(12)	管道系统及部件安装(01)，水泵及附属设备安装(02)，管道冲洗(03)，管道、设备防腐(04)，系统灌水渗漏及排放试验(05)，管道、设备绝热(06)
		土壤源热泵换热系统(13)	管道系统及部件安装(01)，水泵及附属设备安装(02)，管道冲洗(03)，管道、设备防腐(04)，埋地换热系统与管网安装(05)，管道、设备绝热(06)，系统压力试验及调试(07)
		水源热泵换热系统(14)	管道系统及部件安装(01)，水泵及附属设备安装(02)，管道冲洗(03)，管道、设备防腐(04)，地表水源换热管及管网安装(05)，除垢设备安装(06)，管道、设备绝热(07)，系统压力试验及调试(08)
		蓄能系统(15)	管道系统及部件安装(01)，水泵及附属设备安装(02)，管道冲洗(03)，管道、设备防腐(04)，蓄水罐与蓄冰槽、罐安装(05)，管道、设备绝热(06)，系统压力试验及调试(07)
		压缩式制冷(热)设备系统(16)	制冷机组及附属设备安装(01)，管道、设备防腐(02)，制冷剂管道及部件安装(03)，制冷剂灌注(04)，管道、设备绝热(05)，系统压力试验及调试(06)
		吸收式制冷设备系统(17)	制冷机组及附属设备安装(01)，管道、设备防腐(02)，系统真空试验(03)，溴化锂溶液加灌(04)，蒸汽管道系统安装(05)，燃气或燃油设备安装(06)，管道、设备绝热(07)，试验及调试(08)

（续）

分部工程代号	分部工程	子分部工程	分项工程
06	通风与空调	多联机（热泵）空调系统（18）	室外机组安装（01），室内机组安装（02），制冷剂管路连接及控制开关安装（03），风管安装（04），冷凝水管道安装（05），制冷剂灌注（06），系统压力试验及调试（07）
		太阳能供暖空调系统（19）	太阳能集热器安装（01），其他辅助能源、换热设备安装（02），蓄能水箱、管道及配件安装（03），防腐（04），绝热（05），低温热水地板辐射采暖系统安装（06），系统压力试验及调试（07）
		设备自控系统（20）	温度（01）、压力与流量传感器安装（02），执行机构安装调试（03），防排烟系统功能测试（04），自动控制及系统智能控制软件调试（05）
07	建筑电气	室外电气（01）	变压器、箱式变电所安装（01），成套配电柜、控制柜（屏、台）和动力、照明配电箱（盘）及控制柜安装（02），梯架、支架、托盘和槽盒安装（03），导管敷设（04），电缆敷设（05），管内穿线和槽盒内敷线（06），电缆头制作、导线连接和线路绝缘测试（07），普通灯具安装（08），专用灯具安装（09），建筑照明通电试运行（10），接地装置安装（11）
		变配电室（02）	变压器（01）、箱式变电所安装（02），成套配电柜、控制柜（屏、台）和动力、照明配电箱（盘）安装（03），母线槽安装（04），梯架、支架、托盘和槽盒安装（05），电缆敷设（06），电缆头制作、导线连接和线路绝缘测试（07），接地装置安装（08），接地干线敷设（09）
		供电干线（03）	电气设备试验和试运行（01），母线槽安装（02），梯架、支架、托盘和槽盒安装（03），导管敷设（04），电缆敷设（05），管内穿线和槽盒内敷线（06），电缆头制作、导线连接和线路绝缘测试（07），接地干线敷设（08）
		电气动力（04）	成套配电柜、控制柜（屏、台）和动力配电箱（盘）安装（01），电动机、电加热器及电动执行机构检查接线（02），电气设备试验和试运行（03），梯架、支架、托盘和槽盒安装（04），导管敷设（05），电缆敷设（06），管内穿线和槽盒内敷线（07），电缆头制作、导线连接和线路绝缘测试（08）
		电气照明（05）	成套配电柜、控制柜（屏、台）和照明配电箱（盘）安装（01），梯架、支架、托盘和槽盒安装（02），导管敷设（03），管内穿线和槽盒内敷线（04），塑料护套线直敷布线（05），钢索配线（06），电缆头制作、导线连接和线路绝缘测试（07），普通灯具安装（08），专用灯具安装（09），开关、插座、风扇安装（10），建筑照明通电试运行（11）

（续）

分部工程代号	分部工程	子分部工程	分项工程
07	建筑电气	备用和不间断电源(06)	成套配电柜、控制柜（屏、台）和动力、照明配电箱（盘）安装(01)，柴油发电机组安装(02)，不间断电源装置及应急电源装置安装(03)，母线槽安装(04)，导管敷设(05)，电缆敷设(06)，管内穿线和槽盒内敷线(07)，电缆头制作、导线连接和线路绝缘测试(08)，接地装置安装(09)
		防雷及接地(07)	接地装置安装(01)，防雷引下线及接闪器安装(02)，建筑物等电位连接(03)，浪涌保护器安装(04)
08	智能建筑	智能化集成系统(01)	设备安装(01)，软件安装(02)，接口及系统调试(03)，试运行(04)
		信息接入系统(02)	安装场地检查(01)
		用户电话交换系统(03)	线缆敷设(01)，设备安装(02)，软件安装(03)，接口及系统调试(04)，试运行(05)
		信息网络系统(04)	计算机网络设备安装(01)，计算机网络软件安装(02)，网络安全设备安装(03)，网络安全软件安装(04)，系统调试(05)，试运行(06)
		综合布线系统(05)	梯架、托盘、槽盒和导管安装(01)，线缆敷设(02)，机柜、机架、配线架安装(03)，信息插座安装(04)，链路或信道测试(05)，软件安装(06)，系统调试(07)，试运行(08)
		移动通信室内信号覆盖系统(06)	安装场地检查(01)
		卫星通信系统(07)	安装场地检查(01)
		有线电视及卫星电视接收系统(08)	梯架、托盘、槽盒和导管安装(01)，线缆敷设(02)，设备安装(03)，软件安装(04)，系统调试(05)，试运行(06)
		公共广播系统(09)	梯架、托盘、槽盒和导管安装(01)，线缆敷设(02)，设备安装(03)，软件安装(04)，系统调试(05)，试运行(06)
		会议系统(10)	梯架、托盘、槽盒和导管安装(01)，线缆敷设(02)，设备安装(03)，软件安装(04)，系统调试(05)，试运行(06)
		信息导引及发布系统(11)	梯架、托盘、槽盒和导管安装(01)，线缆敷设(02)，显示设备安装(03)，机房设备安装(04)，软件安装(05)，系统调试(06)，试运行(07)
		时钟系统(12)	梯架、托盘、槽盒和导管安装(01)，线缆敷设(02)，设备安装(03)，软件安装(04)，系统调试(05)，试运行(06)

（续）

分部工程代号	分部工程	子分部工程	分项工程
08	智能建筑	信息化应用系统（13）	梯架、托盘、槽盒和导管安装（01），线缆敷设（02），设备安装（03），软件安装（04），系统调试（05），试运行（06）
		建筑设备监控系统（14）	梯架、托盘、槽盒和导管安装（01），线缆敷设（02），传感器安装（03），执行器安装（04），控制器、箱安装（05），中央管理工作站和操作分站设备安装（06），软件安装（07），系统调试（08），试运行（09）
		火灾自动报警系统（15）	梯架、托盘、槽盒和导管安装（01），线缆敷设（02），探测器类设备安装（03），控制器类设备安装（04），其他设备安装（05），软件安装（06），系统调试（07），试运行（08）
		安全技术防范系统（16）	梯架、托盘、槽盒和导管安装（01），线缆敷设（02），设备安装（03），软件安装（04），系统调试（05），试运行（06）
		应急响应系统（17）	设备安装（01），软件安装（02），系统调试（03），试运行（04）
		机房（18）	供配电系统（01），防雷与接地系统（02），空气调节系统（03），给水排水系统（04），综合布线系统（05），监控与安全防范系统（06），消防系统（07），室内装饰装修（08），电磁屏蔽（09），系统调试（10），试运行（11）
		防雷与接地（19）	接地装置（01），接地线（02），等电位联接（03），屏蔽设施（04），电涌保护器（05），线缆敷设（06），系统调试（07），试运行（08）
09	建筑节能	围护系统节能（01）	墙体节能（01），幕墙节能（02），门窗节能（03），屋面节能（04），地面节能（05）
		供暖空调设备及管网节能（02）	供暖节能（01），通风与空调设备节能（02），空调与供暖系统冷热源节能（03），空调与供暖系统管网节能（04）
		电气动力节能（03）	配电节能（01），照明节能（02）
		监控系统节能（04）	监测系统节能（01），控制系统节能（02）
		可再生能源（05）	地源热泵系统节能（01），太阳能光热系统节能（02），太阳能光伏节能（03）
10	电梯	电力驱动的曳引式或强制式电梯（01）	设备进场验收（01），土建交接检验（02），驱动主机（03），导轨（04），门系统（05），轿厢（06），对重（07），安全部件（08），悬挂装置（09），随行电缆（10），补偿装置（11），电气装置（12），整机安装验收（13）

（续）

分部工程代号	分部工程	子分部工程	分项工程
10	电梯	液压电梯(02)	设备进场验收(01),土建交接检验(02),液压系统(03),导轨(04),门系统(05),轿厢(06),对重(07),安全部件(08),悬挂装置(09),随行电缆(10),电气装置(11),整机安装验收(12)
		自动扶梯、自动人行道(03)	设备进场验收(01),土建交接检验(02),整机安装验收(03)

表 1-4　施工资料类别、来源及保存

工程资料类别		工程资料名称	工程资料来源	工程资料保存			
				施工单位	监理单位	建设单位	城建档案馆
C类		施工资料					
C1类	施工管理资料	工程概况表(表 C.1.1)	施工单位	●	●	●	●
		施工现场质量管理检查记录*(表 C.1.2)	施工单位	○	○		
		企业资质证书及相关专业人员岗位证书	施工单位	○	○		
		分包单位资质报审表*(表 C.1.3)	施工单位	●	●	●	
		建设工程质量事故调(勘)查记录(表 C.1.4)	调查单位	●	●	●	●
		建设工程质量事故报告表	调查单位	●	●	●	●
		施工检测计划	施工单位	○	○		
		见证记录*	监理单位	●	●	●	
		见证试验检测汇总表(表 C.1.5)	施工单位	●	●		
		施工日志(表 C.1.6)	施工单位	●			
		监理工程师通知回复单*(表 C.1.7)	施工单位	○	○		

（续）

工程资料类别		工程资料名称	工程资料来源	工程资料保存			
				施工单位	监理单位	建设单位	城建档案馆
C2类	施工技术资料	工程技术文件报审表*（表C.2.1）	施工单位	○	○		
		施工组织设计及施工方案	施工单位	○	○		
		危险性较大部分项目工程施工方案专家论证表（表C.2.2）	施工单位	○	○		
		技术交底记录（表C.2.3）	施工单位	○			
		图纸会审记录**（表C.2.4）	施工单位	●	●	●	●
		设计变更通知单**（表C.2.5）	设计单位	●	●	●	●
		工程洽商记录（技术核定单）**（表C.2.6）	施工单位	●	●	●	●
C3类	进度造价资料	工程开工报审表*（表C.3.1）	施工单位	●	●	●	●
		工程复工报审表*（表C.3.2）	施工单位	●	●	●	●
		施工进度计划报审表*（表C.3.3）	施工单位	○	○		
		施工进度计划	施工单位	○	○		
		()月人、机、料动态表（表C.3.4）	施工单位	○	○		
		工程延期申请表（表C.3.5）	施工单位	●	●	●	●
		工程款支付申请表（表C.3.6）	施工单位	○	○	●	
		工程变更费用报审表*（表C.3.7）	施工单位	○	○	●	
		费用索赔申请表*（表C.3.8）	施工单位	○	○	●	
C4类	施工物质资料	出厂质量证明文件及检测报告					
		砂、石、砖、水泥、钢筋、隔热保温、防腐材料、轻集料出厂质量证明文件	施工单位	●	●	●	●
		其他物资出厂合格证、质量保证书、检测报告和报关单或商检证等	施工单位	●	○	○	
		材料、设备的相关检验报告、形式检测报告、CCC强制认证合格证书或CCC标志	采购单位	●	○	○	
		主要设备、器具的安装使用说明书	采购单位	●	○	○	

（续）

工程资料类别		工程资料名称	工程资料来源	工程资料保存			
				施工单位	监理单位	建设单位	城建档案馆
C4类	施工物质资料	进口的主要材料设备的商检证明文件	采购单位	●	○	●	●
		涉及消防、安全、卫生、环保、节能的材料、设备的检测报告或法定机构出具的有效证明文件	采购单位	●	●	●	
		进场检验通用表格					
		材料、购配件进场检验记录*（表C.4.1）	施工单位	○	○		
		设备开箱检验记录*（表C.4.2）	施工单位	○	○		
		设备及管道附件试验记录*（表C.4.3）	施工单位	●	○	●	
		进场复试报告					
		钢材试验报告	检测单位	●	●	●	●
		水泥试验报告	检测单位	●	●	●	●
		砂试验报告	检测单位	●	●	●	●
		碎（卵）石试验报告	检测单位	●	●	●	●
		外加剂试验报告	检测单位	●	●	○	●
		防水涂料试验报告	检测单位	●	●	○	
		防水卷材试验报告	检测单位	●	●	○	
		砖（砌块）试验报告	检测单位	●	●	●	●
		预应力筋复试报告	检测单位	●	●	●	●
		预应力锚具、夹具和连接器复试报告	检测单位	●	●	●	●
		装饰装修用门窗复试报告	检测单位	●	○	●	
		装饰装修用人造木板复试报告	检测单位	●	○	●	
		装饰装修用花岗石复试报告	检测单位	●	○	●	
		装饰装修用安全玻璃复试报告	检测单位	●	○	●	
		装饰装修用外墙面砖复试报告	检测单位	●	○	●	
		钢结构用钢材复试报告	检测单位	●	●	●	●

（续）

工程资料类别		工程资料名称	工程资料来源	工程资料保存			
				施工单位	监理单位	建设单位	城建档案馆
C4类	施工物质资料	钢结构用防火涂料复试报告	检测单位	●	●	●	●
		钢结构用焊接材料复试报告	检测单位	●	●	●	●
		钢结构用高强度大六角头螺栓连接副复试报告	检测单位	●	●	●	●
		钢结构用扭剪型高强螺栓连接副复试报告	检测单位	●	●	●	●
		幕墙用铝塑板、石材、安全玻璃、结构胶复试报告	检测单位	●	●	●	●
		散热器、采暖系统保温材料、通风与空调工程绝热材料、风机盘管机组，低压配电系统电缆的见证取样复试报告	检测单位	●	○	●	
		节能工程材料复试报告	检测单位	●	●	●	
C5类	施工记录	通用表格					
		隐蔽工程验收记录*（表C.5.1）	施工单位	●	●	●	●
		施工检查记录（表C.5.2）	施工单位	○			
		交接检查记录（表C.5.3）	施工单位	○			
		专用表格					
		工程定位测量记录*（表C.5.4）	施工单位	●	●	●	●
		基槽验线记录	施工单位	●	●	●	●
		楼层平面放线记录	施工单位	○	○		
		楼层标高抄测记录	施工单位	○	○		
		建筑物垂直度、标高观察记录*（表C.5.5）	施工单位	●	○	○	
		沉降观测记录	建设单位委托测量单位提供	●	○	●	●
		基坑支护水平位移监测记录	施工单位	○	○		
		桩基、支护测量放线记录	施工单位	○	○		

（续）

工程资料类别		工程资料名称	工程资料来源	工程资料保存			
				施工单位	监理单位	建设单位	城建档案馆
C5类	施工记录	地基验槽记录**（表C.5.6）	施工单位	●	●	●	●
		地基钎探记录	施工单位	○	○	●	●
		混凝土浇灌申请书	施工单位	○	○		
		预拌混凝土运输单	施工单位	○			
		混凝土开盘鉴定	施工单位	○	○		
		混凝土拆模申请单	施工单位	○	○		
		混凝土预拌测温记录	施工单位	○			
		混凝土养护测温记录	施工单位	○			
		大体积混凝土养护测温记录	施工单位	○			
		大型构件吊装记录	施工单位	○	○	●	●
		焊接材料烘焙记录	施工单位	○			
		地下工程防水效果检查记录*（表C.5.7）	施工单位	○	○	●	
		防水工程试水检查记录*（表C.5.8）	施工单位	○	○	●	
		通风（烟）道、垃圾道检查记录*（表C.5.9）	施工单位	○	○	●	
		预应力筋张拉记录	施工单位	●	○	●	●
		有黏结预应力结构灌浆记录	施工单位	●	○	●	●
		钢结构施工记录	施工单位	●	○	●	
		网架（索膜）施工记录	施工单位	●	○	●	●
		木结构施工记录	施工单位	●	○	●	
		幕墙注胶检查记录	施工单位	●	○	●	
		自动扶梯、自动人行道的相邻区域检查记录	施工单位	●	○	●	
		电梯电气装置安装检查记录	施工单位	●	○	●	
		自动扶梯、自动人行道电气装置检查记录	施工单位	●	○	●	

（续）

工程资料类别		工程资料名称	工程资料来源	工程资料保存			
				施工单位	监理单位	建设单位	城建档案馆
C5类	施工记录	自动扶梯、自动人行道整机安装质量检查记录	施工单位	●	○	●	
C6类	施工试验记录及检测报告	通用表格					
		设备单机试运转记录*（表C.6.1）	施工单位	●	○	●	●
		系统试运转调试记录*（表C.6.2）	施工单位	●	○	●	●
		接地电阻测试记录*（表C.6.3）	施工单位	●	○	●	●
		绝缘电阻测试记录*（表C.6.4）	施工单位	●	○	●	
		专用表格					
		建筑与结构工程					
		锚杆试验报告	检测单位	●	○	●	●
		地基承载力检验报告	检测单位	●	○	●	●
		桩基检测报告	检测单位	●	○	●	●
		土工击实试验报告	检测单位	●	○	●	●
		回填土试验报告（应附图）	检测单位	●	○	●	●
		钢筋机械连接试验报告	检测单位	●	○	●	●
		钢筋焊接连接报告	检测单位	●	○	●	●
		砂浆配合比申请单、通知单	检测单位	○	○		
		砂浆抗压强度试验报告	检测单位	●	○	●	●
		砌筑砂浆试块强度统计、评定记录（表C.6.5）	施工单位	●		●	●
		混凝土配合比申请单、通知单	施工单位	○	○		
		混凝土抗压强度试验报告	检测单位	●	○	●	●
		混凝土试块强度统计、评定记录（表C.6.6）	施工单位	●		●	●
		混凝土抗渗试验报告	检测单位	●	○	●	●
		砂、石、水泥放射性指标报告	施工单位	●	○	●	●
		混凝土碱总量计算书	施工单位	●	○	●	●
		外墙饰面砖样板黏结强度试验报告	检测单位	●	○	●	●
		后置埋件抗拔试验报告	检测单位	●	○	●	●
		超声波探伤报告、探伤记录	检测单位	●	○	●	●
		钢构件射线探伤报告	检测单位	●	○	●	●

（续）

工程资料类别		工程资料名称	工程资料来源	工程资料保存			
				施工单位	监理单位	建设单位	城建档案馆
C6类	施工试验记录及检测报告	磁粉探伤报告	检测单位	●	○	●	●
		高强度螺栓抗滑移系数检测报告	检测单位	●	○	●	●
		钢结构焊接工艺评定	检测单位	○	○		
		网架节点承载力试验报告	检测单位	●	○	●	●
		钢结构防腐、防火涂料厚度检测报告	检测单位	●	○	●	●
		木结构胶缝试验报告	检测单位	●	○	●	
		木结构构件力学性能试验报告	检测单位	●	○	●	●
		木结构防护剂试验报告	检测单位	●	○	●	●
		幕墙双组分硅酮结构密封胶混匀性及拉断试验报告	检测单位	●	○	●	●
		幕墙的抗风压性能、空气渗透性能、雨水渗透性能及平面内变形性能检测报告	检测单位	●	○	●	●
		外门窗的抗风压性能、空气渗透性能和雨水渗透性能检测报告	检测单位	●	○	●	●
		墙体节能工程保温板材与基层黏结强度现场拉拔试验	检测单位	●	○	●	●
		外墙保温浆料同条件养护试件试验报告	检测单位	●	○	●	●
		结构实体混凝土强度检验记录*（表C.6.7）	施工单位	●	○	●	●
		结构实体钢筋保护层厚度检验记录*（表C.6.8）	施工单位	●	○	●	●
		围护结构现场实体检验	检测单位	●	○	●	●
		室内环境检测报告	检测单位	●	○	●	
		节能性能检测报告	检测单位	●	○	●	●
		给排水及采暖工程					
		灌（满）水试验记录*（表C.6.9）	施工单位	○	○	●	
		强度严密性试验记录*（表C.6.10）	施工单位	●	○	●	●
		通水试验记录*（表C.6.11）	施工单位	○	○	●	

（续）

工程资料类别		工程资料名称	工程资料来源	工程资料保存			
				施工单位	监理单位	建设单位	城建档案馆
C6类	施工试验记录及检测报告	冲(吹)洗试验记录*(表C.6.12)	施工单位	●	○	●	
		通球试验记录	施工单位	○	○	●	
		补偿器安装记录	施工单位	○	○		
		消火栓试射记录	施工单位	●	○	●	
		安全附件安装检查记录	施工单位	●	○		
		锅炉烘炉试验记录	施工单位	●	○		
		锅炉煮炉试验记录	施工单位	●	○		
		锅炉试运行记录	施工单位	●	○	●	
		安全阀定压合格证书	检查单位	●	○	●	
		自动喷水灭火系统联动试验记录	施工单位	●	○	●	●
		建筑电气工程					
		电气接地装置平面示意图表	施工单位	●	○	●	●
		电气器具通电安全检查记录	施工单位	○	○	●	
		电气设备空载试运行记录*(表C.6.13)	施工单位	●	○	●	●
		建筑物照明通电试运行记录	施工单位	●	○	●	●
		大型照明灯具承载试验记录*(表C.6.14)	施工单位	●	○	●	
		漏电开关模拟试验记录	施工单位	●	○	●	
		大容量电气线路结点测温记录	施工单位	●	○	●	
		低压配电电源质量测试记录	施工单位	●	○	●	
		建筑物照明系统照度测试记录	施工单位	○	○	●	
		智能建筑工程					
		综合布线测试记录*	施工单位	●	○	●	●
		光纤损耗测试记录*	施工单位	●	○	●	●
		视频系统末端测试记录*	施工单位	●	○	●	●
		子系统检测记录*(表C.6.15)	施工单位	●	○	●	●
		系统试运行记录*	施工单位	●	○	●	●

（续）

工程资料类别		工程资料名称	工程资料来源	工程资料保存			
				施工单位	监理单位	建设单位	城建档案馆
C6类	施工试验记录及检测报告	通风与空调工程					
		风管漏光检测记录*（表C.6.16）	施工单位	○	●	●	
		风管漏风检测记录*（表C.6.17）	施工单位	●	○	●	
		现场组装除尘器、空调机漏风检测记录	施工单位	○	○		
		各房间室内风量测量记录	施工单位	●	○	●	
		管网风量平衡记录	施工单位	●	○	●	
		空调系统试运转调试记录	施工单位	●	○	●	●
		空调水系统试运转调试记录	施工单位	●	○	●	●
		制冷系统气密性试验记录	施工单位	●	○	●	●
		净化空调系统检测记录	施工单位	●	○	●	●
		防排烟系统联合运行记录	施工单位	●	○	●	●
		电梯工程					
		轿厢平层准确度测量记录	施工单位	○	○	●	
		电梯层门安全装置检测记录	施工单位	●	○	●	
		电梯电气安全装置检测记录	施工单位	●	○	●	
		电梯整机功能检测记录	施工单位	●	○	●	
		电梯主要功能检测记录	施工单位	●	○	●	
		电梯负荷运行试验记录	施工单位	●	○	●	●
		电梯负荷运行试验曲线图表	施工单位	●	○	●	
		电梯噪声测试记录	施工单位	○	○	○	
		自动扶梯、自动人行道安全装置检测记录	施工单位	●	○	●	
C7类	施工质量验收记录	检验批质量验收记录*（表C.7.1）	施工单位	○	○	●	
		分项工程质量验收记录*（表C.7.2）	施工单位	●	●	●	
		分部（子分部）工程质量验收记录**（表C.7.3）	施工单位	●	●	●	●

（续）

工程资料类别		工程资料名称	工程资料来源	工程资料保存			
				施工单位	监理单位	建设单位	城建档案馆
C7类	施工质量验收记录	建筑节能分部工程质量验收记录**（表C.7.4）	施工单位	●	●	●	●
		自动喷水系统验收缺陷项目划分记录	施工单位	●	○	○	
		程控电话交换系统分项工程质量验收记录	施工单位	●	○	●	
		会议电视系统分项工程质量验收记录	施工单位	●	○	●	
		卫星数字电视系统分项工程质量验收记录	施工单位	●	○	●	
		有线电视系统分项工程质量验收记录	施工单位	●	○	●	
		公共广播与紧急广播系统分项工程质量验收记录	施工单位	●	○	●	
		计算机网络系统分项工程质量验收记录	施工单位	●	○	●	
		应用软件系统分项工程质量验收记录	施工单位	●	○	●	
		网络安全系统分项工程质量验收记录	施工单位	●	○	●	
		空调与通风系统分项工程质量验收记录	施工单位	●	○	●	
		变配电系统分项工程质量验收记录	施工单位	●	○	●	
		公共照明系统分项工程质量验收记录	施工单位	●	○	●	
		给排水系统分项工程质量验收记录	施工单位	●	○	●	

（续）

工程资料类别		工程资料名称	工程资料来源	工程资料保存			
				施工单位	监理单位	建设单位	城建档案馆
C7类	施工质量验收记录	热源和热交换系统分项工程质量验收记录	施工单位	●	○	●	
		冷冻和冷却水系统分项工程质量验收记录	施工单位	●	○	●	
		电梯和自动扶梯系统分项工程质量验收记录	施工单位	●	○	●	
		数据通信接口分项工程质量验收记录	施工单位	●	○	●	
		中央管理工作站及操作分站分项工程质量验收记录	施工单位	●	○	●	
		系统实时性、可维护性、可靠性分项工程质量验收记录	施工单位	●	○	●	
		现场设备安装及检测分项工程质量验收记录	施工单位	●	○	●	
		火灾自动报警及消防联动系统分项工程质量验收记录	施工单位	●	○	●	
		综合防范功能分项工程质量验收记录	施工单位	●	○	●	
		视频安防监控系统分项工程质量验收记录	施工单位	●	○	●	
		入侵报警系统分项工程质量验收记录	施工单位	●	○	●	
		出入口控制（门禁）系统分项工程质量验收记录	施工单位	●	○	●	
		巡更管理系统分项工程质量验收记录	施工单位	●	○	●	
		停车场（库）管理系统分项工程质量验收记录	施工单位	●	○	●	

（续）

工程资料类别		工程资料名称	工程资料来源	工程资料保存			
				施工单位	监理单位	建设单位	城建档案馆
C7类	施工质量验收记录	安全防范综合管理系统分项工程质量验收记录	施工单位	●	○	●	
		综合布线系统安装分项工程质量验收记录	施工单位	●	○	●	
		综合布线系统性能检测分项工程质量验收记录	施工单位	●	○	●	
		系统集成网络连接分项工程质量验收记录	施工单位	●	○	●	
		系统数据集成分项工程质量验收记录	施工单位	●	○	●	
		系统集成整体协调分项工程质量验收记录	施工单位	●	○	●	
		系统集成综合管理及冗余功能分项工程质量验收记录	施工单位	●	○	●	
		系统集成可维护性和安全性分项工程质量验收记录	施工单位	●	○	●	
		电源系统分项工程质量验收记录	施工单位	●	○	●	
C8类	竣工验收资料	工程竣工报告	施工单位	●	●	●	●
		单位(子单位)工程竣工预验收报验表*(表C.8.1)	施工单位	●	●	●	
		单位(子单位)工程质量竣工验收记录**(表C.8.2-1)	施工单位	●	●	●	●
		单位(子单位)工程质量控制资料核查记录*(表C.8.2-2)	施工单位	●	●	●	●
		单位(子单位)工程安全和功能检验资料核查及主要功能抽查记录*(表C.8.2-3)	施工单位	●	●	●	●
		单位(子单位)工程观感质量检查记录**(表C.8.2-4)	施工单位	●	●	●	●

（续）

工程资料类别			工程资料名称	工程资料来源	工程资料保存			
					施工单位	监理单位	建设单位	城建档案馆
C8类	竣工验收资料		施工决算资料	施工单位	○	○	●	
			施工资料移交书	施工单位	●		●	
			房屋建筑工程质量保修书	施工单位	●	●	●	
			C类其他资料					
D类	竣工图							
D类	竣工图	建筑与结构竣工图	建筑竣工图	编制单位	●		●	●
			结构竣工图	编制单位	●		●	●
			钢结构竣工图	编制单位	●		●	●
		建筑装饰与装修竣工图	幕墙竣工图	编制单位	●		●	●
			室内装饰竣工图	编制单位	●		●	
			建筑给水、排水与采暖竣工图	编制单位	●		●	●
			建筑电气竣工图	编制单位	●		●	●
			智能建筑竣工图	编制单位	●		●	●
			通风与空调竣工图	编制单位	●		●	●
		室外工程竣工图	室外给水、排水、供热、供电、照明管线等竣工图	编制单位	●		●	●
			室外道路、园林绿化、花坛、喷泉等竣工图	编制单位	●		●	●
			D类其他资料					
E类	工程竣工文件							
E1类	竣工验收文件		单位（子单位）工程质量竣工验收记录**	施工单位	●	●	●	●
			勘察单位工程质量检查报告	勘察单位	○	○	●	●
			设计单位工程质量检查报告	建设单位	○	○	●	●
			工程竣工验收报告	建设单位	●	●	●	●

（续）

工程资料类别		工程资料名称	工程资料来源	工程资料保存			
				施工单位	监理单位	建设单位	城建档案馆
E1类	竣工验收文件	规划、消防、环保等部门出具的认可文件或准许使用文件	政府主管部门	●	●	●	●
		房屋建筑工程质量保修书	施工单位	●	●	●	
		住宅质量保证书、住宅使用说明书	建筑单位		●		
		建设工程竣工验收备案表	建筑单位	●	●	●	●
E2类	竣工决算文件	施工决算资料*	施工单位	○	○	●	
		监理费用决算资料*	监理单位		○	●	
E3类	竣工文档文件	工程竣工档案预验收意见	城建档案管理部门			●	●
		施工资料移交书*	施工单位	●		●	
		监理资料移交书*	监理单位		●	●	
		城市建设档案移交书	建设单位			●	
E4类	竣工总结文件	工程竣工总结	建设单位			●	●
		竣工新貌影像资料	建设单位	●		●	●
		E类其他资料					

注：见表1-1.

第二章　工程资料归档

第一节　竣工图

一、主要内容

竣工图应按单位工程，并根据专业、系统进行分类和整理。竣工图包括以下内容：

(1)工艺平面布置图等竣工图

(2)建筑竣工图、幕墙竣工图

(3)结构竣工图、钢结构竣工图

(4)建筑给水、排水与采暖竣工图

(5)燃气竣工图

(6)建筑电气竣工图

(7)智能建筑竣工图(综合布线、保安监控、电视天线、火灾报警、气体灭火等)

(8)通风空调竣工图

(9)地上部分的道路、绿化、庭院照明、喷泉、喷灌等竣工图

(10)地下部分的各种市政、电力、电信管线等竣工图

二、绘制要求

凡按施工图施工没有变动的，由竣工图编制单位在施工图图签附近空白处加盖并签署“竣工图”章。

凡一般性图纸变更，编制单位可根据设计变更依据，在施工图上直接改绘，并加盖及签署“竣工图”章。

凡结构形式、工艺、平面布置、项目等重大改变及图面变更超过40％的，应重新绘制竣工图。重新绘制的图纸必须有图名和图号，图号可按原图编号。

编制竣工图必须编制各专业竣工图的图纸目录，绘制的竣工图必须准确、清楚、完整、规范，修改必须到位，真实反映项目竣工验收时的实际情况。

用于改绘竣工图的图纸必须是新蓝图或绘图仪绘制的白图，不得使用复印的图纸。

竣工图编制单位应按照国家建筑制图规范要求绘制竣工图，使用绘图笔或签字笔及不褪色的绘图墨水。

三、竣工图类型与绘制

1. 竣工图的类型

(1)利用施工蓝图改绘的竣工图

(2)在二底图上修改的竣工图

(3)重新绘制的竣工图

(4)用 CAD 绘制的竣工图

2. 竣工图绘制要求

(1)利用施工蓝图改绘的竣工图

在施工蓝图上一般采用杠(划)改、叉改法，局部修改可以圈出更改部位，在原图空白处绘出更改内容，所有变更处都必须引划索引线并注明更改依据。

在施工图上改绘，不得使用涂改液涂抹、刀刮、补贴等方法修改图纸。

具体的改绘方法可视图面、改动范围和位置、繁简程度等实际情况而定，以下是常见改绘方法的说明。

1)取消的内容

①尺寸、门窗型号、设备型号、灯具型号、钢筋型号和数量、注解说明等数字、文字、符号的取消，可采用杠改法，即将取消的数字、文字、符号等用横杠杠掉(不得涂抹掉)，从修改的位置引出带箭头的索引线，在索引线上注明修改依据，即“见×号洽商×条”，也可注明“见××年×月×日洽商×条”。

②隔墙、门窗、钢筋、灯具、设备等取消，可用叉改法，即在图上将取消的部分划“×”，在图上描绘取消的部分较长时，可视情况划几个“×”，达到表示清楚为准的目的，并从图上修改处用箭头索引线引出，注明修改依据。

2)增加的内容

①在建筑物某一部位增加隔墙、门窗、灯具、设备、钢筋等，均应在图上的实际位置用规范制图方法绘出，并注明修改依据。

②如增加的内容在原位置绘不清楚时，应在本图适当位置(空白处)按需要补绘大样图，并保证准确、清楚，如本图上无位置可绘时，应另用硫酸纸绘补图并晒成蓝图或用绘图仪绘制白图后附在本专业图纸之后，注意在原修改位置和补绘图纸上均应注明修改依据，补图要有图名和图号。

3)内容变更

①数字、符号、文字的变更,可在图上用杠改法将取消的内容杠去,在其附近空白处增加更正后的内容,并注明修改依据。

②设备配置位置,灯具、开关型号等变更引起的改变及墙、板、内外装修等变化均应在原图上改绘。

③当图纸某部位变化较大,或在原位置上改绘有困难,或改绘后杂乱无章,可以采用以下办法改绘。

a. 画大样改绘。先在原图上标出应修改部位的范围,后在需要修改的图纸上绘出修改部位的大样图,并在原图改绘范围和改绘的大样图处注明修改依据。

b. 另绘补图修改。如原图纸无空白处,可把应改绘的部位绘制成硫酸纸补图并晒成蓝图后,作为竣工图纸,补在本专业图纸之后,具体做法为:在原图纸上画出修改范围,并注明修改依据和见某图(图号)及大样图名;在补图上注明图号和图名,并注明是某图(图号)某部位的补图和修改依据。

c. 个别蓝图需重新绘制竣工图。如果某张图纸修改不能在原蓝图上修改清楚,应重新绘制整张图作为竣工图,重绘的图纸应按国家制图标准和绘制竣工图的规定制图。

4)加写说明

凡设计变更、洽商的内容应当在竣工图上修改的,均应用绘图方法改绘在蓝图上,不再加以说明,如果修改后的图纸仍然有内容无法表示清楚,可用精练的语言适当加以说明。

①图上某一种设备、门窗等型号的改变,涉及多处修改时,要对所有涉及的地方全部加以改绘,其修改依据可标注在一个修改处,但需在此处做简单说明。

②钢筋的代换,混凝土强度等级改变,墙、板、内外装修材料的变化,由建设单位自理的部分等在图上修改难以用作图方法表达清楚时,可加注或用索引的形式加以说明。

③凡涉及说明类型的洽商,应在相应的图纸上使用设计规范用语反映洽商内容。

5)注意事项

①施工图纸目录必须加盖“竣工图”章,作为竣工图归档。凡有作废、补充、增加和修改的图纸,均应在施工图目录上标注清楚,即作废的图纸在目录上杠掉,补充的图纸在目录上列出图名、图号。

②如果施工图改变量大,设计单位重新绘制了修改图的,应以修改图代替原

图，原图不再归档。

③凡是洽商图作为竣工图，必须进行必要的制作。

如洽商图是按正规设计图纸要求进行绘制的，可直接作为竣工图，但需统一编写图名、图号，并加盖“竣工图”章，作为补图，并在说明中注明是哪张图、哪个部位的修改图，还要在原图修改部位标注修改范围，并标明见补图的图号。

如洽商图未按正规设计要求绘制，均应按制图规定另行绘制竣工图，其余要求同上。

④某一条洽商可能涉及两张或两张以上图纸，某一局部变化可能引起系统变化，因此凡涉及的图纸和部位均应按规定修改，不能只改其一，不改其二。

再如，一个标高的变动，可能在平、立、剖、局部大样图上都要涉及，均应改正。

⑤不允许将洽商的附图原封不动地贴在或附在竣工图上作为修改，也不允许将洽商的内容抄在蓝图上作为修改，凡修改的内容均应改绘在蓝图上或做补图附在图纸之后。

⑥根据规定须重新绘制竣工图时，应按绘制竣工图的要求制图。

⑦改绘注意事项：

a. 修改时，字、线使用的规定。字：采用仿宋字，字体的大小要与原图采用字体的大小相协调，严禁错、别、草字；线：一律使用绘图工具，不得徒手绘制。

b. 施工蓝图的规定。图纸反差要明显，以适应缩微等技术要求，凡旧图、反差不好的图纸，不得作为改绘用图，修改的内容和有关说明，均不得超过原图框。

(2)在二底图上修改的竣工图

1)用设计底图或施工图制成二底(硫酸纸)图，在二底图上依据设计变更、工程洽商内容用刮改法进行绘制，即用刀片将需要更改部位刮掉，再用绘图笔绘制修改内容，并在图中空白处做一修改备考表，注明变更、洽商编号(或时间)和修改内容。修改备考表如表 2-1 所示。

表 2-1　修改备考表

变更、洽商编号(或时间)	内容(简要提示)

2)修改的部位用语言描述不清楚时，也可用细实线在图上划出修改范围。

3)以修改后的二底图或蓝图作为竣工图,要在二底图或蓝图上加盖“竣工图”章;没有改动的二底图转作竣工图也要加盖“竣工图”章。

4)如果二底图修改次数较多,个别图面可能出现模糊不清等技术问题,必须进行技术处理或重新绘制,以期达到图面整洁、字迹清楚等质量要求。

(3)重新绘制的竣工图

根据工程竣工现状和洽商记录绘制竣工图,重新绘制竣工图要求与原图比例相同,符合制图规范,有标准的图框和内容齐全的图签,图签中应有明确的“竣工图”字样或加盖“竣工图”章。

(4)用CAD绘制的竣工图

在电子版施工图上,依据设计变更、工程洽商的内容进行修改,修改后用云图圈出修改部位,并在图中空白处做一修改备考表,表示要求同本款(2)要求。同时,图签上必须有原设计人员签字。

四、竣工图章

“竣工图”章应具有明显的“竣工图”字样,并包括编制单位名称、制图人、审核人和编制日期等基本内容。编制单位、制图人、审核人、技术负责人要对竣工图负责。“竣工图”章内容、尺寸如图2-1所示。

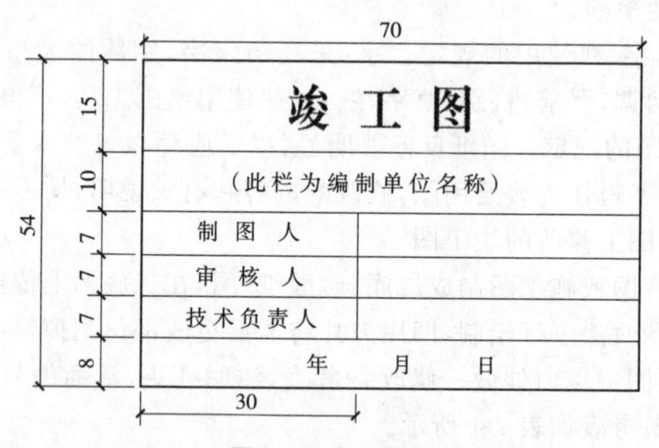

图2-1 竣工图章

所有竣工图应由编制单位逐张加盖、签署“竣工图”章。“竣工图”章中签名必须齐全,不得代签。

凡由设计院编制的竣工图,其设计图签中必须明确竣工阶段,并由绘制人和技术负责人在设计图签中签字。

“竣工图”章应加盖在图签附近的空白处。

“竣工图”章应使用不褪色的红色或蓝色印泥。

五、竣工图图纸折叠方法

1. 一般要求

(1)图纸折叠前应按裁图线裁剪整齐,其图纸幅面应符合表 2-2 的规定。

表 2-2　图纸幅面

基本幅面代号	0	1	2	3	4
b×I	841×1189	594×841	420×594	297×420	210×297
c	10			5	
a	25				

注:①尺寸代号如图 2-2 所示;②尺寸单位为 mm。

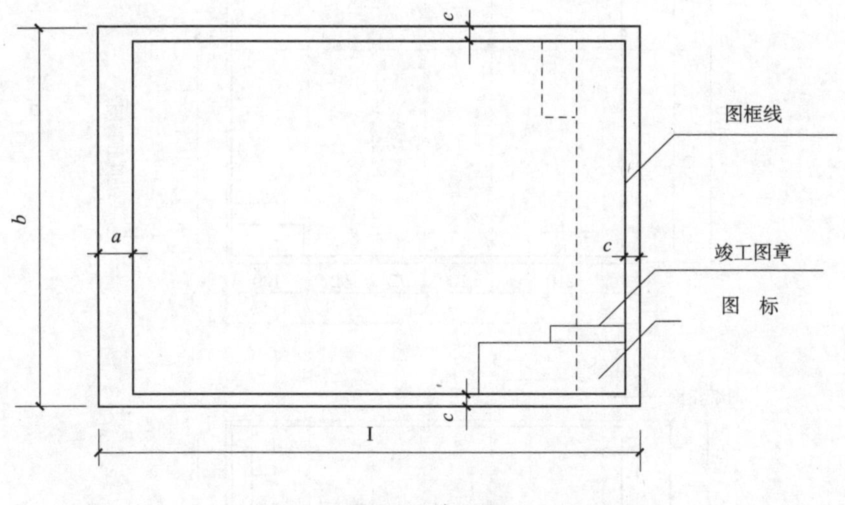

图 2-2　竣工图

(2)图面应折向内,成手风琴风箱式。

(3)折叠后幅面尺寸应以 4 号图纸基本尺寸(297mm×210mm)为标准。

(4)图纸及竣工图章应露在外面。

(5)3～0 号图纸应在装订边 297mm 处折一三角或剪一缺口,折进装订边。

2. 折叠方法

(1)4 号图纸不折叠。

(2)3 号图纸折叠如图 2-3 所示(图中序号表示折叠次序,虚线表示折起的部分,以下同)。

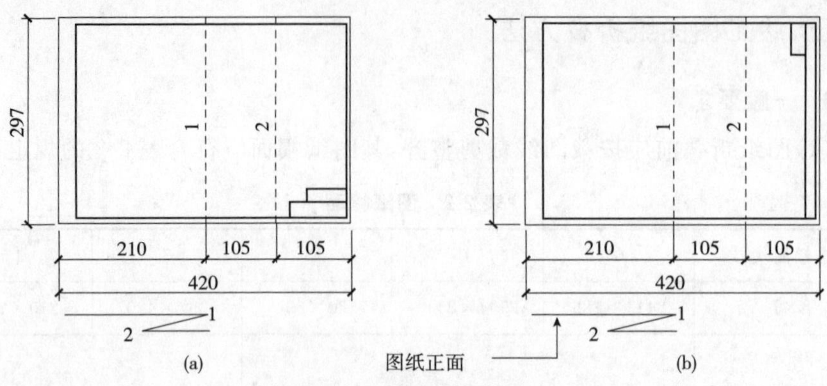

图 2-3　3 号图纸折叠示意

(3)2 号图纸折叠如图 2-4 所示。

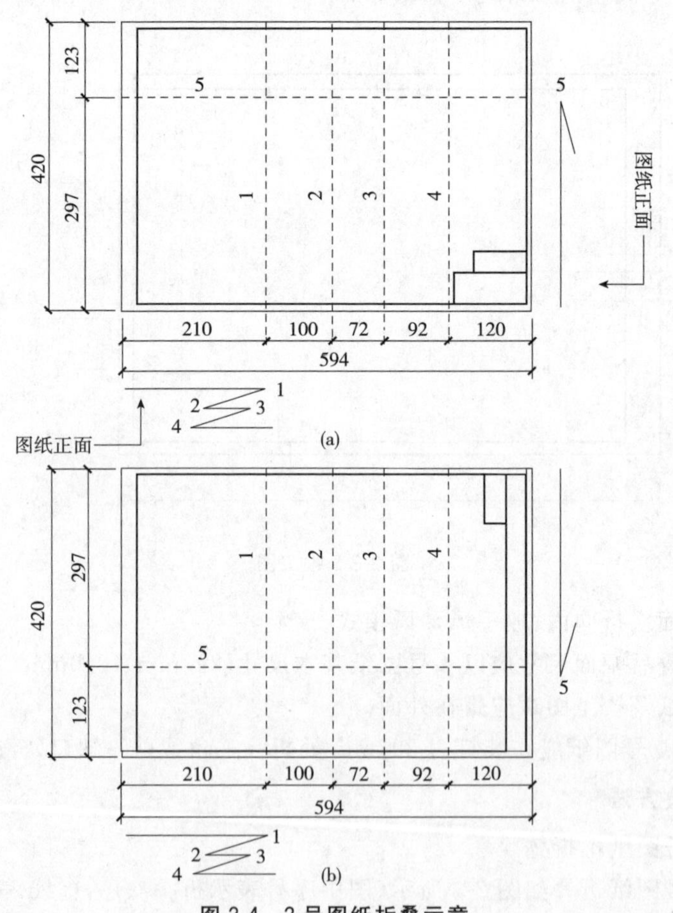

图 2-4　2 号图纸折叠示意

(4)1 号图纸折叠如图 2-5 所示。

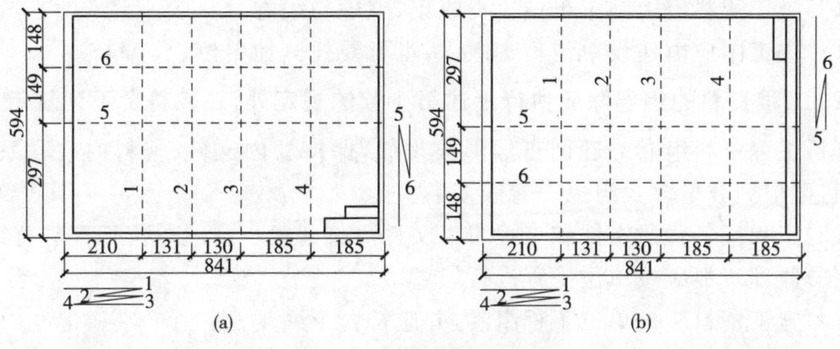

图 2-5　1 号图纸折叠示意

(5)0 号图纸折叠如图 2-6 所示。

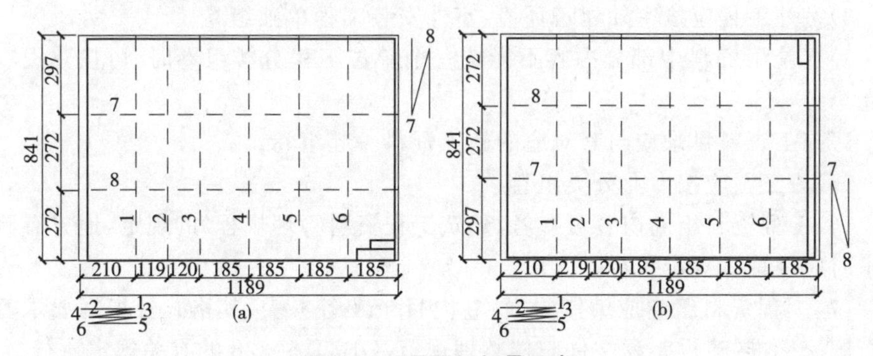

图 2-6　0 号图纸折叠示意

3. 工具使用

图纸折叠前,准备好一块略小于 4 号图纸尺寸(一般为 292mm×205mm)的模板。折叠时,应先把图纸放在规定位置,然后按照折叠方法的编号顺序依次折叠。

第二节　工程资料编制与组卷

一、工程资料收集、整理与组卷

1. 工程资料的收集、整理与组卷规定

(1)工程准备阶段文件和工程竣工文件应由建设单位负责收集、整理与组卷。

(2)监理资料应由监理单位负责收集、整理与组卷。

(3)施工资料应由施工单位负责收集、整理与组卷。

(4)竣工图应由建设单位负责组织,也可委托其他单位。

2. 工程资料的组卷除应执行上述第1款的规定外,还应符合下列规定

(1)工程资料组卷应遵循自然形成规律,保持卷内文件、资料内在联系。工程资料可根据数量多少组成一卷或多卷。

(2)工程准备阶段文件和工程竣工文件可按建设项目或单位工程进行组卷。

(3)监理资料应按单位工程进行组卷。

(4)施工资料应按单位工程组卷,并应符合下列规定:

1)专业承包工程形成的施工资料应由专业承包单位负责,并应单独组卷。

2)电梯应按不同型号每台电梯单独组卷。

3)室外工程应按室外建筑环境、室外安装工程单独组卷。

4)当施工资料中部分内容不能按一个单位工程分类组卷时,可按建设项目组卷。

5)施工资料目录应与其对应的施工资料一起组卷。

(5)竣工图应按专业分类组卷。

(6)工程资料组卷内容可参考《建筑工程资料管理规程》的规定,地方有具体要求时应按地方规定执行。

(7)工程资料组卷应编制封面、卷内目录及备考表,其格式及填写要求可按现行国家标准《建设工程文件归档整理规范》GB/T 50328的有关规定执行。

二、封面与目录

1. 工程资料案卷封面、卷内目录、项次、备考表编制方法

案卷内资料排列顺序应依据卷内资料构成而定,一般顺序为封面、卷内目录、分目录及资料、备考表和封底。组成的案卷应美观、整齐。

(1)工程资料案卷封面编制方法

案卷封面内容包括工程名称、案卷题名、编制单位、技术主管、编制日期(以上由移交单位填写),保管期限、密级、保存档号、共几册第几册等(由档案接收部门填写)。

1)工程名称:填写工程建设项目竣工后使用名称(或曾用名)。若本建设项目是群体工程分为几个(子)单位工程,应在第二行填写(子)单位工程名称。

2)案卷题名:填写本卷卷名。

第一行填写案卷所属专业名称,如建筑与结构——装饰装修工程、建筑与结构——幕墙工程等。

第二行左侧填写资料类别名称，如C1施工管理资料。当同类资料多，可能分为多卷时，第二行左侧应填写资料类别名称及分册编号，如C4施工物资资料(1)C4施工物资资料(2)……依次排列。如果同类资料只有一卷时，可不编分册编号。

第二行右侧提示本案卷内主要内容，如企业资质证书、专业人员上岗证、见证管理记录、施工日志。提示应简明，准确概括和揭示案卷内的主要内容。

3)编制单位：本卷档案的主要编制单位(谁施工、谁编制、谁负责，可体现专业分包单位名称)，加盖编制单位专用公章。

4)技术主管：编制单位技术负责人签名或盖章。

5)编制日期：填写卷内资料形成的起(最早)止(最晚)日期。

(2)卷内目录的编制方法

卷内目录内容包括工程名称、资料类别、序号、案卷内容题名、原编字号、编制单位、编制日期、页次和备注。卷内目录内容应与案卷内容相符，排列在封面之后(原分项资料目录及设计图纸目录不能代替组卷时的卷内目录)。

1)工程名称：应填写单位工程名称。

2)资料类别：按施工资料分类名称填写，如C1施工管理资料、C2施工技术资料、C3施工测量记录、C4施工物资资料、C5施工记录、C6施工试验记录、C7施工质量验收记录，每一类资料可组一卷或多卷。卷内目录中资料类别与封面案卷题名第二行左侧填写的类别名称、分册编号应一致。

3)序号：按分项目录的资料类别名称用阿拉伯数字从1开始依次标注排序。例如：①铝合金窗(型材、玻璃及配套产品)质量合格证明检验报告；②铝合金窗(型材、玻璃及配套产品)材料进场检验记录；③铝合金窗材料复验报告等。

4)案卷内容题名：按分目录中资料类别内容填写，无分目录、无标题的文字材料和图纸，应根据内容拟写内容题名。

5)原编字号：指资料制发机关的发文号或图纸原编图号，施工资料编号原则上可不编入卷内目录。

6)编制单位：资料的形成单位或主要责任单位名称。

7)编制日期：资料的形成时间(文字材料、施工资料指形成日期，竣工图为编制日期)。

8)页次：填写每类资料在本案卷的页次(单页资料)或起、止的页次(多页资料)。

(3)案卷页次的编写方法

1)编写页次应以独立卷为单位，每案卷不宜超过400页(但应注意不能从同一项资料中切分)，当案卷内资料排列顺序确定后，均以有书写内容的页面编写页次。

2)每卷内容从阿拉伯数字1开始,用打号机或钢笔依次逐张连续标注页次,采用黑色、蓝色油墨或墨水。案卷封面、卷内目录和卷内备考表不编写页次,但通用分目录或专项分目录是属于案卷内容应编页次。

3)页次编写位置:单面书写的文字材料页次编写在右下角,双面书写的文字材料页次正面编写在右下角,反面编写在左下角。

4)图纸折叠后无论何种形式,页次一律编写在右下角。

5)备注:填写其他需要说明的问题。

(4)案卷备考表的编制方法

备考表填写内容包括卷内文字材料张数、图样材料张数、照片张数等,立卷单位的立卷人、审核人及接收单位的审核人、接收人应签字。

1)案卷审核备考表分为上下两栏,上一栏由立卷单位填写,下一栏由接收单位填写。

2)上栏应标明本案卷已编号资料的总张数,即指文字、图纸、照片等的张数。审核说明填写立卷时资料的完整和质量情况,以及应归档而缺少的资料的名称和原因;立卷人由责任立卷人签名;审核人由案卷审查人签名;年、月、日按立卷、审核时间分别填写。

3)下栏应由接收单位根据案卷的完整及质量情况标明审核意见。技术审核人由接收单位工程档案技术审核人签名;档案接收人由接收单位档案管理接收人签名;年、月、日按审核、接收时间分别填写。

2. 专项目录、通用分目录编制方法

专项分目录或通用分目录与卷内目录使用是有区别的,卷内目录适用于案卷组卷时编目,通用分目录或专项分目录适用于施工过程中逐渐形成的资料收集编目。编制专项分目录或通用分目录的目的是便于施工过程各类资料有序管理(当某项资料只有1份至2份不用编制分目录,可直接编入卷内目录)。

(1)专项分目录编制方法

专项分目录设计是根据各专项资料性质、特点、属性与其他相关资料互相交圈的内容进行设计的。同时便于分专业、分系统过程施工资料管理、查询。

专项分目录包括:见证记录目录;施工测量记录目录;产品质量证明目录;物资进场检验记录目录;物资合格证目录;材料复验报告目录;施工记录目录;专项检验报告目录;质量验收记录目录;报验、报审专项等目录。

(2)装饰装修工程专项目录

1)见证记录目录

①工程名称:应是单体工程名称。

②资料类别:专项目录的资料类别与卷内目录资料类别是不同层次的类别

区分,分目录资料类别应该进一步细化到某分项名称。分目录内的资料类别有水泥复验取样见证记录、天然花岗石材复验取样见证记录、人造木板饰面板复验见证取样记录、后置埋件现场见证取样记录、硅酮结构胶复验取样见证记录、幕墙功能检验见证记录等。

③序号:见证记录目录中的序号应根据资料类别不同排序,同一类见证记录用阿拉伯数字从1开始依次标注。

④内容摘要(施工部位):根据见证记录中资料类别的内容进行详细叙述。

⑤见证单位:填写主要见证单位名称(一般指监理单位)。

⑥日期:填写记录形成的时间。

⑦页次:见证记录目录中的页次是填写各分项工程施工资料过程管理中形成的右上角顺序号。

⑧备注:填写需要说明的其他问题。

2)施工测量记录目录:内容摘要栏需简明提示测量内容,明确施测单位、施测时间,目录中的其他各项内容参见见证记录目录的编写方法。

3)()产品质量证明目录:适用于各专业施工物资资料(C4类)的编目。目录内容包括工程名称、资料类别、序号、物资名称、厂名、品种/型号/规格、数量、使用部位等。

①()产品质量证明目录中标题括号内填写专业名称。例如,(幕墙工程)产品质量证明目录。

②资料类别:应以各专业主要材料种类、属性、使用部位、施工特点进行分类。工程材料通常品种繁多,尤其是装饰装修工程用的材料,如果不能按照一定的原则归类整理,项目管理实现数字化、标准化是非常困难的。本书根据大、中型项目档案编制的实际工作经验,同时参照《建筑工程施工质量验收统一标准》GB 50300装饰装修分部中子分部进行了细分。

③装饰装修工程主要材料编目资料类别划分见表2-3。

表2-3　装饰装修工程主要材料编目资料类别划分

序号	装饰装修工程材料编目资料类别划分	主要包括材料种类	使用部位	备注
1	保温材料及配套产品质量证明、检测报告	聚苯乙烯泡沫塑料板、玻纤网格布、锚固钉、界面剂、外保温聚合物砂浆	外墙保温	新材料可包括说明书
2	型钢、管材产品质量证明、检验报告	矩管、方管、无缝钢管、角钢、焊条等	隔壁骨架	—

（续）

序号	装饰装修工程材料编目资料类别划分	主要包括材料种类	使用部位	备注
3	外窗及配套材料质量证明、检验报告	塑钢窗、木窗.铝合金窗、铝型材、钢材、螺栓、栓钉、角码、玻璃、橡胶密封条、硅酮密封胶、埋板、五金件等	室外窗	—
4	木门、金属门、塑料门及配套材料产品合格证、检验报告	木门、钢门、铝合金门、塑料门、埋件、玻璃、五金件等	室内户门、走道门	量少，与其他门合并编目
5	特种门及配套材料产品合格证、检验报告	防火门、金属卷帘门、人防门、防火隔声门、防盗门、自动旋转门、玻璃、防火锁、密封胶等	地上、地下	—
6	玻璃隔(断)墙及配套材料产品合格证、检验报告	玻璃、化学锚栓、后置埋件、挂件、驳接件等	玻璃隔(断)墙、玻璃栏杆	包括多种玻璃
7	饰面砖及配套材料产品合格证、检验报告	陶瓷面砖、釉面瓷砖、陶瓷马赛克、瓷质广场砖、玻化砖、胶粘剂、胶等	内、外墙面、室内地面	包括基层材料
8	轻质板材、轻钢龙骨及配套材料产品合格证、检验报告	轻钢龙骨、吊杆、条扣板、石膏板、吸声天花板、玻璃棉板、铝塑板、矿棉吸声板、螺栓等	室内吊顶、轻质隔墙	轻质板材密度小
9	板声材料配套产品合格证、检验报告	人造石面板、中密度板、花岗石材、防静电地板、耐磨塑料板块、地毯、龙骨、螺栓、胶等	内墙面、室内地面	板块材料密度大
10	木制品、人造木板及配套材料产品合格证、检验报告	实木地板、胶合板、西木工板、防腐木地板、地板龙骨、橡胶垫等	室内吊顶、精装墙面、地面	—

（续）

序号	装饰装修工程材料编目资料类别划分	主要包括材料种类	使用部位	备注
11	涂料、油漆及配套材料产品合格证、检验报告	清漆、油漆、磁漆、防水涂料、防火涂料、内墙涂料、界面剂、乳胶漆、石膏粉、腻子等	精装木墙面、顶面、木制品涂饰	—
12	壁纸、墙布及配套材料产品合格证、检验报告	墙纸、装饰布、人造革、纤维布、阻燃剂、阻烯海绵、泡沫塑料、壁纸分、乳胶漆、胶粘剂等	—	—

注：对于一般工程，当门、窗数量较少时，可以将门、窗材料归并为一类。

④幕墙工程主要材料编目资料类别划分见表 2-4。

表 2-4　幕墙工程主要材料编目资料类别划分

序号	幕墙工程材料资料类别划分	主要包括材料种类	使用部位	备注册码
1	铝合金型材及配套产品质量证明、检测报告	铝合金型材、铝塑板、铝合金氟碳喷涂幕墙板、铝单板、氟碳喷涂涂料等	外幕墙	新材料可包括说明书
2	型钢、连接件及配套产品质量证明、检验报告	热镀锌矩管、镀锌空心型钢、U 形槽钢、角钢、镀锌埋件、插芯、垫板、转接件、高强化学螺栓、不锈钢六角头螺栓、膨胀螺栓、自攻自钻钉、电焊条等	外幕墙骨架连接	根据材料属性，使用部位相同可合并为一类编目
3	玻璃产品质量证明、检测报告	防火钢化玻璃、中空玻璃、白钢化玻璃等	外幕墙	—
4	石材产品合格证、检验报告	花岗岩石、大理石材等	外幕墙	—
5	隔热、保温材料产品合格证、检验报告	聚苯乙烯保温板、玻璃棉板、铝箔黑棉板等	外幕墙	—
6	硅酮结构胶及密封材料产品合格证、检验报告	硅酮结构胶、建筑耐候胶、聚乙烯发泡填充棒、聚氨酯双面胶条等	多种幕墙使用	—

⑤物资(资料)名称:同一材料、同一品种、同一厂名、同一生产日期的产品质量合格证与厂家出厂抽验报告,可按质量合格证在前,抽验报告在后的顺序排列(新材料应附使用说明书)。

⑥品种、规格、型号:不同的材料厂家在质量合格证内容上表示的内容完全不一样,如涂料有品种、型号,而砌块有品种、规格,所以要根据不同的材料质量合格证内容选其一录入。

⑦页次:专项分目录中的页次是填写分项工程资料施工管理过程中形成的右上角顺序号。

⑧备注:填写需要说明的其他问题,如新增加的检测项目等。

4)物资进场检验记录目录:适用于各种材料进场检验记录编目。目录内容包括工程名称、资料类别、序号、物资名称、检验结论、检验日期、检验单位、页次、备注。

①资料类别:应与产品质量证明资料类别一致。

②序号:应按同一资料类别内容先后顺序排序,用阿拉伯数字从1开始依次标注。同一厂家、同一材料、同一进场日期、多种规格可以作为一个序号编目。

③物资名称:同一厂家、同一进场日期的物资,涉及多个品种的可以填一栏。

④检验结论:不同材料进场检验的项目是不一样的,结论应明确。

⑤检验日期:检验日期应与进场实际日期一致。

⑥检验单位:要体现谁采购谁负责,专业质检员组织物资进场检验验收。

⑦页次:目录中的页次是填写分项工程资料施工管理过程中形成的右上角顺序号。

⑧备注:填写需要说明的其他问题等。

5)材料复验报告目录:适用于多种材料进场复验报告编目。

①资料类别:应以主要材料进行分类,如水泥、砂、石复验等报告编目。目录的填写要求参见本章第六节施工物资资料组卷实例中各种材料复验报告目录实例。

②页次:目录中的页次是填写某分项工程施工资料管理过程中形成的右上角顺序号。

③备注:填写需要说明的其他问题(有见证取样试验的可在备注栏中注明)。

6)施工记录目录:适用于各专业分项隐蔽工程检查记录,如外墙保温板做法隐蔽检查记录、内墙涂饰基层处理隐蔽检查记录、防水工程试水检查记录、交接检查记录、预检记录等编目。

①工程名称:单位工程名称。

②资料类别:施工记录目录属分目录中的一种。分目录中的资料类别与

卷内目录资料类别是有区别的，分目录中的资料类别应进一步细化到关键工序名称。如施工记录目录中隐蔽工程检查记录的资料类别，应分为防水隔离层做法隐蔽检查记录；钢质防火门框安装隐蔽检查记录；饰面板埋件、龙骨安装隐蔽检查记录；幕墙预埋件安装隐蔽检查记录；幕墙后置埋件隐蔽检查记录等。

③序号：施工记录目录中的序号应按资料类别内容的先后顺序排序，用阿拉伯数字从 1 开始依次标注。

④施工部位（内容摘要）：根据各种检查记录中实际的施工代表部位、内容摘要录入。

⑤编制单位：资料形成单位名称。

⑥日期：填写资料形成的时间。

⑦页次：施工记录目录中的页次是填写某分项工程施工资料管理过程中形成的右上角顺序号。

7）报审、报验目录：适用于向监理报验、报审的各种记录编目。

①资料类别：应分为工程技术文件报审、施工测量放线报验、工程物资进场报验、分项/分部工程施工报验等。

②页次：目录中的页次是填写某分项工程施工资料管理过程中形成的右上角顺序号。

③备注：需要说明的其他问题，可在目录备注栏中填写。

（3）通用分目录

通用分目录是专项分目录不适合时使用通用分目录，适用于施工方案、设计变更、洽商记录、技术交底或其他专项分目录不适合的施工资料编目。

1）工程名称：填写单位工程名称。

2）资料类别：是指某一类资料名称。如设计变更、技术交底、旁站监理记录、工作联系单等。

3）序号：按时间自然形成的先后顺序排序，用阿拉伯数字从 1 开始依次标注。

4）内容摘要：用简练语言提示，无标题的资料（如洽商记录）应根据内容拟写内容摘要，内容摘要栏需简明提示重点内容。

5）编制单位：资料的形成单位或主要责任单位名称。

6）日期：本项资料的形成时间。

7）页次：通用分目录页次是指本项施工资料施工管理过程中形成的右上角顺序号。

8）备注：填写需要说明的其他问题。

三、组卷方法

1. 单位工程施工资料组卷方法

(1)施工资料是施工单位项目管理、施工过程中形成的各种记录,能体现项目先进的管理水平和先进的施工技术,是工程实体质量查询的凭据。《建筑工程资料管理规程》明确了施工资料分类与组卷的原则,同时每一单位工程增加工程管理与验收资料卷。

(2)单位工程施工资料组卷时,根据资料的重要性、属性,可将施工单位形成的工程管理与验收资料与建设单位移交给施工单位的开工、竣工基建文件进行整合归类,这样既符合档案管理要求又便于检索查询。案卷题名为《开、竣工验收与管理文件》。

(3)一般工程分九大分部、六个专业,每个专业再按照资料的类别从 C1～C7 顺序排列。每个专业根据资料数量的多少组成一卷或多卷组卷,要遵循施工资料自然形成规律,保持卷内资料内容之间的联系。

(4)每个专业施工单位提交给监理单位报审、报验(B 类)资料以及监理单位向施工单位移交的资料可组成一卷或多卷,案卷题名为《质量控制报审报验监理管理资料》。

(5)单位工程施工资料组卷框架图(图 2-7)。

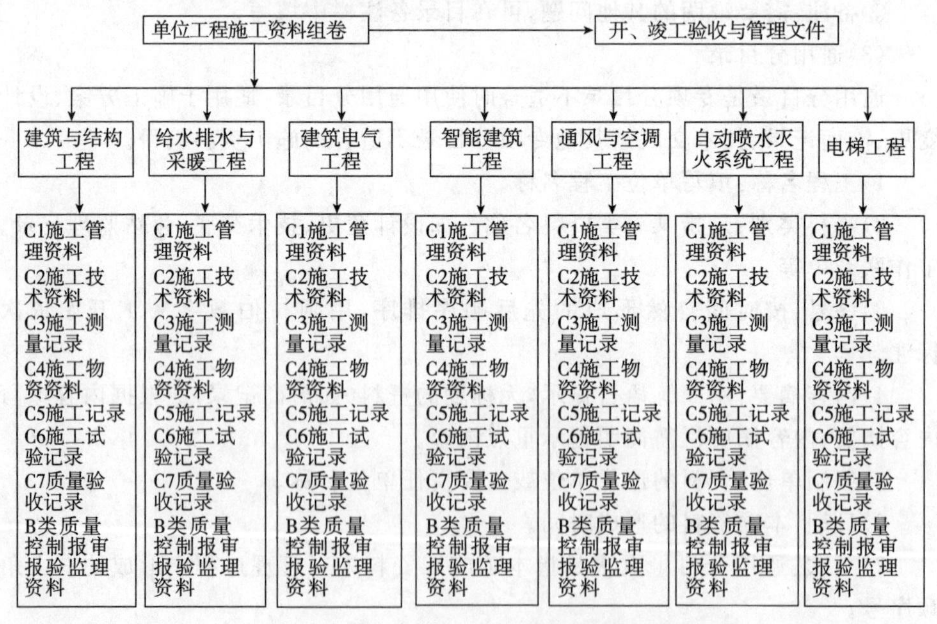

图 2-7　单位工程施工资料组卷框架图

2. 专业施工资料组卷方法

(1)对于特大型、大型建筑工程通常由多个专业分包施工,《建筑工程资料管理规程》明确规定,对于专业性较强、施工工艺复杂的专业分包工程,为了分清各专业分包单位质量责任,保证专业施工资料的完整性,由专业分包独立施工的分部、子分部、分项工程应单独组卷,如地基(复合)桩基础工程、有支护土方(基坑)工程、预应力工程、钢结构工程、幕墙工程、业主分包精装修工程、供热锅炉安装工程、变配电室安装工程及智能建筑工程等。

(2)施工资料应单独组卷的专业名称(图 2-8)。

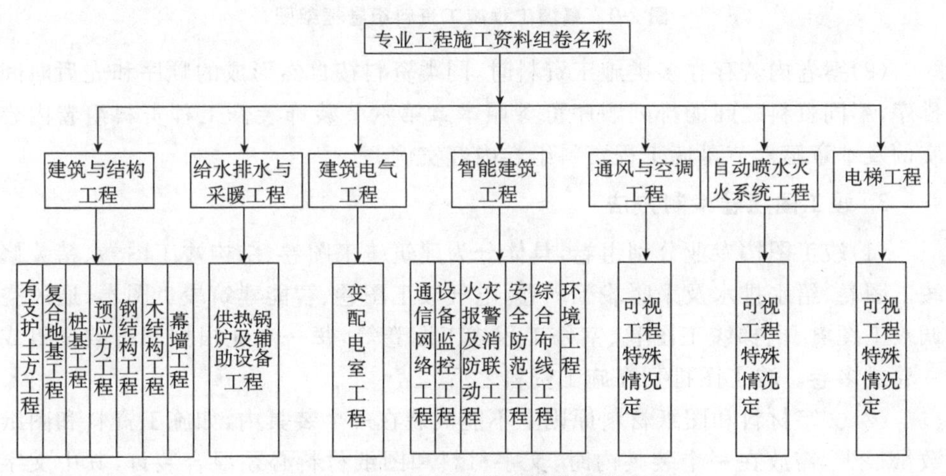

图 2-8　施工资料单独组卷的专业名称

(3)由总承包单位负责施工或总包合约管理范围内的装饰装修工程施工资料经项目检查合格后,原则上应与结构资料合并分类编制组卷。

(4)工程规模大、装饰装修标准高,由业主依法分包的精装修工程(不属于总承包单位合约管理范围内的),为便于精装修工程质量验收和质量责任的追溯,特殊情况可以单独分类、整理。如多家精装修分包单位施工资料,可同类资料合并整理,注意合并时应在备注栏注明装修施工单位名称。

(5)单独组卷的装饰装修工程、幕墙工程,根据专业施工资料类别、数量的多少组成一卷或多卷。例如,幕墙工程施工资料组卷按照资料类别从 C1～C7 顺序排列。

(6)装饰装修施工单位向监理单位提交的报审、报验(B类)资料和监理单位向装饰装修施工单位移交的资料,可组成一卷或多卷。案卷提名为《质量控制报审报验监理管理资料》排列于施工资料之后。

(7)幕墙工程施工资料组卷框架图(图 2-9)。

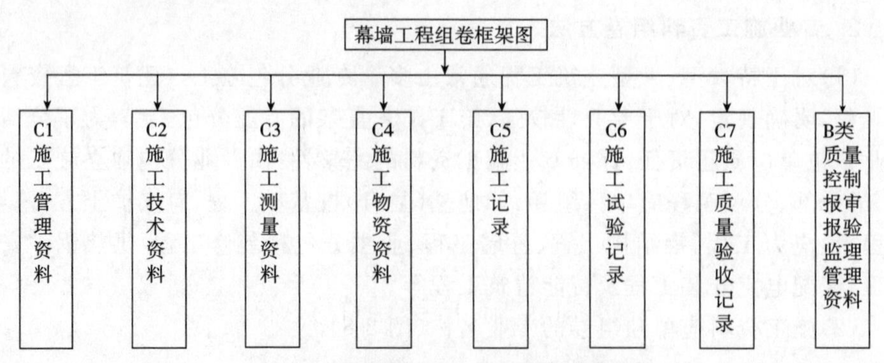

图 2-9　幕墙工程施工资料组卷框架图

(8)案卷内若存在多类施工资料时,同类资料按自然形成的顺序和先后时间排序,不同资料之间的排列顺序可参照本章第六节装饰装修工程资料组卷内容实例及本章第六节幕墙工程资料组卷内容实例。

3. 竣工图组卷编制方法

(1)竣工图按专业分别组卷,具体分为建筑竣工图卷、结构竣工图卷、精装修竣工图卷、给水排水及采暖竣工图卷、电气竣工图卷、智能建筑竣工图卷、通风空调竣工图卷、电梯竣工图卷、室外工程竣工图卷等,每一专业根据图纸数量组成一卷或多卷。竣工图排列在施工资料之后。

(2)文字材料和图纸材料原则上不能混装在一个装具内,如施工资料和图纸数量很少,需放在一个装具内时,文字材料和图纸材料必须混合装订,其中文字材料排前,图样材料排后。

四、案卷规格与装订

1. 工程资料案卷规格与装订

(1)案卷规格

卷内资料、封面、目录、备考表统一采用 A4 幅(297mm×210mm)尺寸,图纸分别采用 A0(841mm×1189mm)、A1(594mm×841mm)、A2(420mm×594mm)、A3(297mm×420mm)、A4(297mm×210mm)幅面。小于 A4 幅面的资料要用 A4 白纸(297mm×210mm)衬托。

(2)案卷装具

案卷采用统一规格尺寸的装具。属于工程档案的文字、图纸材料一律采用城建档案馆监制的硬壳卷夹或卷盒,外表尺寸为 310mm(高)×220mm(宽),卷盒厚度尺寸分别为 50mm、30mm 两种,卷夹厚度尺寸为 25mm;少量特殊的档案也可采用外表尺寸为 310mm(高)×430mm(宽),厚度尺寸为 50mm。案卷软

(内)卷皮尺寸为 297mm(高)×210mm(宽)。

(3)案卷装订

1)文字材料必须装订成册,图纸材料可装订成册,也可散装存放。

2)装订时要剔除金属物,装订线一侧根据案卷薄厚加垫草板纸。

3)案卷用棉线在左侧 3 孔装订,棉线装订结打在背面。装订线距左侧 20mm,上下两孔分别距中孔 80mm。

4)装订时,须将封面、目录、备考表、封底与案卷一起装订。图纸散装在卷盒内时,需将案卷封面、目录、备考表 3 件用棉线在左上角装订在一起。

2. 竣工图组卷

竣工图应按专业进行组卷。可分为工艺平面布置竣工图卷、建筑竣工图卷、结构竣工图卷、给排水及采暖竣工图卷、建筑电气竣工图卷、智能建筑竣工图卷、通风空调竣工图卷、电梯竣工图卷、室外工程竣工图卷等,每一专业可根据图纸数量多少组成一卷或多卷。

竣工图组卷内容和顺序见表 2-5。

表 2-5　竣工图组卷参考表

答案题名 专业名称	类别名称	表格编号 (或资料来源)	资料名称	备　注
竣工图		编制单位提供	建筑竣工图、幕墙竣工图	
		编制单位提供	结构竣工图	
		编制单位提供	建筑给水、排水与采暖竣工图	
		编制单位提供	燃气竣工图	
		编制单位提供	建筑电气竣工图	
		编制单位提供	智能建筑竣工图(综合布线、保安监控、电视天线、火灾报警、气体灭火等)	
		编制单位提供	通风空调竣工图	
		编制单位提供	地上部分的道路、绿化、庭院照明、喷泉、喷灌等竣工图	室外工程
		编制单位提供	地下部分的各种市政、电力、电信管线等竣工图	室外工程

第三节　工程资料移交和归档

工程资料移交归档应符合国家现行有关法规和标准的规定；当无规定时，应按合同约定移交归档。

1. 工程资料移交

(1)施工单位应向建设单位移交施工资料。

(2)实行施工总承包的，各专业承包单位应向施工总承包单位移交施工资料。

(3)监理单位应向建设单位移交监理资料。

(4)工程资料移交时应及时办理相关移交手续，填写工程资料移交书、移交目录。

(5)建设单位应按国家有关法规和标准的规定向城建档案管理部门移交工程档案，并办理相关手续。有条件时，向城建档案管理部门移交的工程档案应为原件。

2. 工程资料归档

(1)工程参建各方宜按《建筑工程资料管理规程》(JGJ/T185－2009)规定的内容将工程资料归档保存。

(2)归档保存的工程资料，其保存期限应符合下列规定：

1)工程资料归档保存期限应符合国家现行有关标准的规定；当无规定时，不宜少于5年。

2)建设单位工程资料归档保存期限应满足工程维护、修缮、改造、加固的需要。

3)施工单位工程资料归档保存期限应满足工程质量保修及质量追溯的需要。

第三章 监理资料管理与实务

第一节 监理资料内容

一、监理单位资料

1. 监理规划

(1)监理单位应按要求及时编制监理规划,经审核批准后报送建设单位。

(2)监理规划应由总监理工程师主持,专业监理工程师参加编制。

(3)在监理工作实施过程中,监理单位应根据实际情况或条件发生重大变化而调整监理规划,由总监理工程师组织专业监理工程师研究修改后,按原报审程序经过批准后报建设单位。

(4)监理规划主要包含的内容应有:工程项目特征、工程相关单位项目组织、监理工作的主要依据、监理工作范围、监理工作内容和目标、项目监理机构的组织形式、人员配备计划及岗位职责、监理工作程序、方法及措施、监理工作制度、监理设施、安全监理方案等。

1)工程项目特征包括工程名称、建设地点、建设规模、工程特点等。

2)工程相关单位项目组织包括建设单位、监理单位、勘察单位、设计单位、总包单位、主要分包单位等。

3)监理工作范围、监理工作内容和目标指工程进度控制、工程质量控制、工程造价控制、合同其他事项管理。

监理规划应包含的主要内容可根据各地方、监理单位要求及工程规模等具体情况进行调整。

2. 监理实施细则

(1)监理实施细则应符合监理规划的要求,并应结合工程项目的专业特点,做到详细具体、具有可操作性。

(2)监理实施细则应在总监理工程师主持下,由专业监理工程师编制,经总监理工程师批准。

(3)监理实施细则应在相应工程施工开始前编制完成,并经总监理工程师批准后实施。

(4)监理实施细则应根据工程的变化予以补充、修改和完善,并按规定程序报批。

(5)监理实施细则应包含的主要内容应有:专业工程概况、特点、难点、监理细则编制依据、监理工作程序、工作制度、工作内容、工作方法、监理人员的配备、分工及职责、执行的技术标准与数据、分部、分项工程验收表格及隐蔽工程验收表格、实施旁站监理的计划、本专业工程与其他专业工程的配合、协调、工程进度控制、工程投资控制、工程安全控制、工程的质量验收程序和制度等。

监理实施细则应包含的主要内容可根据各地方、监理单位要求及工程规模等具体情况进行调整。

3. 监理月报

(1)监理月报的内容应全面、客观。

(2)监理月报应由项目总监理工程师组织编制,签认后,报送建设单位和监理单位。

(3)监理月报的内容主要应包含:本月工程概况、本月工程形象进度、工程进度、工程质量、工程计量与工程款支付、合同其他事项的处理情况、本月监理工作小结等。其中:

1)工程进度包括:本月实际完成情况与计划进度比较;对进度完成情况及采取措施效果的分析。

2)工程质量包括:本月工程质量情况分析;本月采取的工程质量措施及效果。

3)工程计量与工程款支付包括:工程量审核情况;工程款审批情况及月支付情况;工程款支付情况分析;本月采取的措施及效果。

4)合同其他事项的处理情况包括:工程变更;工程延期;费用索赔。

5)本月监理工作小结包括:对本月进度、质量、工程款支付等方面情况的综合评价;本月监理工作情况;有关本工程的意见和建议。

监理月报应包含的主要内容可根据各地方、监理单位及工程规模等具体情况进行调整。

4. 监理会议纪要

(1)监理会议包括监理交底会、工地例会、专题会议等。

(2)监理会议纪要应由监理单位根据会议记录整理,经总监理工程师审阅,由与会各方代表会签,发相关单位。

(3)监理会议纪要包括第一次工地会议纪要、监理例会纪要和由监理单位主持召开的专题工地会议纪要。工地例会纪要主要内容应包括：检查上次例会议议定事项的落实情况，分析未完事项原因；检查分析工程项目进度计划完成情况，提出下一阶段进度目标及其落实措施；检查分析工程项目质量状况，针对存在的质量问题提出改进措施；检查分析工程项目安全状况，针对存在的安全问题提出改进措施；检查工程量核定及工程款支付情况；解决需要协调的有关事项；其他有关事宜等。

专题会议纪要可参照监理会议纪要的主要内容编制。

5. 监理工作日志

（1）日志记载应从监理工作开始起至监理工作结束止，应由总监理工程师指派专人负责逐日记载。

（2）监理工作日志内容应专业齐全、内容真实。

（3）总监理工程师应定期或不定期检查监理工作日志，提出指导意见。

（4）监理工作日志内容应主要包括：项目监理部人员出勤情况；现场主要在施项目；施工单位投入情况；检查、巡视线路；发现的问题及处理情况；当日召开会议主要议题、往来文件收发情况等。

施工单位投入情况包括主要工种人员、机具、材料。

6. 监理工作总结

施工阶段监理工作结束时，监理单位应向建设单位提交监理工作总结。

（1）监理工作总结的内容应能全面反应阶段施工、监理工作情况等。监理工作总结应由总监理工程师主持编写并审批。

（2）监理工作总结应包含的主要内容：工程概况；监理组织机构、监理人员和投入的监理设施；监理合同履行情况；监理工作成效；施工过程中出现的问题及其处理情况和建议；工程照片（有必要时）等。内容可根据各地方、监理单位及工程规模等具体情况进行调整。

7. 工程开工令

总监理工程师应组织专业监理工程师审查施工单位报送的工程开工报审表及相关资料；同时具备下列条件时，应由总监理工程师签署审核意见，并应报建设单位批准后，总监理工程师签发工程开工令：

（1）设计交底和图纸会审已完成。

（2）施工组织设计已由总监理工程师签认。

（3）施工单位现场质量、安全生产管理体系已建立，管理及施工人员已到位，施工机械具备使用条件，主要工程材料已落实。

（4）进场道路及水、电、通信等已满足开工要求。

8. 监理通知单

项目监理机构发现施工存在质量问题的，或施工单位采用不适当的施工工艺，或施工不当，造成工程质量不合格的，应及时签发监理通知单，要求施工单位整改。整改完毕后，项目监理机构应根据施工单位报送的监理通知回复单对整改情况进行复查，提出复查意见。

监理通知单应按表“监理通知单”的要求填写，监理通知回复单应按表监理通知回复单的要求填写。

9. 监理报告

项目监理机构在实施监理过程中，发现工程存在安全事故隐患时，应签发监理通知单，要求施工单位整改；情况严重时，应签发工程暂停令，并应及时报告建设单位。施工单位拒不整改或不停止施工时，项目监理机构应及时向有关主管部门报送监理报告。

10. 工程暂停令

(1)总监理工程师在签发工程暂停令时，可根据停工原因的影响范围和影响程度，确定停工范围，并应按施工合同和建设工程监理合同的约定签发工程暂停令。

(2)项目监理机构发现下列情况之一时，总监理工程师应及时签发工程暂停令：

1)建设单位要求暂停施工且工程需要暂停施工的。

2)施工单位未经批准擅自施工或拒绝项目监理机构管理的。

3)施工单位未按审查通过的工程设计文件施工的。

4)施工单位违反工程建设强制性标准的。

5)施工存在重大质量、安全事故隐患或发生质量、安全事故的。

(3)总监理工程师签发工程暂停令应事先征得建设单位同意，在紧急情况下未能事先报告时，应在事后及时向建设单位作出书面报告。

(4)暂停施工事件发生时，项目监理机构应如实记录所发生的情况。

(5)总监理工程师应会同有关各方按施工合同约定，处理因工程暂停引起的与工期、费用有关的问题。

(6)因施工单位原因暂停施工时，项目监理机构应检查、验收施工单位的停工整改过程、结果。

(7)当暂停施工原因消失、具备复工条件时，施工单位提出复工申请的，项目监理机构应审查施工单位报送的工程复工报审表及有关材料，符合要求后，总监理工程师应及时签署审查意见，并应报建设单位批准后签发工程复工令；施工单位未提出复工申请的，总监理工程师应根据工程实际情况指令施工单位恢复施工。

工程暂停令应按本表“工程暂停令”的要求填写。工程复工报审表应按本表“工程复工报审表”的要求填写，工程复工令应按本表“工程复工令”的要求填写。

11. 旁站记录

项目监理机构应根据工程特点和施工单位报送的施工组织设计，确定旁站的关键部位、关键工序，安排监理人员进行旁站，并应及时记录旁站情况。

12. 工程款支付证书

(1)项目监理机构应按下列程序进行工程计量和付款签证：

1)专业监理工程师对施工单位在工程款支付报审表中提交的工程量和支付金额进行复核，确定实际完成的工程量，提出到期应支付给施工单位的金额，并提出相应的支持性材料。

2)总监理工程师对专业监理工程师的审查意见进行审核，签认后报建设单位审批。

3)总监理工程师根据建设单位的审批意见，向施工单位签发工程款支付证书。

(2)工程款支付报审表应按表“工程款支付报审表”的要求填写，工程款支付证书应按表“工程款支付证书”的要求填写。

(3)项目监理机构应按下列程序进行竣工结算款审核：

1)专业监理工程师审查施工单位提交的竣工结算款支付申请，提出审查意见。

2)总监理工程师对专业监理工程师的审查意见进行审核，签认后报建设单位审批，同时抄送施工单位，并就工程竣工结算事宜与建设单位、施工单位协商；达成一致意见的，根据建设单位审批意见向施工单位签发竣工结算款支付证书；不能达成一致意见的，应按施工合同约定处理。

(4)工程竣工结算款支付报审表应按“工程款支付报审表”的要求填写，竣工结算款支付证书应按表“工程款支付证书”的要求填写。

二、施工单位报审、报验用表

1. 施工组织设计/(专项)施工方案报审表

(1)项目监理机构应审查施工单位报审的施工组织设计，符合要求时，应由总监理工程师签认后报建设单位。项目监理机构应要求施工单位按已批准的施工组织设计组织施工。施工组织设计需要调整时,项目监理机构应按程序重新审查。

施工组织设计审查应包括下列基本内容:

1)编审程序应符合相关规定。

2)施工进度、施工方案及工程质量保证措施应符合施工合同要求。

3)资金、劳动力、材料、设备等资源供应计划应满足工程施工需要。

4)安全技术措施应符合工程建设强制性标准。

5)施工总平面布置应科学合理。

(2)施工组织设计或(专项)施工方案报审表,应按本表填写。

(3)总监理工程师应组织专业监理工程师审查施工单位报审的施工方案,符合要求后应予以签认。施工方案审查应包括下列基本内容:

1)编审程序应符合相关规定。

2)工程质量保证措施应符合有关标准。

(4)项目监理机构应审查施工单位报审的专项施工方案,符合要求的,应由总监理工程师签认后报建设单位。超过一定规模的危险性较大的分部分项工程的专项施工方案,应检查施工单位组织专家进行论证、审查的情况,以及是否附具安全验算结果。

项目监理机构应要求施工单位按已批准的专项施工方案组织施工。专项施工方案需要调整时,施工单位应按程序重新提交项目监理机构审查。

专项施工方案审查应包括下列基本内容:

1)编审程序应符合相关规定。

2)安全技术措施应符合工程建设强制性标准。

2. 工程开工报审表

总监理工程师应组织专业监理工程师审查施工单位报送的工程开工报审表及相关资料;同时具备下列条件时,填报"工程开工报审表":

(1)设计交底和图纸会审已完成。

(2)施工组织设计已由总监理工程师签认。

(3)施工单位现场质量、安全生产管理体系已建立,管理及施工人员已到位,施工机械具备使用条件,主要工程材料已落实。

(4)进场道路及水、电、通信等已满足开工要求。

3. 分包单位资格报审表

分包工程开工前,项目监理机构应审核施工单位报送的分包单位资格报审表,专业监理工程师提出审查意见后,应由总监理工程师审核签认。

分包单位资格审核应包括下列基本内容：

(1)营业执照、企业资质等级证书。

(2)安全生产许可文件。

(3)类似工程业绩。

(4)专职管理人员和特种作业人员的资格。

4. 施工控制测量成果报验表

专业监理工程师应检查、复核施工单位报送的施工控制测量成果及保护措施，签署意见。专业监理工程师应对施工单位在施工过程中报送的施工测量放线成果进行查验。

施工控制测量成果及保护措施的检查、复核，应包括下列内容：

(1)施工单位测量人员的资格证书及测量设备检定证书。

(2)施工平面控制网、高程控制网和临时水准点的测量成果及控制桩的保护措施。

5. 工程材料、构配件、设备报审表

项目监理机构应审查施工单位报送的用于工程的材料、构配件、设备的质量证明文件，并应按有关规定、建设工程监理合同约定，对用于工程的材料进行见证取样、平行检验。

项目监理机构对已进场经检验不合格的工程材料、构配件、设备，应要求施工单位限期将其撤出施工现场。

工程材料、构配件、设备报审表应按本表填写。

6. ________报审、报验表

(1)专业监理工程师应检查施工单位为工程提供服务的试验室。

试验室的检查应包括下列内容：

1)试验室的资质等级及试验范围。

2)法定计量部门对试验设备出具的计量检定证明。

3)试验室管理制度。

4)试验人员资格证书。

(2)施工单位的试验室报审表应按本表填写。

7. 分部工程报验表

项目监理机构应对施工单位报验的隐蔽工程、检验批、分项工程和分部工程进行验收，对验收合格的应给予签认；对验收不合格的应拒绝签认，同时应要求施工单位在指定的时间内整改并重新报验。

对已同意覆盖的工程隐蔽部位质量有疑问的，或发现施工单位私自覆盖工程隐蔽部位的，项目监理机构应要求施工单位对该隐蔽部位进行钻孔探测、剥离或其他方法进行重新检验。

分部工程报验表应按表“分部工程报验表”的要求填写。

8. **单位工程竣工验收报审表**

(1)项目监理机构应审查施工单位提交的单位工程竣工验收报审表及竣工资料，组织工程竣工预验收。存在问题的，应要求施工单位及时整改；合格的，总监理工程师应签认单位工程竣工验收报审表。

单位工程竣工验收报审表应按本表的要求填写。

(2)工程竣工预验收合格后，项目监理机构应编写工程质量评估报告，并应经总监理工程师和工程监理单位技术负责人审核签字后报建设单位。

(3)项目监理机构应参加由建设单位组织的竣工验收，对验收中提出的整改问题，应督促施工单位及时整改。工程质量符合要求的，总监理工程师应在工程竣工验收报告中签署意见。

9. **施工进度计划报审表**

(1)项目监理机构应审查施工单位报审的施工总进度计划和阶段性施工进度计划，提出审查意见，并应由总监理工程师审核后报建设单位。

施工进度计划审查应包括下列基本内容：

1)施工进度计划应符合施工合同中工期的约定。

2)施工进度计划中主要工程项目无遗漏，应满足分批投入试运、分批动用的需要，阶段性施工进度计划应满足总进度控制目标的要求。

3)施工顺序的安排应符合施工工艺要求。

4)施工人员、工程材料、施工机械等资源供应计划应满足施工进度计划的需要。

5)施工进度计划应符合建设单位提供的资金、施工图纸、施工场地、物资等施工条件。

(2)项目监理机构应检查施工进度计划的实施情况，发现实际进度严重滞后于计划进度且影响合同工期时，应签发监理通知单，要求施工单位采取调整措施加快施工进度。总监理工程师应向建设单位报告工期延误风险。

(3)项目监理机构应比较分析工程施工实际进度与计划进度，预测实际进度对工程总工期的影响，并应在监理月报中向建设单位报告工程实际进展情况。

10. **费用索赔报审表**

(1)项目监理机构应及时收集、整理有关工程费用的原始资料，为处理费用索赔提供证据。

(2)项目监理机构处理费用索赔的主要依据应包括下列内容：

1)法律法规。

2)勘察设计文件、施工合同文件。

3)工程建设标准。

4)索赔事件的证据。

(3)项目监理机构可按下列程序处理施工单位提出的费用索赔：

1)受理施工单位在施工合同约定的期限内提交的费用索赔意向通知书。

2)收集与索赔有关的资料。

3)受理施工单位在施工合同约定的期限内提交的费用索赔报审表。

4)审查费用索赔报审表。需要施工单位进一步提交详细资料时，应在施工合同约定的期限内发出通知。

5)与建设单位和施工单位协商一致后，在施工合同约定的期限内签发费用索赔报审表，并报建设单位。

(4)费用索赔意向通知书应按表“索赔意向通知书”的要求填写；费用索赔报审表应按表“费用索赔报审表”的要求填写。

(5)项目监理机构批准施工单位费用索赔应同时满足下列条件：

1)施工单位在施工合同约定的期限内提出费用索赔。

2)索赔事件是因非施工单位原因造成，且符合施工合同约定。

3)索赔事件造成施工单位直接经济损失。

(6)当施工单位的费用索赔要求与工程延期要求相关联时，项目监理机构可提出费用索赔和工程延期的综合处理意见，并应与建设单位和施工单位协商。

(7)因施工单位原因造成建设单位损失，建设单位提出索赔时，项目监理机构应与建设单位和施工单位协商处理。

11. 工程临时/最终延期报审表

(1)施工单位提出工程延期要求符合施工合同约定时，项目监理机构应予以受理。

当影响工期事件具有持续性时，项目监理机构应对施工单位提交的阶段性工程临时延期报审表进行审查，并应签署工程临时延期审核意见后报建设单位。

当影响工期事件结束后，项目监理机构应对施工单位提交的工程最终延期报审表进行审查，并应签署工程最终延期审核意见后报建设单位。

(2)项目监理机构在批准工程临时延期、工程最终延期前，均应与建设单位和施工单位协商。

(3)项目监理机构批准工程延期应同时满足下列条件：

1)施工单位在施工合同约定的期限内提出工程延期。

2)因非施工单位原因造成施工进度滞后。

3)施工进度滞后影响到施工合同约定的工期。

(4)施工单位因工程延期提出费用索赔时，项目监理机构可按施工合同约定进行处理。

(5)发生工期延误时，项目监理机构应按施工合同约定进行处理。

三、通用表格

1. 工作联系单

项目监理机构应协调工程建设相关方的关系。项目监理机构与工程建设相关方之间的工作联系，除另有规定外宜采用工作联系单形式进行。工程有关各方之间传递意见、建议、决定、通知、要求等信息宜采用“工作联系单”形式。

(1)“工作联系单”除明确要求外，一般不需回复。

(2)“工作联系单”为通用表格，工程参加各方均可使用。

2. 工程变更单

(1)项目监理机构可按下列程序处理施工单位提出的工程变更：

1)总监理工程师组织专业监理工程师审查施工单位提出的工程变更申请，提出审查意见。对涉及工程设计文件修改的工程变更，应由建设单位转交原设计单位修改工程设计文件。必要时，项目监理机构应建议建设单位组织设计、施工等单位召开论证工程设计文件的修改方案的专题会议。

2)总监理工程师组织专业监理工程师对工程变更费用及工期影响作出评估。

3)总监理工程师组织建设单位、施工单位等共同协商确定工程变更费用及工期变化，会签工程变更单。

4)项目监理机构根据批准的工程变更文件监督施工单位实施工程变更。

(2)项目监理机构可在工程变更实施前与建设单位、施工单位等协商确定工程变更的计价原则、计价方法或价款。

(3)建设单位与施工单位未能就工程变更费用达成协议时，项目监理机构可提出一个暂定价格并经建设单位同意，作为临时支付工程款的依据。工程变更款项最终结算时，应以建设单位与施工单位达成的协议为依据。

(4)项目监理机构可对建设单位要求的工程变更提出评估意见，并应督促施工单位按会签后的工程变更单组织施工。

第二节 监理资料样表

一、工程监理单位用表

表 A.0.1 总监理工程师任命书

工程名称： ××住宅楼工程 编号：

致：××集团开发有限公司（建设单位） 兹任命 韩学峰 （注册监理工程师注册号：××××）为我单位 ××工程建设监理有限公司××项目监理部 项目总监理工程师。负责履行建设工程监理合同、主持项目监理机构工作。 工程监理单位（盖章） 法定代表人（签字） 刘海军 ××年××月××日

注：本表一式三份，项目监理机构、建设单位、施工单位各一份。

表 A.0.2　工程开工令

工程名称：　　　　××住宅楼工程　　　　编号：

<table>
<tr><td>
致：　　××建设集团有限公司　　（施工单位）
经审查，本工程已具备施工合同约定的开工条件，现同意你方开始施工，开工日期：　××　年　××　月　××　日。
附件：工程开工报审表

项目监理机构（盖章）
总监理工程师（签字、加盖执业印章）　　韩学峰
××年××月××日
</td></tr>
</table>

注：本表一式三份，项目监理机构、建设单位、施工单位各一份。

表 A.0.3　监理通知单

工程名称：　　　　　　　　　　××住宅楼工程　　　　　　　　　　编号：

致：××建设集团有限公司××项目经理部（施工项目经理）

事由：关于你项目部使用 DN700 Ⅲ级钢筋混凝土承插管问题。

内容：你项目部施工，所使用的 DN700 Ⅲ级钢筋混凝土承插管破碎试验检查发现

如下问题：

1. 环向筋环数不能达到企业标准要求，企业标准为 A5 钢筋 83 根，破碎试验检查时为 81 根。

2. 根据 GB/T 11836—2009 第 5.2.3 条规定：钢筋骨架的纵向钢筋直径不得小于 4.0mm，在 DN700 Ⅲ级钢筋混凝土承插管配筋

图册中也有明确说明。破碎试验检查时纵向钢筋直径为 3.0mm，不符合规范要求。

项目监理机构（盖章）

总/专业监理工程师（签字）　　　　韩学峰

××年××月××日

注：本表一式三份，项目监理机构、建设单位、施工单位各一份。

表 A.0.4 监理报告

工程名称：××住宅楼工程　　编号：

<table>
<tr><td>
致：××市××监督站（主管部门）
由 ××建设集团有限公司（施工单位）施工的××住宅楼工程基坑工程（工程部位），存在安全事故隐患。我方已于 ×× 年 ×× 月 ×× 日发出编号为 ×××× 的《监理通知单》/《工程暂停令》，但施工单位未整改/停工。
特此报告。
附件：监理通知单
工程暂停令
其他

项目监理机构（盖章）
总监理工程师（签字）　韩学峰
××年××月××日
</td></tr>
</table>

注：本表一式四份，主管部门、建设单位、工程监理单位、项目监理机构各一份。

表 A.0.5　工程暂停令

工程名称：　　　　　　　　　××住宅楼工程　　　　　　　　　　编号：

致：××建设集团有限公司××项目经理部（施工项目经理部）

由于你方选定的分包商在未经我监理方审批许可的情况下，擅自进场施工原因，现通知你方于××年××月××日时起，暂停土方开挖工程部位（工序）施工，并按下述要求做好后续工作。

要求：

1. 填报分包单位资格报审表。
2. 提供分包商相关资质证书。

……

项目监理机构（盖章）

总监理工程师（签字、加盖执业印章）　　韩学峰

××年××月××日

注：本表一式三份，项目监理机构、建设单位、施工单位各一份。

表 A.0.6 旁站记录

工程名称：　　　　　　　　　××住宅楼工程　　　　　　　　　编号：

旁站的关键部位、关键工序	首层楼板现浇混凝土施工	施工单位	××建设集团有限公司
旁站开始时间	××年××月××日 ××时××分	旁站结束时间	××年××月××日 ××时××分
旁站的关键部位、关键工序施工情况： 本次混凝土浇筑现场施工管理人员××名在岗，钢筋修复人员××名，模板修复人员××名，混凝土工××名，振动棒××根，照明碘钨灯××盏。混凝土浇筑正常，无违章作业现象，未发现安全隐患。经现场旁站监理，本次混凝土浇筑混凝土标号为C××(混凝土有外加剂时应记录写明)，符合设计要求，现场检查坍落度××次，其值分别为××mm和××mm，混凝土振捣到位，无漏振现象，钢筋及水电管线保护良好，混凝土标高及收面良好，混凝土抹面收光及时，表面无积水翻砂现象；混凝土按要求及时进行了试块见证取样××组，现场已留置了同条件养护混凝土试块××组。			
发现的问题及处理情况： 无 旁站监理人员(签字)　　王学兵 ××年××月××日			

注：本表一式一份，项目监理机构留存。

表 A.0.7　工程复工令

工程名称：　　　　　　　　　××住宅楼工程　　　　　　　　　编号：

致：××建设集团有限公司××项目经理部（施工项目经理部）

我方发出的编号为 ×××× 《工程暂停令》，要求暂停施工的 土方开挖 部位(工序)，经查已具备复工条件。经建设单位同意，现通知你方于 ×× 年 ×× 月 ×× 日 ×× 时起恢复施工。

附件：工程复工报审表

项目监理机构(盖章)

总监理工程师(签字、加盖执业印章)　　　　韩学峰

××年××月××日

注：本表一式三份，项目监理机构、建设单位、施工单位各一份。

表 A.0.8　工程款支付证书

工程名称：　　××住宅楼工程　　编号：

致：××建设集团有限公司（施工单位）

根据施工合同约定，经审核编号为 ×××× 工程款支付报审表，扣除有关款项后，同意支付工程款共计（大写）

壹佰万圆整（小写：

￥1000000.00）。

其中：

1. 施工单位申报款为：　1000000.00 元
2. 经审核施工单位应得款为：　1000000.00 元
3. 本期应扣款为：　70000.00 元
4. 本期应付款为：　930000.00 元

附件：工程款支付报审表及附件

项目监理机构（盖章）

总监理工程师（签字、加盖执业印章）　　韩学峰

××年××月××日

注：本表一式三份，项目监理机构、建设单位、施工单位各一份。

二、施工单位报审、报验用表

表 B.0.1 施工组织设计/(专项)施工方案报审表

工程名称： ××住宅楼工程 编号：

<table>
<tr><td>
致：××工程建设监理有限公司××项目监理部（项目监理机构）
我方已完成 ××住宅楼工程 工程施工组织设计/(专项)施工方案的编制和审批，请予以审查。
附：施工组织设计
专项施工方案
施工方案

施工项目经理部(盖章)
项目经理(签字) 赵小伟
××年××月××日
</td></tr>
<tr><td>
审查意见：
施工组织设计内容全面，施工部署和施工进度计划科学、有序，满足工程需要。施工现场布置合理。施工管理计划切实可行。主要施工方案叙述详细，有针对性，符合规范和设计要求。

专业监理工程师(签字) 王学兵
××年××月××日
</td></tr>
<tr><td>
审核意见：
同意按此施工组织设计指导施工。

项目监理机构(盖章)
总监理工程师(签字、加盖执业印章) 韩学峰
××年××月××日
</td></tr>
<tr><td>
审批意见(仅对超过一定规模的危险性较大的分部分项工程专项施工方案)：
同意按此施工组织设计指导施工。

建设单位(盖章)
建设单位代表(签字) 李春林
××年××月××日
</td></tr>
</table>

注：本表一式三份，项目监理机构、建设单位、施工单位各一份。

表 B.0.2　工程开工报审表

工程名称：　　　　　　　　××住宅楼工程　　　　　　　　编号：

致：××集团开发有限公司（建设单位）

××工程建设监理有限公司××项目经理部（项目监理机构）

我方承担的　××住宅楼工程　工程，已完成相关准备工作，具备开工条件，申请于　××　年　××　月　××　日开工，请予以审批。

附件：

1. 获得政府主管部门批准的施工许可证；
2. 征地拆迁工作满足工程进度需要；
3. 施工组织设计已获得总监理工程师批准；
4. 现场管理人员、施工人员已经进场，机具、主要材料已落实；
5. 进场管道、水、电、通信等已满足开工要求；
6. 质量管理、技术管理和质量保证体系的组织机构已建立；
7. 质量管理、技术管理制度已制定；
8. 专职管理人员和特种作业人员已取得资质证、上岗证；

……

施工单位（盖章）
项目经理（签字）　　赵小伟
××年××月××日

审核意见：

具备开工条件，同意开工。

项目监理机构（盖章）
总监理工程师（签字、加盖执业印章）　　韩学峰
××年××月××日

审批意见：

同意开工。

建设单位（盖章）
建设单位代表（签字）　　李春林
××年××月××日

注：本表一式三份，项目监理机构、建设单位、施工单位各一份。

表 B.0.3 工程复工报审表

工程名称： ××住宅楼工程 编号：

<table>
<tr><td>致：××工程建设监理有限公司××项目监理部（项目监理机构）
编号为 ×××× 《工程暂停令》所停工的 土方开挖 部位（工序）已满足复工条件，我方申请于 ×× 年 ×× 月 ×× 日复工，请予以批准。
附件：
1. 复工报告。
2. 证明文件。

施工项目经理部（盖章）
项目经理（签字） 赵小伟
××年××月××日</td></tr>
<tr><td>审核意见：
安全隐患已消除，并按“工程暂停令”的要求作出整改，符合复工条件。

项目监理机构（盖章）
总监理工程师（签字） 韩学峰
××年××月××日</td></tr>
<tr><td>审批意见：
同意复工。

建设单位（盖章）
建设单位代表（签字） 李春林
××年××月××日</td></tr>
</table>

注：本表一式三份，项目监理机构、建设单位、施工单位各一份。

表 B.0.4　分包单位资格报审表

工程名称：　　　　　　××住宅楼工程　　　　　　编号：

致：××工程建设监理有限公司××项目监理部（项目监理机构）

经考察，我方认为拟选择的××工程有限公司（分包单位）

具有承担下列工程的施工或安装资质和能力，可以保证本工程按施工合同第×××条款的约定进行施工或安装。请予以审查。

分包工程名称(部位)	分包工程量	分包工程合同额
××工程有限公司	××m^3	××元
/		
/		
/		
合计		××元

附件：1. 分包单位资质材料

2. 分包单位业绩材料

3. 分包单位专职管理人员和特种作业人员的资格证书

4. 施工单位对分包单位的管理制度

施工项目经理部(盖章)

项目经理(签字)　　赵小伟

××年××月××日

审查意见：

资质证明文件齐全有效，具备土方工程承包资格。

专业监理工程师(签字)　　王学兵

××年××月××日

审核意见：

同意该施工单位承担本工程土方施工。

项目监理机构(盖章)

总监理工程师(签字)　　韩学峰

××年××月××日

注：本表一式三份，项目监理机构、建设单位、施工单位各一份。

表 B.0.5　施工控制测量成果报验表

工程名称：　　　　××住宅楼工程　　　　编号：

<table>
<tr><td>
致：××工程建设监理有限公司××项目监理部（项目监理机构）
我方已完成　工程地位测量　的施工控制测量，经自检合格，请予以查验。
附件：1. 施工控制测量依据资料。
2. 施工控制测量成果表。

施工项目经理部（盖章）
项目技术负责人（签字）　　孙强
××年××月××日
</td></tr>
<tr><td>
审查意见：
1. 施工控制测量依据资料合格有效。
2. 测量精度符合《工程测量规范》GB 50026 的要求。

项目监理机构（盖章）
专业监理工程师（签字）　　王学兵
××年××月××日
</td></tr>
</table>

注：本表一式三份，项目监理机构、建设单位、施工单位各一份。

表 B.0.6　工程材料、构配件、设备报审表

工程名称：　　　　××住宅楼工程　　　　编号：

<table>
<tr><td>致：　××工程建设监理有限公司××项目监理部　（项目监理机构）
　　于　××　年　××　月　××　日进场的拟用于工程　首层楼板　部位的　钢筋　，经我方检验合格，现将相关资料报上，请予以审查。
　附件：1. 工程材料、构配件或设备清单
　　　　2. 质量证明文件
　　　　3. 自检结果

施工项目经理部（盖章）
项目经理（签字）　　赵小伟
××年××月××日</td></tr>
<tr><td>审查意见：
相关证明文件齐全有效，同意使用。

项目监理机构（盖章）
专业监理工程师（签字）　　王学兵
××年××月××日</td></tr>
</table>

注：本表一式二份，项目监理机构、施工单位各一份。

表 B.0.7 ________ 报审、报验表

工程名称：　　　　　　××住宅楼工程　　　　　　编号：

<table>
<tr><td>致：××工程建设监理有限公司××项目监理部（项目监理机构）
我方已完成　首层楼板钢筋安装　工作，经自检合格，请予以审查或验收。
附件：
隐蔽工程质量检验资料
检验批质量检验资料
分项工程质量检验资料
施工试验室证明资料
其他

施工项目经理部（盖章）
项目经理或项目技术负责人（签字）　赵小伟
××年××月××日</td></tr>
<tr><td>审查或验收意见：
1. 所报隐蔽工程的技术资料齐全，符合要求，经现场检测、检查合格，同意隐蔽。
2. 所报检验批的技术资料齐全，符合要求，经现场检测、检查合格，同意进行下一道工序。

项目监理机构（盖章）
专业监理工程师（签字）　王学兵
××年××月××日</td></tr>
</table>

注：本表一式二份，项目监理机构、施工单位各一份。

表 B.0.8　分部工程报验表

工程名称：　　　　　　　××住宅楼工程　　　　　　　　编号：

<table>
<tr><td>致：　××工程建设监理有限公司××项目监理部　（项目监理机构）
　　我方已完成　首层楼板混凝土结构工程　（分部工程），经自检合格，请予以验收。
附件：分部工程质量资料
1. 隐蔽工程验收记录；
2. 检验批验收记录；
3. 工程质量控制资料；
4. 安全和功能检测记录；
……

施工项目经理部（盖章）
项目技术负责人（签字）　　孙强
××年××月××日</td></tr>
<tr><td>验收意见：
所报分部工程的技术资料齐全，符合要求，经现场检测核查合格。

专业监理工程师（签字）　　王学兵
××年××月××日</td></tr>
<tr><td>验收意见：
符合规范和设计要求，合格。

施工监理机构（盖章）
总监理工程师（签字）　　韩学峰
××年××月××日</td></tr>
</table>

注：本表一式三份，项目监理机构、建设单位、施工单位各一份。

表 B.0.9　监理通知回复单

工程名称：　××住宅楼工程　编号：

致：××工程建设监理有限公司××项目监理部（项目监理机构）

我方接到编号××××的监理通知单后，已按要求完成相关工作，请予以查。

附件：需要说明的情况

我方接到××××号监理通知后，组织项目有关人员对存在的安全隐患进行了全面检查，提出了处理措施，请审查。处理措施详见附件。

施工项目经理部（盖章）

项目经理（签字）　赵小伟

××年××月××日

复查意见：

经审查，处理措施得当，同意按照此措施进行处理。

项目监理机构（盖章）

总监理工程师/专业监理工程师（签字）　韩学峰

××年××月××日

注：本表一式三份，项目监理机构、建设单位、施工单位各一份。

表 B.0.10 单位工程竣工验收报审表

工程名称： ××住宅楼工程 编号：

<table>
<tr><td>致：××工程建设监理有限公司××项目监理部（项目监理机构）
我方已按施工合同要求完成××住宅楼工程工程，经自检合格，现将有关资料报上，请予以验收。
附件：1. 工程质量验收报告
2. 工程功能检验资料

施工单位（盖章）
项目经理（签字） 赵小伟
××年××月××日</td></tr>
<tr><td>预验收意见：
经预验收，该工程合格/不合格，可以/不可以组织正式验收。

项目监理机构（盖章）
总监理工程师（签字、加盖执业印章） 韩学峰
××年××月××日</td></tr>
</table>

注：本表一式三份，项目监理机构、建设单位、施工单位各一份。

表 B.0.11 工程款支付报审表

工程名称： ××住宅楼工程 编号：

<table>
<tr><td>致：××工程建设监理有限公司××项目监理部（项目监理机构）
根据施工合同约定，我方已完成首层楼板混凝土结构工程工作，建设单位应在××年××月××日前支付工程款共计（大写）壹佰伍拾万元（小写：￥1500000.00元），请予以审核。
附件：
已完成工程量报表
工程竣工结算证明材料
相应支持性证明文件
施工项目经理部（盖章）
项目经理（签字） 赵小伟
××年××月××日</td></tr>
<tr><td>审查意见：
1. 施工单位应得款为： 1500000.00元
2. 本期应扣款为： 95000.00元
3. 本期应付款为： 1405000.00元
附件：相应支持性材料
专业监理工程师（签字） 王学兵
××年××月××日</td></tr>
<tr><td>审核意见：
同意支付。
项目监理机构（盖章）
总监理工程师（签字、加盖执业印章） 韩学峰
××年××月××日</td></tr>
<tr><td>审批意见：
同意支付。
建设单位（盖章）
建设单位代表（签字） 李春林
××年××月××日</td></tr>
</table>

注：本表一式三份，项目监理机构、建设单位、施工单位各一份；工程竣工结算报审时本表一式四份，项目监理机构、建设单位各一份、施工单位二份。

表 B. 0. 12　施工进度计划报审表

工程名称：　　　　　　　　××住宅楼工程　　　　　　　　编号：

致：××工程建设监理有限公司××项目监理部（项目监理机构） 根据施工合同约定，我方已完成××住宅楼工程工程施工进度计划的编制和批准，请予以审查。 附件：施工总进度计划 阶段性进度计划 施工项目经理部（盖章） 项目经理（签字）　　赵小伟 ××年××月××日
审查意见： 此施工进度计划安排合理、施工部署明确，同意按此施工进度计划执行。 专业监理工程师（签字）　　王学兵 ××年××月××日
审核意见： 同意。 项目监理机构（盖章） 总监理工程师（签字）　　韩学峰 ××年××月××日

注：本表一式三份，项目监理机构、建设单位、施工单位各一份。

表 B.0.13 费用索赔报审表

工程名称：××住宅楼工程 编号：

<table>
<tr><td>
致：××工程建设监理有限公司××项目监理部（项目监理机构）
根据施工合同 5.1.3 条款，由于设计变更的原因，我方申请索赔金额（大写）捌万柒仟元请予以批准。
索赔理由：由于设计变更，影响工程工期，增加的费用。
附件：索赔金额计算
证明材料
施工项目经理部（盖章）
项目经理（签字） 赵小伟
××年××月××日
</td></tr>
<tr><td>
审查意见：
不同意此项索赔。
同意此项索赔，索赔金额（大写） 捌万柒仟元。
同意/不同意索赔的理由： 索赔情况属实。
附件： 索赔审查报告
项目监理机构（盖章）
总监理工程师（签字、加盖执业印章） 韩学峰
××年××月××日
</td></tr>
<tr><td>
审批意见：
同意索赔金额。
建设单位（盖章）
建设单位代表（签字） 李春林
××年××月××日
</td></tr>
</table>

注：本表一式三份，项目监理机构、建设单位、施工单位各一份。

表 B.0.14 工程临时/最终延期报审表

工程名称：××住宅楼工程　　　　编号：

致：××工程建设监理有限公司××项目监理部(项目监理机构)

根据施工合同 6.2.3 (条款)，由于设计变更原因，我方申请工程临时/最终延期56(日历天)请予以批准。

附件：1. 工程延期依据及工期计算

2. 证明材料

施工项目经理部(盖章)

项目经理(签字)　赵小伟

××年××月××日

审查意见：

同意工程临时/最终延期 56 (日历天)。工程竣工日期从施工合同约定的 ×× 年 ×× 月 ×× 日延迟到 ×× 年 ×× 月 ×× 日。

不同意延期，请按约定竣工日期组织施工。

项目监理机构(盖章)

总监理工程师(签字、加盖执业印章)　韩学峰

××年××月××日

审批意见：

同意延期交工。

建设单位(盖章)

建设单位代表(签字)　李春林

××年××月××日

注：本表一式三份，项目监理机构、建设单位、施工单位各一份。

三、通用表格

表 C.0.1　工作联系单

工程名称：　　　　　　　　××住宅楼工程　　　　　　　　编号：

致：　××工程建设监理有限公司××项目监理部

根据施工合同第 3.1.12 条要求，"分部、分项、检验批验收表格"采用《建筑工程施工质量验收统一标准》(GB 50300—2013)附录 E 中表格格式。但建设单位下发的表格系统中的相应表格格式与 GB 50300—2013 中要求的格式不同，请予以确认。

发文单位　××建设集团有限公司××项目经理部

负责人(签字)　赵小伟

××年××月××日

表 C.0.2 工程变更单

工程名称： ××住宅楼工程 编号：

<table>
<tr><td colspan="4">致：××建设集团有限公司
由于××集团开发有限公司原因，兹提出增加地下消防水池工程变更，请予以审批。
附件：
变更内容
变更设计图
相关会议纪要
其他

变更提出单位：××集团开发有限公司
负责人：李春林
××年××月××日</td></tr>
<tr><td>工程量增/减</td><td colspan="3">现浇混凝土 $167m^3$</td></tr>
<tr><td>费用增/减</td><td colspan="3">210235 元</td></tr>
<tr><td>工期变化</td><td colspan="3">15d</td></tr>
<tr><td colspan="2">施工项目经理部(盖章)
项目经理(签字) 赵小伟</td><td colspan="2">设计单位(盖章)
设计负责人(签字) 张大刚</td></tr>
<tr><td colspan="2">项目监理机构(盖章)
总监理工程师(签字) 韩学峰</td><td colspan="2">建设单位(盖章)
负责人(签字) 李春林</td></tr>
</table>

注：本表一式四份，建设单位、项目监理机构、设计单位、施工单位各一份。

表 C.0.3 索赔意向通知书

工程名称： ××住宅楼工程 编号：

致： ××集团开发有限公司

根据施工合同 5.1.2 (条款)约定，由于发生了 设计变更 事件，且该事件的发生非我方原因所致。为此，我方向 ××集团开发有限公司 (单位)提出索赔要求。

附件： 索赔事件资料

提出单位(盖章) ××集团开发有限公司

负责人(签字) 赵小伟

××年××月××日

第四章 施工管理资料管理与实务

第一节 施工管理资料内容

施工管理资料包括：施工现场质量管理检查记录、施工日志、建设工程质量事故调（勘）查记录、建设工程质量事故报告书、有见证取样和送检管理资料等。

一、施工现场质量管理检查记录

1. 施工现场质量管理检查程序和组织

(1)“施工现场质量管理检查记录”应在进场后、开工前填写。

(2)施工单位项目经理部应按规定填写“施工现场质量管理检查记录”，报项目总监理工程师检查，并做出检查结论。

(3)通常每个单位工程只填写一次，但当项目管理有重大变化调整时，应重新检查填写。

2. 施工现场质量管理检查项目

(1)项目部质量管理体系

1)质量管理体系是否建立，是否持续有效；

2)核查现场质量管理制度内容是否健全、有针对性、时效性等；

3)各级专职质量检查人员的配备是否符合相关规定。

(2)现场质量责任制

1)质量责任制是否健全、有针对性、时效性等；

2)检查质量责任制的落实到位情况。

(3)主要专业工种操作岗位证书

核查主要专业工种操作上岗证书是否齐全、有效及符合相关规定。

(4)分包单位管理制度

1)审查分包方资质是否满足施工要求；

2)分包单位的管理制度是否健全；

3)总包单位填写“分包单位资质报审表”,报项目监理部审查;

4)审查分包单位的营业执照、企业资质等级证书、专业许可证、人员岗位证书;

5)审查分包单位的业绩情况;

6)经审查合格后,施工单位签发“分包单位资质报审表”。

(5)图纸会审记录

1)审查设计交底是否已完成;

2)审查图纸会审工作是否已完成。

(6)地质勘察资料

地质勘察资料是否齐全。

(7)施工技术标准

施工技术标准是否能满足本工程施工要求。

(8)施工组织设计、施工方案编制及审批

1)施工组织设计、施工方案编制、审核、批准,必须符合有关规范的规定;

2)主要分部(分项)工程施工前,施工单位应编写专项施工方案,填写“工程技术文件报审表”报项目监理部审核;

3)在施工过程中,当施工单位对已批准的施工组织设计进行调整、补充或变动时,应经专业监理工程师审查,并应由总监理工程师签认;

4)专业监理工程师应要求施工单位报送重点部位、关键工序的施工工艺和确保工程质量的措施,审核同意后予以签认;

5)当施工单位采用新材料、新工艺、新设备时,专业监理工程师应要求施工单位报送相应的施工工艺措施和证明材料,组织专题论证,经审定后予以签认;

6)上述方案经专业监理工程师审查,由总监理工程师签认。

(9)物资采购管理制度

物资采购管理制度应合理可行,物资供应方应能够满足工程对物资质量、供货能力的要求。

(10)施工设施和机械设备管理制度

应建立施工设施的设计、建造、验收、使用、拆除和机械设备的使用、运输、维修、保养的管理制度,项目经理部应落实过程控制与管理。

(11)计量设备配备

检查计量设备设备是否先进可靠,计量是否准确。

(12)检测试验管理制度

工程质量检测试验制度应符合相关标准规定,并应按工程实际编制检测试验计划，监理审核批准后，按计划实施。

(13)工程质量检查验收制度

施工现场必须建立工程质量检查验收制度，制度必须符合法规、标准的规定，并应严格贯彻落实，以确保工程质量符合设计要求和标准规定。

根据检查情况，将检查结果填到相对应的栏目中。可直接将有关制度的名称写上，具体工作应说明是否落实，资料是否齐全。

二、施工日志

施工日志为施工活动的原始记录，是编制施工文件、积累资料、总结施工经验的重要依据，由项目技术负责人具体负责。应以单位工程为记载对象，从工程开工起至工程竣工止，按专业指定专人负责逐日记载，并保证内容真实、连续和完整。可采用计算机录入、打印，也可按规定式样(印制的施工日志)用手工填写方式记录，并装订成册。施工日志填写应字迹清楚、内容齐全、及时、准确、具体，不得涂改，不得缺页掉角。

(1)施工日志填写的主要内容：

1)生产情况记录

①施工部位：对于结构工程应体现楼层、轴线、主要构件名称和标高；对于装饰装修工程应体现楼层、轴线、建筑功能房间/区域名称，如楼梯间、公共走廊、会议室、餐厅等；对于机电工程应体现楼层、轴线、管线或设备名称及对应编号等。

②施工内容：指子分部、分项、工序的具体内容、施工进度、作业动态等。

③班组工作：指劳动力安排，如专业施工班组(或专业分包)等。

④生产存在问题：应写明影响生产的各种问题，如影响进度所涉及的人员不足，机具不到位等。

2)技术质量安全工作记录：包括技术质量安全活动(如上级检查、各种工程会议、企业贯标复审等)；检查评定验收(指检验批、分项、分部(子分部)工程质量验收、隐蔽工程验收)；技术质量安全问题等。

3)每个工程项目的开、竣工日期、施工勘测资料、建设行政或上级主管部门的检查、有关指示等。

4)施工中发生的问题，如变更设计、变更施工方法、工程质量事故及其他处理情况等。

(2)施工日志中，除记录生产情况和技术质量安全工作外，若施工中出现其他问题，也要反映在施工日志中。同时强调一点，×月×日施工日志记录中如果有发现不合格项的记录，也须有复查(解决、关闭)不合格项的记录。

三、建设工程质量事故调(勘)查记录

(1)填写该表时应写明工程名称、时间、地点、参加人员及所在单位、姓名、职务、联系电话。

(2)"调(勘)查笔录"栏应填写工程质量事故发生的时间、具体部位,造成质量事故的原因,以及现场观察的现象,并初步估计造成的经济损失。

(3)当工程质量事故发生后,应采用影像的形式真实记录现场的情况,以作为事故原因分析的依据,当留有现场证物照片或事故证据资料时,应在"有"、"无"选择框处划"√"并标注数量。

(4)建设工程发生质量事故,有关单位应在24小时内向当地建设行政主管部门和其他有关部门报告。对重大质量事故,事故发生地的建设行政主管部门和其他有关部门应当按照事故类别和等级向当地人民政府和上级建设主管部门和其他有关部门报告,个别重大质量事故的调查程序按照国务院有关规定办理。

(5)任何单位和个人对建设工程的质量事故、质量缺陷都有权检举、控告、投诉。

(6)发生重大工程质量事故隐瞒不报、谎报或拖延报告期限的,对直接负责的主管人员和其他责任人员依法给予行政处分。

四、建设工程质量事故报告书

1. 工程质量问题处理的依据

进行工程质量问题处理的主要依据有四个方面:质量问题的实况资料;具有法律效力的,得到有关当事各方认可的工程承包合同、设计委托合同、材料或设备购销合同以及监理合同或分包合同等合同文件;有关的技术文件、档案和相关的建设法规。

2. 工程质量问题的报告

(1)工程质量问题发生后,事故现场有关人员应当立即向工程建设单位负责人报告;工程建设单位负责人接到报告后,应于1小时内向事故发生地县级以上人民政府住房和城乡建设主管部门及有关部门报告。情况紧急时,事故现场有关人员可直接向事故发生地县级以上人民政府住房和城乡建设主管部门报告。

(2)住房和城乡建设主管部门接到事故报告后,应当依照下列规定上报事故情况,并同时通知公安、监察机关等有关部门:

1)较大、重大及特别重大事故逐级上报至国务院住房和城乡建设主管部门,一般事故逐级上报至省级人民政府住房和城乡建设主管部门,必要时可以越级上报事故情况。

2)住房和城乡建设主管部门上报事故情况,应当同时报告本级人民政府;国

务院住房和城乡建设主管部门接到重大和特别重大事故的报告后，应当立即报告国务院。

3)住房和城乡建设主管部门逐级上报事故情况时，每级上报时间不得超过2小时。

4)事故报告应包括下列内容：

①事故发生的时间、地点、工程项目名称、工程各参建单位名称；

②事故发生的简要经过、伤亡人数(包括下落不明的人数)和初步估计的直接经济损失；

③事故的初步原因；

④事故发生后采取的措施及事故控制情况；

⑤事故报告单位、联系人及联系方式；

⑥其他应当报告的情况。

5)事故报告后出现新情况，以及事故发生之日起30日内伤亡人数发生变化的，应当及时补报。

五、有见证取样和送检管理资料

见证取样和送检是指在建设单位或监理单位人员的见证下，由施工单位的试验人员按照国家有关技术标准、规范的规定，在施工现场对工程中涉及结构安全的试块、试件和材料进行取样，并送至具备相应检测资质的检测机构进行检测的活动。

下列涉及结构安全的试块、试件和材料应100%实行见证取样和送检：

1)用于承重结构的混凝土试块；

2)用于承重墙体的砌筑砂浆试块；

3)用于承重结构的钢筋及连接接头试件；

4)用于承重墙的砖和混凝土小型砌块；

5)用于拌制混凝土和砌筑砂浆的水泥；

6)用于承重结构的混凝土中使用的掺合料和外加剂；

7)防水材料；

8)预应力钢绞线、锚夹具；

9)建筑外窗；

10)建筑节能工程用保温材料、绝热材料、黏结材料、增强网、幕墙玻璃、隔热型材、散热器、风机盘管机组、低压配电系统选择的电缆、电线等；

11)钢结构工程用钢材及焊接材料、高强度螺栓预拉力、扭矩系数、摩擦面抗滑移系数和网架节点承载力试验；

12)国家及地方标准、规范规定的其他见证检验项目。

第二节　施工管理资料样表

施工现场质量管理检查记录

开工日期：××年××月××日

<table>
<tr><td>工程名称</td><td colspan="2">××住宅楼工程</td><td>施工许可证</td><td colspan="2">施××—××××</td></tr>
<tr><td>建设单位</td><td colspan="2">××集团开发有限公司</td><td>项目负责人</td><td colspan="2">李春林</td></tr>
<tr><td>设计单位</td><td colspan="2">××设计研究院</td><td>项目负责人</td><td colspan="2">孙楠</td></tr>
<tr><td>监理单位</td><td colspan="2">××工程建设监理有限公司</td><td>项目负责人</td><td colspan="2">韩学峰</td></tr>
<tr><td>施工单位</td><td>××建设集团有限公司</td><td>项目负责人</td><td>赵小伟</td><td>项目技术负责人</td><td>孙强</td></tr>
<tr><td>序号</td><td colspan="2">项目</td><td colspan="3">主要内容</td></tr>
<tr><td>1</td><td colspan="2">项目部质量管理体系</td><td colspan="3">质量例会制度、月评比及奖罚制度、三检及交接检制度、质量与经济挂钩制度，有健全的生产控制和合格控制的质量管理体系</td></tr>
<tr><td>2</td><td colspan="2">现场质量责任制</td><td colspan="3">岗位责任制，设计交底会制度，技术交底制度，挂牌制度，责任明确，手续齐全</td></tr>
<tr><td>3</td><td colspan="2">主要专业工种操作岗位证书</td><td colspan="3">测量工、钢筋工、木工、混凝土工、电工、焊工、起重工、架子工等主要专业工种操作上岗证书齐全</td></tr>
<tr><td>4</td><td colspan="2">分包单位管理制度</td><td colspan="3">有分包管理制度，具体要求清晰，管理责任明确</td></tr>
<tr><td>5</td><td colspan="2">图纸会审记录</td><td colspan="3">审查设计交底、图纸会审工作已完成，资料齐全，已四方确认</td></tr>
<tr><td>6</td><td colspan="2">地质勘察资料</td><td colspan="3">资料齐全，各方已确认</td></tr>
<tr><td>7</td><td colspan="2">施工技术标准</td><td colspan="3">标准选用正确，满足工程使用</td></tr>
<tr><td>8</td><td colspan="2">施工组织设计、施工方案编制及审批</td><td colspan="3">施工组织设计、主要施工方案编制、审批齐全，文件管理制度完备</td></tr>
<tr><td>9</td><td colspan="2">物资采购管理制度</td><td colspan="3">制度合理可行，物资供应方符合工程对物资质量、供货能力的要求</td></tr>
<tr><td>10</td><td colspan="2">施工设施和机械设备管理制度</td><td colspan="3">已建立严格全面的设施设备管理制度，各项要求已落实到人到具体工作</td></tr>
<tr><td>11</td><td colspan="2">计量设备配备</td><td colspan="3">设备先进可靠，计量准确</td></tr>
<tr><td>12</td><td colspan="2">检测试验管理制度</td><td colspan="3">制度符合相关标准规定，检测试验计划已经审核批准</td></tr>
<tr><td>13</td><td colspan="2">工程质量检查验收制度</td><td colspan="3">已建立严格全面的质量检查验收制度，制度符合法规、标准的规定，各项要求已落实到人到各环节</td></tr>
<tr><td>14</td><td colspan="2"></td><td colspan="3"></td></tr>
<tr><td colspan="3">自检结果：
各项质量管理制度齐全，具体工作已落实
施工单位项目负责人：赵小伟
××年××月××日</td><td colspan="3">检查结论：
齐全，符合要求

总监理工程师：韩学峰　××年××月××日</td></tr>
</table>

施工日志 表C1-2			资料编号	00－00－C1－×××
	天气状况	风力	最高/最低温度(℃)	备注
白天	晴	2～3级	24/19	
夜间	晴	1～2级	17/16	

生产情况记录:(施工部位、施工内容、机械作业、班组工、生产存在问题等)

地下二层:

1.Ⅰ段(①～⑬/Ⓑ～Ⓙ轴)顶板钢筋绑扎,各工种埋件固定,塔吊作业(××型号),钢筋班组15人。

2.Ⅱ段(⑬～⑲/Ⓑ～Ⓙ轴)梁开始钢筋绑扎,塔吊作业(××型号),钢筋班组12人。

3.Ⅲ段(⑲～㉘/Ⓒ～Ⓖ轴)因设计单位提出对该部位施工图纸进行修改,待设计变更通知单下发后,再组织有关人员施工。

4.Ⅳ段(㉘～㊶/Ⓒ～Ⓗ轴)剪力墙、柱模板安装,塔吊作业(××型号),木工班组21人。

5.发现问题:Ⅰ段(①～⑬/Ⓑ～Ⓙ轴)钢筋绑扎时,钢筋保护层厚度、搭接长度不够,存在绑扎随意现象。

技术质量安全工作记录:(技术质量安全活动、检查评定验收、技术质量安全问题等)

1.建设、设计、监理、施工单位在现场召开技术质量安全工作会议。

参加人员:×××、××、×××、×××(职务)等。

会议决定:

(1)±0.000以下结构于×月×日前完成。

(2)地下三层回填土×月×日前完成,地下二层回填土×月×日前完成。

(3)对施工中发现问题(Ⅰ段①～⑬/Ⓑ～Ⓙ轴顶板钢筋绑扎),应立即返修并整改复查,必须符合设计、规范要求。

2.安全生产方面:由安全员带领3人巡视检查,重点是"三宝、四口、五临边",检查全面到位,无安全隐患。

3.检查评定验收:对Ⅱ段(⑬～⑲/Ⓑ～Ⓙ轴)梁、Ⅳ段(㉘～㊶/Ⓒ～Ⓗ轴)剪力墙、柱予以验收,工程主控项目、一般项目符合施工质量验收规范要求。

参加验收人员

监理单位:×××、×××(职务)等。

施工单位:×××、××、×××(职务)等。

记录人	王强	日期	××年××月××日　星期四

本表由施工单位填写。

<table>
<tr><td colspan="3">建设工程质量事故调(勘)查记录
表 C1-15</td><td>资料编号</td><td>00－00－C1－×××</td></tr>
<tr><td>工程名称</td><td colspan="2">××住宅楼工程</td><td>日期</td><td>××年×月×日</td></tr>
<tr><td>调(勘)查时间</td><td colspan="4">××年×月×日×时×分 至 ×时×分</td></tr>
<tr><td>调(勘)查地点</td><td colspan="4">××市××区××路××号(施工现场)</td></tr>
<tr><td>参加人员</td><td>单位</td><td>姓名</td><td>职务</td><td>电话</td></tr>
<tr><td>被调查人</td><td>××建设集团有限公司</td><td>×××</td><td>项目经理</td><td>××××</td></tr>
<tr><td rowspan="2">陪同调
(勘)查人员</td><td>××建筑设计研究院</td><td>×××</td><td>×××</td><td>××××</td></tr>
<tr><td>××工程建设监理有限公司</td><td>×××</td><td>×××</td><td>××××</td></tr>
<tr><td>调(勘)查笔录</td><td colspan="4">本工程为一幢十层框架—剪力墙结构的教学楼，在第五层结构完成后发现，四、五层柱少配了 39%～66%钢筋。
(示例的质量事故为现浇柱配筋不足)</td></tr>
<tr><td>现场证物照片</td><td colspan="4">☑有 □无 共 6 张 共 3 页</td></tr>
<tr><td>事故证据资料</td><td colspan="4">☑有 □无 共 10 张 共 5 页</td></tr>
<tr><td>被调查人签字</td><td>赵光</td><td>调(勘)查人</td><td colspan="2">李路</td></tr>
</table>

本表由调查人填写。

<table>
<tr><td colspan="2">建设工程质量事故报告书
表 C1-16</td><td>资料编号</td><td>00－00－C1－×××</td></tr>
<tr><td>工程名称</td><td>××住宅楼工程</td><td>建设地点</td><td>××市××区××路</td></tr>
<tr><td>建设单位</td><td>××集团开发有限公司</td><td>设计单位</td><td>××建筑设计研究院</td></tr>
<tr><td>施工单位</td><td>××建设集团有限公司</td><td>建筑面积(m²)
工作量(元)</td><td>8560m²
××元</td></tr>
<tr><td>结构类型</td><td>框架剪力墙</td><td>事故发生时间</td><td>××年×月×日</td></tr>
<tr><td>上报时间</td><td>××年×月×日</td><td>经济损失(元)</td><td>××</td></tr>
<tr><td colspan="4">事故经过、后果与原因分析：
事故经过、后果：教学楼主体结构在第五层结构完成后经检查发现四、五层柱少配了39％～66％钢筋。由于现浇柱在框剪结构中属主要受力构件，配筋严重不足，影响结构安全，必须加固处理。
原因分析：误将六层柱截面用于四、五两层，施工及质量检查中未能及时发现和纠正这些错误。</td></tr>
<tr><td colspan="4">事故发生后采取的措施：
加固方案：
凿去四、五层柱的保护层，露出柱四角的主筋和全部箍筋，用通长钢筋加固，钢筋截面为：内跨柱8ϕ28＋4ϕ14，外跨柱4ϕ22＋4ϕ14，14为构造筋，与梁交叉时可切断。加固箍筋ϕ8@200，安装后将接口焊牢。
加固钢筋从四层柱脚伸入六层1m处锚固。新加主筋与原柱四角凿出的主筋牢固焊接，使两者能共同工作。焊接间距600mm，每段焊缝长190mm(箍筋净距)。加固主筋焊好后，绑扎加固箍筋，箍筋的接口采用单面搭接焊，形成焊接封闭箍。加固主筋在通过梁边时，设开口箍筋，并将加固主筋与原柱主筋的焊接间距减为300mm。钢筋工程完成并经检查合格后，支模浇灌比原设计强度高两级的细石混凝土。</td></tr>
<tr><td colspan="4">事故责任单位、责任人及处理意见：
事故责任单位：××钢筋班组
责任人：×××(项目技术负责人)、×××(土建施工员)、×××(土建质检员)
处理意见：(略)</td></tr>
</table>

负责人	张强	报告人	李路	日期	××年×月×日

本表由报告人填写。

有见证取样和送检见证人备案书

××市建设工程　质量监督站：

××建筑工程公司　试验室：

我单位决定，由　王学兵　同志担任　××住宅楼　工程有见证取样和送检见证人。有关的印章和签字如下，请查收备案。

有见证取样和送检印章	见证人签字
××工程建设监理有限公司 有见证取样和送检印章	王学兵

建设单位名称(盖章)：　××集团开发有限公司　　××年×月×日

监理单位名称(盖章)：　××工程建设监理有限公司　　××年×月×日

施工项目负责人签字：　赵小伟　　××年×月×日

见证记录

编　　号：015

工程名称：××住宅楼工程

取样部位：地下一层外墙③～⑧/Ⓑ～Ⓗ

样品名称：C35 P8 混凝土标养试块　　　　取样数量：1组

取样地点：混凝土浇筑地点　　　　取样日期：××年×月×日

见证记录：

见证取样取自03号罐车，在试块上已做出标识，注明强度等级、试件编号、成型日期。见证取样符合相关规定，现场取样真实有效。

有见证取样和送检印章：

××工程建设监理有限公司
有见证取样和送检印章

取样人签字：李　强

见证人签字：王学兵

填制日期：××年×月×日

有见证试验汇总表

工程名称：××住宅楼工程

施工单位：××建设集团有限公司

建设单位：××集团开发有限公司

监理单位：××工程建设监理有限公司

见 证 人：×××

试验室名称：××工程检测试验有限公司

试验项目	应送试总次数	有见证试验次数	不合格次数	备　注
混凝土试块	47	47	0	
砌筑砂浆试块	13	13	0	
钢筋原材	35	35	0	
直螺纹钢筋接头	22	22	0	
SBS防水卷材	3	3	0	

施工单位:××建设集团有限公司　　　制表人:李　强

填制日期:××年×月×日

注:此表由施工单位汇总填写。

第五章　施工技术资料管理与实务

第一节　施工技术资料内容

施工技术资料包括:施工组织设计及施工方案、技术交底记录、图纸会审记录、设计变更通知单、工程变更洽商记录等。

一、施工组织设计及施工方案

(1)施工组织设计按编制对象,可分为施工组织总设计、单位工程施工组织设计和施工方案;按照编制阶段的不同,可分为投标阶段施工组织设计和实施阶段施工组织设计。

施工组织设计应包括:编制依据、工程概况、施工部署、施工进度计划、施工准备与资源配置计划、主要施工方法、施工现场平面布置及主要施工管理计划等基本内容。

(2)施工方案是以分部(分项)工程或专项工程为主要对象编制的施工技术与组织方案,用以具体指导其施工过程。

二、技术交底记录

(1)技术交底应包括施工组织设计交底、专项施工方案技术交底、分项工程施工技术交底、"四新"(新材料、新产品、新技术、新工艺)技术交底和设计变更技术交底。各项交底应有文字记录,交底双方签认应齐全。

(2)技术交底应针对工程的特点,运用现代建筑施工管理原理,积极推广行之有效的科技成果,提高劳动生产率,保证工程质量、安全生产,保护环境、文明施工。

(3)技术交底编制应严格执行工程建设程序,坚持合理的施工程序、施工顺序和施工工艺,符合设计要求,满足材料、机具、人员等资源和施工条件要求,并贯彻执行施工组织设计、施工方案和企业技术部门的有关规定和要求,严格按照企业技术标准、施工组织设计和施工方案确定的原则和方法编写,并针对班组施工操作进行细化。

(4)技术交底应力求做到:主要项目齐全,内容具体明确、符合规范,重点突出，表述准确，取值有据，必要时辅以图示。对工程施工能起到指导作用，具有针对性、指导性和可操作性。技术交底中不应有“未尽事宜参照××××（规范）执行”等类似内容。

三、图纸会审记录

（1）图纸会审时，应重点审查施工图的有效性、对施工条件的适应性、各专业之间和全图与详图之间的协调一致性等。

（2）施工（监理）单位领取图纸后，应由项目技术负责人（总监理工程师）组织相关人员对图纸进行审查，对所提出的问题按专业整理、汇总形成审查记录，报建设单位交给设计单位做设计交底准备。

（3）图纸会审应由建设单位组织设计、监理和施工单位技术负责人及有关人员参加。设计单位对各专业提出的问题进行答复。

（4）施工单位负责将设计交底的内容按专业汇总、整理形成图纸会审记录后由建设、设计、监理和施工单位相关负责人签认，不得擅自涂改或变更其内容。

四、设计变更通知单

设计单位对原设计存在的缺陷提出的设计变更和建设、施工、监理单位提出的变更设计，都应由原设计单位编制设计变更通知单，设计变更通知单应由设计专业负责人以及建设（监理）和施工单位的相关负责人签认。对变更的内容要做出详细的设计，必要时可另附变更后的图纸，以满足施工要求。

涉及结构安全、环保、建筑节能等内容的工程变更，应由原施工图审查部门审定；“设计变更通知单”由设计专业负责人签发，由建设单位签认后交监理、施工单位实施。

五、工程变更洽商记录

工程设计由施工单位提出变更时可用工程洽商记录，例如钢筋代换、细部尺寸修改等重大技术问题，必须征得设计单位和建设、监理单位的同意。

工程洽商可由技术人员办理，水电、设备安装等专业的洽商由相应专业工程师负责办理。工程分承包方的有关洽商记录，应经工程总承包单位确认后方可办理。

工程洽商内容若涉及其他专业、部门及分承包方，应争得有关专业、部门、分承包方同意后，方可办理。

洽商应具有建设单位、监理单位、设计单位、施工单位项目负责人或其委托人共同签字确认后生效。设计单位如委托建设或监理单位办理签认，应依法办理书面委托手续，才能由被委托方代为签认。

第二节 施工技术资料样表

×× 高层住宅楼工程

施工组织设计

（封 面）

编 制 人：孙 强

审 核 人：钱春桥

编制单位：××建设集团有限公司

编制日期：××年×月×日

技术交底记录 表 C2-1		资料编号	05－04－C2－×××
工程名称	××住宅楼工程	交底日期	××年×月×日
施工单位	××建设集团有限公司	分项工程名称	混凝土
交底提要	±0.000 以上混凝土浇筑(1～6 层)		

交底内容：

一、分项工程概况

(略)

二、施工准备

(一)技术准备

1. 对预拌混凝土提出详细的技术要求，一般应明确浇筑部位、浇筑方式、浇筑时间、浇筑数量、浇筑强度、强度等级、坍落度、水泥品种、骨料粒径、外加剂及初凝时间等，并根据浇筑强度，提出保证连续浇筑供应要求。

2. 编制好混凝土浇筑方案，并对施工班组交底，混凝土浇灌申请书已批准。

3. 预先弹出混凝土浇筑高度控制线。

(二)材料准备

1. 预拌混凝土：与预拌凝土供应厂家签订供应合同，混凝土质量必须符合现行国家规范及设计要求，进场时对混凝土质量严格检查验收。

2. 混凝土养护用塑料布、麻袋布等。

(三)机具准备

1. 机械：塔式起重机、混凝土泵送设备、布料杆、插入式振捣器等。

2. 工具：混凝土吊斗、刮械、木抹子、钢卷尺、墨斗、标尺杆、照明灯具等。

(四)作业条件

1. 浇筑前应将模板内木屑、泥土等杂物清除干净；检查钢筋保护层及其定位措施的可靠性；顶板钢筋应设马登支架，铺搭手架，严防浇筑、振捣时踩压钢筋骨架；模板清扫口在清除杂物后应再封闭；施工缝处混凝土已将表面软弱层剔除清理干净并洒水润湿。

2. 浇筑混凝土用的架子、马道已支搭完毕，并经检验合格，经检查符合设计及施工规范要求，并办完隐、预检手续。

3. 浇筑混凝土用的架子、马道已支搭完毕，并经检验合格，控制混凝土分层浇筑厚度的标尺杆就位，夜间施工，还需配备照明灯具。

(五)作业人员

混凝土施工班组，坚持上岗转岗前培训制度和思想管理，提高劳动者综合素质，优化配置。

三、施工进度要求

严格按结构工程施工进度计划执行。于××年×月×日开始施工，计划于××年×月×日完成。

技术交底记录 表 C2-1		资料编号	05－04－C2－×××
工程名称	××住宅楼工程	交底日期	××年×月×日
施工单位	××建设集团有限公司	分项工程名称	混凝土
交底提要	±0.000 以上混凝土浇筑(1～6 层)		

交底内容：

四、施工工艺

(一)工艺流程

作业准备→混凝土搅拌→混凝土运输→混凝土浇筑与振捣→养护

混凝土浇筑与振捣→混凝土试块留置

(二)操作工艺

1. 混凝土搅拌

主体结构采用预拌混凝土。

2. 混凝土运输

(1)混凝土水平运输采用混凝土罐车或机动翻斗车，垂直运输采用泵车搭吊。本工程采用地泵，合理确定泵管及布料杆的位置。

(2)在风雨或炎热天气运输混凝土时，容器上加遮盖，以防水进入或蒸发。夏季高温时，混凝土砂、石、水应有降温措施。混凝土拌合物出机温度不宜大于 30℃，浇筑温度不宜超过 35℃。

(3)混凝土自搅拌机中卸出后，应及时运至浇筑地点，并逐车检测其坍落度，所测坍落度值应符合设计和施工要求，其允许偏差值应符合有关标准的规定。如混凝土拌合物出现离析分层现象或坍落度不满足要求时，不得使用。

(4)混凝土泵送时，必须保证混凝土泵送连续工作，因故停歇时间超过 45min 或混凝土出现离析现象，应立即清除管内残留的混凝土。

(5)混凝土泵要搭防雨、防晒棚，混凝土泵夏季要覆盖降温。

3. 混凝土浇筑与振捣

(1)混凝土浇筑和振捣的一般要求

1)混凝土从出料管口至浇筑层的自由倾落高度不得大于 2m，如超过 2m 时必须采取措施，可用加长软管或串筒等方法。

2)混凝土浇筑入模，不得集中倾倒冲击模板或钢筋骨架，应分层、分段均匀布料，分层厚度一般为振捣棒有效作用部分长度的 1.25 倍，最大不超过 500mm。

3)使用插入式振捣棒应快插慢拔，插点要均匀排列，逐点移动，顺序进行，振捣密实。移动间距不大于振捣棒作用半径的 1.5 倍(400～500mm)。振捣上一层时应插入下层 50mm 左右，以消除层间接缝。每一振点的延续时间应以混凝土表面呈现浮浆为止，防止漏振、欠振及过振。平板振捣器的移动间距，应保证振捣器的平板边缘覆盖已振实部分的边缘。

<table>
<tr><td colspan="2">技术交底记录
表 C2-1</td><td>资料编号</td><td>05－04－C2－×××</td></tr>
<tr><td>工程名称</td><td>××住宅楼工程</td><td>交底日期</td><td>××年×月×日</td></tr>
<tr><td>施工单位</td><td>××建设集团有限公司</td><td>分项工程名称</td><td>混凝土</td></tr>
<tr><td>交底提要</td><td colspan="3">±0.000 以上混凝土浇筑(1～6 层)</td></tr>
<tr><td colspan="4">交底内容：
4)浇筑混凝土时派专人观察模板、钢筋、预留孔洞、预埋件、插筋等位置有无移动、变形等情况，发现问题应及时处理，并在已浇筑混凝土初凝之前修整完好。
5)浇筑混凝土应连续进行，如必须间歇，间歇时间应尽量缩短，并应在前层混凝土初凝之前，将次层混凝土浇筑完毕，否则，需按施工缝处理。
6)施工缝处理。
①水平施工缝：先将已硬化混凝土表面的水泥薄膜或松散混凝土及砂浆软弱层剔凿、清理干净、铺适当厚度(一般为 50mm 左右)与混凝土配合比相同的减石子混凝土。墙、柱根部施工缝先弹线切割凿，切割线距墙、柱边线(向里)宜为 5mm，沿切割线剔凿直至露出坚硬石子，剔凿深度不宜超过 10mm。墙、柱混凝土浇筑高度应高出板底或梁底 30mm 左右，切割线高出板底或梁底线宜为 5mm，保证施工缝处混凝土外观效果。
②竖向施工缝：先将混凝土表面浮动石子、钢板网等剔除，用水冲洗干净并充分湿润。浇筑宜从垂直施工缝处开始，但要避免靠近缝边直接下料和振捣，保证新旧混凝土结合密实、不胀模。
(2)墙、柱混凝土浇筑
1)墙、柱浇筑混凝土之前，底部应先垫一层 50mm 左右厚与混凝土配合比相同减石子混凝土，混凝土应分层浇筑，使用插入式振捣器时每层厚度大于 500mm，分层厚度用标尺杆控制，振捣不得触动钢筋和预埋件。
2)墙、柱高度在 2m 之内，可直接在顶部下料浇筑，超过 2m 时，应采用软管等辅助浇筑。
3)振捣时应特别注意钢筋密集处(如墙体拐角处门洞两侧)及洞口下方混凝土的振捣，宜采用小直径振捣棒，且需在洞口两侧同时振捣，浇筑高度也要大体一致。宽大洞口的下部模板应开口，再补充浇筑振捣。
4)浇筑过程中，应随时将外露的钢筋整理到位。
5)施工缝留置：墙体宜留置在门洞口过梁跨中 1/3 范围内，也可留在纵横的交接处。柱施工缝可留置在基础顶面、主梁下面、无梁楼板柱帽下面。
(3)梁、板混凝土浇筑
1)梁、板与柱、墙连续浇筑时，应在柱、墙浇筑完毕后停歇 1～1.5 小时。
2)梁、板应同时浇筑，浇筑方法应由一端开始“赶浆压荐法”，即行浇筑梁，根据梁高分层浇筑成阶梯形，当达到板底位置时再与板混凝土一起浇筑，向前推进。大截面梁也可单独浇筑，施工缝可留置在板底面以下 20～30mm 处。
3)当梁、板、柱节点处的混凝土强度等级有差异时，应与设计协商浇筑方法，当分级浇筑时应采取分隔措施，先浇筑柱子混凝土，梁、板混凝土应在混凝土初凝前浇筑，保证各部位混凝土强度等级符合设计要求。梁、柱节点钢筋较密，需采用小直径振捣棒振捣。</td></tr>
</table>

<table>
<tr><td colspan="2">技术交底记录
表 C2-1</td><td>资料编号</td><td>05－04－C2－×××</td></tr>
<tr><td>工程名称</td><td>××住宅楼工程</td><td>交底日期</td><td>××年×月×日</td></tr>
<tr><td>施工单位</td><td>××建设集团有限公司</td><td>分项工程名称</td><td>混凝土</td></tr>
<tr><td>交底提要</td><td colspan="3">±0.000 以上混凝土浇筑(1～6 层)</td></tr>
</table>

交底内容：

4)浇筑板混凝土的虚铺厚度略大于板厚，用平板振捣器垂直浇筑方向来回振捣，厚板可用插入式振捣器顺浇筑方向拖拉振捣，振捣完毕后先用刮械初次找平，然后再用木抹子找平压实，在顶板混凝土达到初凝前，进行二次找平压实，用木抹子拍打混凝土表面直至泛浆，用力搓压平整。

5)顶板混凝土浇筑高度(标高)应拉对角水平线控制，边找平边测量，尤其注意墙、柱根部混凝土表面的找平，为模板支设创造有利条件。

6)施工缝位置：宜沿次梁方向浇筑楼板，施工缝应留置在次梁跨度的中间 1/3 范围内，施工缝表面应与梁轴线或板面垂直，不得留斜槎。施工缝宜用多层板或钢丝封堵。

7)施工缝处需待已浇筑混凝土的抗压强度不小于 1.2MPa 时，才允许继续浇筑。

(4)楼梯混凝土浇筑

1)楼梯段混凝土自下而上浇筑，先振实底板混凝土，达到踏步位置时再与踏步混凝土一起浇筑，向上推进，并随时用木抹子将踏步上表面抹平。

2)施工缝位置：视结构具体情况选择，既可留设在休息平台板跨中的 1/3 范围内，也可留置在楼梯段的 1/3 范围内。

4. 混凝土养护

常温施工混凝土应在浇筑 12h 以内采取覆盖保湿养护措施，防止脱水、裂缝。养护时间一般不得少于 7d，对于掺缓凝型外加剂或有抗渗要求的混凝土，养护时间不得少于 14d。养护期间应能保证混凝土始终处于湿润状态。楼板混凝土宜采用铺麻袋片浇水养护的方法，柱混凝土宜采用包裹塑料布保湿的养护方法，墙体混凝土可采用涂刷养护剂的养护方法。

5. 试块留置

试块应在混凝土浇筑地点随机抽取制作。标准养护试块的取样与留置组数应根据浇筑数量、部位、配合比等情况确定，同条件养护试块的留置组数应根据实际需要确定，此外还需针对涉及混凝土结构安全的重要部位留置同条件养护结构实体检验试块，抗渗试块的留置在同一工程、同一配合比取样不应少于一次，组数可根据实际需要确定。其他规定按照国家现行标准《混凝土结构工程施工质量验收规范》(GB 50204－2015)的规定执行。

(三)季节性施工

1. 雨期施工前应编制应急预案，应加强对粗、细骨料含水量的检测，及时调整施工配合比，严格控制混凝土用水量，保证水灰比及坍落度。

2. 要随时了解天气情况，尽量避开雨天浇筑。浇筑现场预备防雨材料，避免雨水冲刷新浇筑混凝土表面。

<table>
<tr><td colspan="2">技术交底记录
表 C2-1</td><td>资料编号</td><td>05－04－C2－×××</td></tr>
<tr><td>工程名称</td><td>××住宅楼工程</td><td>交底日期</td><td>××年×月×日</td></tr>
<tr><td>施工单位</td><td>××建设集团有限公司</td><td>分项工程名称</td><td>混凝土</td></tr>
<tr><td>交底提要</td><td colspan="3">±0.000 以上混凝土浇筑(1～6 层)</td></tr>
</table>

交底内容：

五、质量标准

(一)主控项目

1. 混凝土所用的水泥及外加剂等必须符合规范及有关规定。

检查数量：水泥按同一生产厂家、同一等级、同一品种、同一批号且连续进场的水泥，袋装不超过 200t 为一批，散装不超过 500t 为一批，每批抽样不少于一次。外加剂按进场的批次和产品的抽样检验方案确定。

检验方法：水泥和外加剂等检查产品合格证、出厂检验报告和进场复验报告。

2. 混凝土原材料每盘称量的允许偏差应符合下表的规定。

混凝土原材料每盘称量的允许偏差

<table>
<tr><th>检查项目</th><th>允许偏差(%)</th><th>检验方法</th><th>检查数量</th></tr>
<tr><td>水泥、掺合料</td><td>±2</td><td rowspan="3">复称</td><td rowspan="3">每工作班抽检
不应少于一次</td></tr>
<tr><td>粗、细骨料</td><td>±3</td></tr>
<tr><td>水、外加剂</td><td>±2</td></tr>
</table>

3. 用于检查混凝土强度的试块取样留置、制作、养护和试验要符合《混凝土强度检验评定标准》(GB/T 50107－2010)的规定。

4. 混凝土运输、浇筑及间歇的全部时间不应超过混凝土的初凝时间。

5. 现浇筑的外观质量不应有严重缺陷，不应有影响结构性能和使用功能的尺寸偏差。严重缺陷的划分按照国家现行标准《混凝土结构工程施工质量验收规范》(GB 50204－2015)表 8.1.1 的规定执行。

检查数量：全数检查。

检验方法：观察，检查技术处理方案。

(二)一般项目

1. 混凝土中所用矿物掺合料等应符合国家现行标准及有有关规定，掺量应通过试验确定。

检验方法：检查出厂合格证、进场复验报告。

2. 混凝土所用的粗、细骨料应符合国家现行标准及有关规定。

检查数量：按进场批次和产品的抽样检验方案确定。

检验方法：检查进场复验报告。

3. 拌制混凝土宜采用饮用水：当采用其他水源时，水质应符合国家现行标准的规定。

<table>
<tr><td colspan="2">技术交底记录
表 C2-1</td><td>资料编号</td><td>05－04－C2－×××</td></tr>
<tr><td>工程名称</td><td>××住宅楼工程</td><td>交底日期</td><td>××年×月×日</td></tr>
<tr><td>施工单位</td><td>××建设集团有限公司</td><td>分项工程名称</td><td>混凝土</td></tr>
<tr><td>交底提要</td><td colspan="3">±0.000 以上混凝土浇筑(1～6 层)</td></tr>
</table>

交底内容:

检查数量:同一水源检查不应少于一次。

检验方法:检查水质报告。

4. 首次使用的混凝土配合比应进行开盘鉴定,其工作性应满足设计配合比的要求。开始生产时应至少留置一组标准养护试件,作为验证配合比的依据。

检验方法:检查1什盘鉴定资料和试件强度试验报告。

5. 混凝土拌制前,直测定砂、石含水率,并根据测试结果调整材料用量,提出施工配合比。

检查数量:每工作班检查一次。

检验方法:检查含水量测试结果和施工配合比通知单。

6. 施工缝、后浇带的留置和处理应执行施工技术方案,符合设计要求。

7. 现浇结构的外观质量不宜有一般缺陷,一般缺陷的划分按照国家现行标准《混凝土结构工程施工质量验收规范》(GB 50204－2015)表 8.1.1 的规定执行。

检查数量:全数检查。

检验方法:观察,检查技术处理方案。

8. 现浇框架结构混凝土允许偏差应符合下表的规定。

现浇框架结构混凝土允许偏差及检验方法

<table>
<tr><th colspan="3">项　　目</th><th>允许偏差(mm)</th><th>检 验 方 法</th></tr>
<tr><td>轴线位移</td><td colspan="2">墙、柱、梁</td><td>8</td><td>钢尺检查</td></tr>
<tr><td rowspan="3">垂直度</td><td rowspan="2">层高</td><td>≤5m</td><td>8</td><td rowspan="2">经纬仪或吊线、钢尺检查</td></tr>
<tr><td>>5m</td><td>10</td></tr>
<tr><td colspan="2">全高 H</td><td>H/1000 且≤30</td><td>经纬仪、钢尺检查</td></tr>
<tr><td rowspan="2">标高</td><td colspan="2">层高</td><td>±10</td><td rowspan="2">水准仪或拉线、钢尺检查</td></tr>
<tr><td colspan="2">全高</td><td>±30</td></tr>
<tr><td colspan="3">截面尺寸</td><td>＋8,－5</td><td>钢尺检查</td></tr>
<tr><td colspan="3">表面平整度</td><td>8</td><td>2m 靠尺和塞尺检查</td></tr>
</table>

<table>
<tr><td colspan="2">技术交底记录
表 C2-1</td><td>资料编号</td><td>05－04－C2－×××</td></tr>
<tr><td>工程名称</td><td>××住宅楼工程</td><td>交底日期</td><td>××年×月×日</td></tr>
<tr><td>施工单位</td><td>××建设集团有限公司</td><td>分项工程名称</td><td>混凝土</td></tr>
<tr><td>交底提要</td><td colspan="3">±0.000 以上混凝土浇筑(1～6层)</td></tr>
<tr><td colspan="4">交底内容：</td></tr>
</table>

(续)

项　目		允许偏差(mm)	检 验 方 法
电梯井	井筒长、宽对定位中心线	＋25.0	钢尺检查
	井铜全高 H 垂直度	H/1000 且≤30	经纬仪、钢尺检查
预留洞中心线位置		15	钢尺检查
预埋设施中心线位置	预埋件	10	钢尺检查
	预埋螺栓	5	
	预埋管	5	

注：检查轴线、中心线位置，应沿纵、横两个方向量测，并取其中的较大值。

(三)其他要求

留置结构实体检验用同条件养护试块，留置及检验方法参见国家现行标准《混凝土结构工程施工质量验收规范》(GB 50204－2015)附录 D 中的有关规定。

六、成品保护

1. 要保护钢筋及其定位卡具和垫块的位置准确，不碰动预埋件和插筋，不得踩踏楼板尤其是悬挑板的负弯矩筋、楼梯的弯起钢筋。

2. 不在楼梯踏步模板吊帮上蹬踩，应搭设跳板，保护模板的牢固和严密。

3. 已浇筑楼板、楼梯踏步混凝土要加以养护，在混凝土强度达到 1.2MPa 后，方可上人作业。

4. 冬期施工浇筑的混凝土，工作人员在覆盖保温材料和初期测温时，要在铺好的脚手板上操作，防止踩踏混凝土。

5. 墙、柱阳角拆模后必要时在 2m 高度范围内采用可靠的护角保护。

七、应注意的质量问题

1. 为防止混凝土出现蜂窝、麻面和夹渣现象，模板支设前应先将表面清理干净，均匀涂刷隔离剂，合模前或后续浇筑混凝土前要将施工缝剔凿下来的杂物清除干净，横板要严密防止漏浆，并严格控制拆模时间。

2. 为避免浇筑框架结构混凝土出现烂根和孔洞质量问题，应将模板与结构面交接处封堵严密，防止漏浆。混凝土浇筑前，在水平接槎处先浇筑 50mm 厚同强度等级减石子混凝土。对钢筋密集处混凝土要加强振捣，必要时可采用小直径振捣捧作业。

技术交底记录 表 C2-1		资料编号	05－04－C2－×××
工程名称	××住宅楼工程	交底日期	××年×月×日
施工单位	××建设集团有限公司	分项工程名称	混凝土
交底提要	±0.000 以上混凝土浇筑(1～6层)		

交底内容:

3. 做好钢筋隐蔽验收,重点检查钢筋垫块和架立筋间距,浇筑混凝土时要随时将移位钢筋整理到位,防止出现混凝土露筋质量问题。

4. 对梁、柱节点处,应加工定型阴、阳角模板,控制截面尺寸,保证梁、柱节点直顺和外观质量。

八、环境、职业健康安全管理措施

1. 环境管理措施

(1)施工污水处理:冲洗运输车污水,需经施工现场沉淀池沉淀后方可排入市政管线。

(2)对现场强噪声机具尽可能避开夜间作业,如必须夜间作业时,应采取必要的隔音措施,减少噪声扰民。

(3)施工扬尘控制:施工主干道应全部硬化,定时洒水降尘。搅拌站封闭作业,并采取喷淋除尘措施。

(4)现场落地灰、施工垃圾等应封闭清运,防止扬尘和遗撒。

2. 职业健康安全管理措施

(1)对混凝土工进行岗位培训,熟悉有关安全技术操作规程和标准。

(2)高度超过 2m 的墙、柱,混凝土浇筑时应支搭操作平台,必要时系安全带。(3)采用塔吊吊运时,要有信号工指挥,在料斗接近下料位置时,下降速度要慢,要稳住料斗,防止料斗碰挤伤人。采用泵送混凝土进行浇筑时,输送管道的接头应紧密可靠不漏浆,安全阀必须完好,管道的架子要牢固。

(4)混凝土布料杆支腿必须全部伸出并固定,支固前不得启动布料杆;当布料杆处于全伸状态时,严禁移动车身。

(5)夜间施工要有足够照明。严禁非专业人员私拉乱接电线,临时用电使用应符合有关安全用电管理规定。

审核人	孙强	交底人	李路	接受交底人	李大北、 张　田……

<table>
<tr><td colspan="3">图纸会审记录
表 C2-2</td><td>资料编号</td><td colspan="2">00－00－C2－×××</td></tr>
<tr><td>工程名称</td><td colspan="2">××住宅楼工程</td><td>日　　期</td><td colspan="2">××年×月×日</td></tr>
<tr><td>地　　点</td><td colspan="2">××基建处会议室</td><td>专业名称</td><td colspan="2">建筑</td></tr>
<tr><td>序　号</td><td>图　　号</td><td colspan="2">图纸问题</td><td colspan="2">图纸问题交底</td></tr>
<tr><td>1</td><td>建施－1</td><td colspan="2">建筑说明中第十一条防水卷材为何种材料？厚度与层数设计上是否有要求？</td><td colspan="2">防水材料另定</td></tr>
<tr><td>2</td><td>建施－8、建施－15</td><td colspan="2">建施－中4＃楼梯2－2剖面标高为9.75与建施－8不符</td><td colspan="2">以建施－8中标高9.65为准</td></tr>
<tr><td>3</td><td>建施－14</td><td colspan="2">在汽车坡道墙体与主体结构墙体相邻处，两墙体外侧防水层如何做？</td><td colspan="2">具体商定</td></tr>
<tr><td>4</td><td>建施－4、结施－4</td><td colspan="2">建施－4中⑫～⑬/Ⓔ～Ⓕ轴处暗柱尺寸和结施－4不符。</td><td colspan="2">按结施－4施工建施－4中⑫～⑬/Ⓔ～Ⓕ轴处暗柱尺寸和结施－4不符。</td></tr>
<tr><td>5</td><td>建施－5</td><td colspan="2">门窗表中给出的甲级FM0822图纸中标的是乙级</td><td colspan="2">应为乙级FM0822</td></tr>
<tr><td>6</td><td>建施－5</td><td colspan="2">门窗表中序号为7、8、16、17、53、54、55、90的门窗代号和尺寸不一致</td><td colspan="2">序号为7、8、16、17、90以门窗代号为准；53、54以给出尺寸为准</td></tr>
<tr><td>7</td><td>建施－1</td><td colspan="2">门厅门是否由厂家设计制作</td><td colspan="2">由厂家设计制作</td></tr>
<tr><td>8</td><td>建施－19</td><td colspan="2">消防水池内防水施工，空气不流通，有些材料容易造成人身事故，可否采用对身体无害的材料？</td><td colspan="2">做法改为环氧涂层，详见设计变更</td></tr>
<tr><td>9</td><td>建施－16</td><td colspan="2">电梯基坑比其他部位低，但无集水坑，无法排水</td><td colspan="2">待定</td></tr>
<tr><td>10</td><td>建施－8</td><td colspan="2">①(②)详图中标高6.900是否有误？</td><td colspan="2">应为10.200</td></tr>
<tr><td>11</td><td>建施－2</td><td colspan="2">装修表中各层办公室等房间顶棚做法选用棚2还是棚4？</td><td colspan="2">见二次装修</td></tr>
<tr><td>12</td><td>建施－2</td><td colspan="2">装修表中有内墙5、8做法，而材料做法表中无内墙5、8的详细做法。</td><td colspan="2">内墙做法5、8改为4、7</td></tr>
<tr><td>13</td><td>建施－2</td><td colspan="2">材料做法表中，基础垫层混凝土强度等级C15，而结施－1中基础垫层混凝土强度等级为C20，以哪个为准？</td><td colspan="2">以C15为准</td></tr>
<tr><td>14</td><td>建施－14</td><td colspan="2">⑫～13Ⓓ轴处沉降缝成品止水带是否用橡胶材料？何种形式？</td><td colspan="2">见88J6－1－93－2</td></tr>
<tr><td rowspan="2">签字栏</td><td>建设单位</td><td>监理单位</td><td colspan="2">设计单位</td><td>施工单位</td></tr>
<tr><td>李喜林</td><td>张学峰</td><td colspan="2">陈大刚</td><td>赵小伟</td></tr>
</table>

本表由施工单位整理、汇总。

设计变更通知单 表 C2-3		资料编号	01—06—C2—×××
工程名称	××住宅楼工程	专业名称	结　构
设计单位名称	××建筑设计研究院	日　期	××年×月×日
序　号	图　号	变　更　内　容	
	结施—7 改	(1)二～四层：Ⓒ轴处框架柱均向南平移 550mm，Ⓑ轴处框架柱均向南平移 150mm，保持与首层一致。 (2)KZ18、KZ16(共 6 根)－0.05m 以上纵筋由 16ϕ20 改为 16ϕ25。	
	结施—10 改	节点详图③中的梁顶标高 19.600 应改为为 20.200。	
	结施—12	(1)KL203(7)、KL203a(8)支座处负筋 7ϕ22、8 均改为 7ϕ25，上部钢筋 4ϕ22＋(212)改为 4ϕ25＋(2ϕ12)。 (2)KL204(2)上部通筋 4ϕ22 改为 4ϕ25，支座处负筋 7ϕ22 均改为 7ϕ25；KL207(2)上部通筋 3ϕ22 改为 3ϕ25，支座处负筋 6ϕ22 均改为 6ϕ25。 (3)KL210a(1)支座处负筋 5ϕ22　3/2 均改为 6ϕ22　3/3；KL211(5)下部通筋 6ϕ22 均改为 6ϕ25，两边跨配筋上、下部均改为 9ϕ25；KL212(1)下部通筋 5ϕ22 改为 5ϕ25。	
	结施—14	(1)KL301(12)支座处负筋 5ϕ20 均改为 5ϕ22，下部通筋 3ϕ22 改为 3ϕ25。 (2)KL312(3B)应为 KL312(3)，两边支座处负筋 6ϕ22 均改为 7ϕ22。 (3)KL313(3)支座处负筋 5ϕ22 均改为 5ϕ25，下部通筋 3ϕ22 改为 3ϕ25。 (4)KL320(3A)改为 KL320(1A)，Ⓑ～Ⓓ轴间的两跨取消，保留梁段截面及配筋不变。	
	结施－11、13、15、17	楼面板(二～五层)配筋图中，⑫～13轴间大板跨(双向均 6.6m)板厚均为 200，起拱 2‰，其他未注明板跨(4.0m)均起拱 1‰。	
签字栏	建设(监理)单位	设计单位	施工单位
	韩学峰	张大刚	赵小伟

本表由变更提出单位填写。

<table>
<tr><td colspan="3">工程变更洽商记录
表 C2-3</td><td>资料编号</td><td colspan="2">03－01－C2－×××</td></tr>
<tr><td colspan="2">工程名称</td><td>××住宅楼工程</td><td>专业名称</td><td colspan="2">结　构</td></tr>
<tr><td colspan="2">提出单位名称</td><td>××建筑设计研究院</td><td>日　期</td><td colspan="2">××年×月×日</td></tr>
<tr><td colspan="2">内容摘要</td><td colspan="4">结构设计变更</td></tr>
<tr><td>序　号</td><td>图　号</td><td colspan="4">变　更　内　容</td></tr>
<tr><td>1</td><td>结施－16</td><td colspan="4">本图中标注为框支梁的梁按照框架梁施工，梁端箍筋加密区范围 1300mm。</td></tr>
<tr><td>2</td><td>结施－16</td><td colspan="4">KZL401 梁进行钢筋等强度代换，原梁下铁钢筋 12Φ32，6/6，代换后为 10Φ32＋2Φ28＋2Φ20，2/6/6，截面如下图所示。
2Φ20
12Φ32：6/6
2Φ28、其余为12Φ32：2/6/6
代换前　　代换后</td></tr>
<tr><td>3</td><td>结施－16</td><td colspan="4">图中 800×600 梁在柱端锚固按照结施－12 图 1 做法锚固。</td></tr>
<tr><td rowspan="2">签字栏</td><td>建设单位</td><td>监理单位</td><td>设计单位</td><td colspan="2">施工单位</td></tr>
<tr><td>李喜林</td><td>韩学峰</td><td>张大刚</td><td colspan="2">赵小伟</td></tr>
</table>

本表由变更提出单位填写。

第六章 施工测量资料管理与实务

第一节 施工测量资料内容

施工测量资料包括工程定位测量记录、基槽平面及标高实测记录、楼层平面放线及标高实测记录、楼层标高抄测记录、建筑物垂直度、标高测量记录等。

一、工程定位测量记录

(1)允许误差:视建筑物等级,结合现行工程测量规范、规程及设计要求,分别体现拟建工程建筑物平面位置、高程引测的允许技术指标。

(2)定位抄测示意图

1)应将建筑物平面位置线、重要控制轴线、尺寸及指北针方向、±0.000标高的绝对高程、现场标准水准点、坐标点、红线桩、周边原有建筑物、道路等采用适当比例绘制在此栏内。

2)坐标、高程依据要标注引出位置,并标出它与建筑物的关系。

3)特殊情况下,可不按比例,只画示意图,但要标出主要轴线尺寸。同时须注明±0.000标高的绝对高程。

二、基槽平面及标高实测记录

(1)基槽平面放线及标高实测记录辅助资料。在完成地基验槽过程中所实测的基坑位置、标高记录也应附在"基槽平面及标高实测记录"表后,作为基槽平面放线及标高实测记录表的辅助资料。

(2)混凝土垫层顶面(未作防水前)应进行实测其标高作为"基槽平面及标高实测记录"表附件中成果之一上报。

(3)表格填写要求

1)放线依据:是指由建设单位或测绘院提供的坐标、高程控制点和工程测量定位控制桩、高程点等,内容要描述清楚。

2)放线简图:要画出基槽平、剖面简图轮廓线,应标注主轴线尺寸,标注断面尺寸、高程。

3)检查意见:将检查意见表达清楚,不得用"符合要求"一词代替检查意见(应有测量的具体数据误差)。如:基底外轮廓及电梯井、集水坑位置准确无误。垫层标高6.800m,误差均在±5mm以内。

三、楼层平面放线及标高实测记录

楼层平面放线及标高实测应检查的项目:

(1)报验时辅助自检资料

1)实测本层结构混凝土面标高。

2)自检(交接检)表。

(2)垂直度偏差:指的是本层施工段阳角对应下面一层的垂直度偏差。

四、楼层标高抄测记录

楼层标高抄测应检查的项目:

(1)首层以下各层抄测标高可依据施工高程控制网进行高程控制抄测。首层抄测标高控制点依据有资质的测绘单位现场留置的标高点。二层(含)以上各层部位抄测标高依据首层抄测的±0.000m建或+0.500m建或+1.000m建标高点向二层以上传递标高。

(2)各楼层抄测的标高均应以本层建筑标高±0.000m的+0.500m整倍数为准。

(3)各楼层施工段引测标高点不应少于二个,应做标识,在引测中应错层校对。

(4)楼层所抄测标高线应在关键处(电梯井)、明显处(单元楼梯口)留×层+0.500m建=××.×××m标识供施工现场各工序、工种清楚地使用。

(5)多层或高层建筑应事先详细查阅建筑剖面图中各层建筑标高与各楼层建筑标高是否一致,并作出楼层标高实测明细表(附表),避免干一层查一层可能出现的隐患。

五、建筑物垂直度、标高测量记录

1. 填写要求

(1)用示意外轮廓轴线简图表示阳角观测部位。

(2)使用什么仪器采用什么方法对总高的垂直度和总高进行实测实量简明标注。

(3)注明建筑物结构型式是为对应允许误差的分类。

(4)垂直度测量(全高)、标高测量(全高)指阳角外檐总高度。

2. 检查项目

(1)垂直度一个阳角有两个偏差值。

(2)标高一个阳角有一个偏差值。

(3)允许误差见表6-1~表6-3。

表 6-1　建筑总高度(H)的铅垂度限差

建筑总高度(m)	限差(mm)
$30<H\leqslant 60$	10
$60<H\leqslant 90$	15
$90<H\leqslant 120$	20
$120<H\leqslant 150$	25
$150<H\leqslant 180$	30
$180<H$	符合设计要求

表 6-2　建筑总高度(H)限差

建筑总高度(m)	限差(mm)
$30<H\leqslant 60$	±10
$60<H\leqslant 90$	±15
$90<H\leqslant 120$	±20
$120<H\leqslant 150$	±25
$150<H\leqslant 180$	±30
$180<H$	符合设计要求

表 6-3　混凝土工程、钢结构工程、砌体工程垂直度、标高允许偏差

项　目				允许偏差值(mm)	检查方法
混凝土工程	垂直度	层高≤5m		8	经纬仪 吊线 尺量
		层高>5m		8	
		全高(H)		$H/100$ 且≤30	
	标高	层高		±10	水准仪
		全高		±30	
钢结构工程	垂直度	杯口、单节柱		$H/1000$ 且≤10	经纬仪
		单层结构跨中		$H/250$ 且≤10	
		多层、高层整体结构		$H/1000$ 且≤25	尺量
砌体工程	垂直度	每层		6	经纬仪 吊线 尺量
		全高	≤10	10	
			>10m	20	

第二节 施工测量资料样表

工程定位测量记录 表 C3-1		资料编号	01－02－C3－×× ×
工程名称	××住宅小区 6 号楼工程	委托单位	××建设集团有限公司
图纸编号	规划总图、首层建筑平面图、基底结构图	施测日期	××年×月×日
平面坐标依据	××测绘院×××普测×××号	复测日期	××年×月×日
高程依据	××测绘院×××普测×××号	使用仪器	J1(6210798) NA724(5230718)
允许误差	$i\leqslant 1/7500$、$a<\pm 26''$； $h\leqslant \pm 6\sqrt{n}$mm	仪器校验日期	J1 2011 年 3 月 10 日 NA724 2011 年 3 月 10 日

定位抄测示意图：

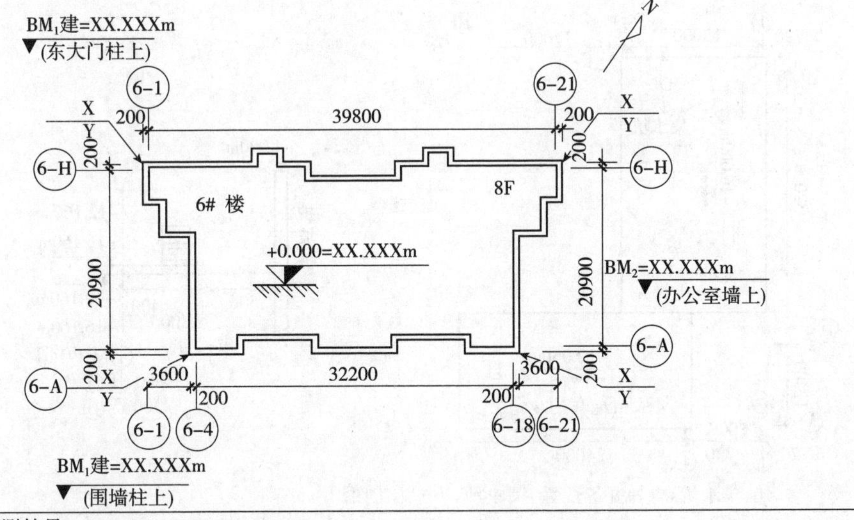

复测结果：

经核对：规划总图、首层建筑平面图、基底结构图、测绘成果资料、数据一致、无误。

经实测：(1)依据桩点坐标精度在规范之内可用。

(2)所实测桩点、外控网轴线误差在 $i\leqslant 1/7500$ 以内。

(3)现场引测施工高程点，精度在 $h\leqslant \pm 6\sqrt{n}$mm 以内。

达到《工程测量规范》(GB 50026－2007)、《建筑施工测量技术规程》(DB11/T 446－2007)的精度要求。

签字栏	施工单位	××建设集团有限公司	专业技术负责人	测量负责人	复测人	施测人
			李 路	李 冬	吴 刚	张兴旺
	监理(建设)单位	××工程建设监理有限公司		专业工程师		王学兵

本表由施工单位填写。

基槽平面及标高实测记录 表 C3-2		资料编号	01－00－C3－×××
工程名称	××住宅小区 6 号楼工程	日　　期	××年×月×日

一、验线依据：1. 定位控制①④⑦⑩ⒶⒸⒹⒽ。

2. 基础施工高程控制网 H_2、H_2、H_3。

3. 基础平面图××。

4. 施工测量方案。

5.《建筑施工测量技术规程》(DB11/T 446－2007)。

二、内容：1. 基底外轮廓断面。

2. 垫层标高。

3. 集水坑、电梯井等位置和标高。

4. 基坑边坡

基槽平面、剖面简图：

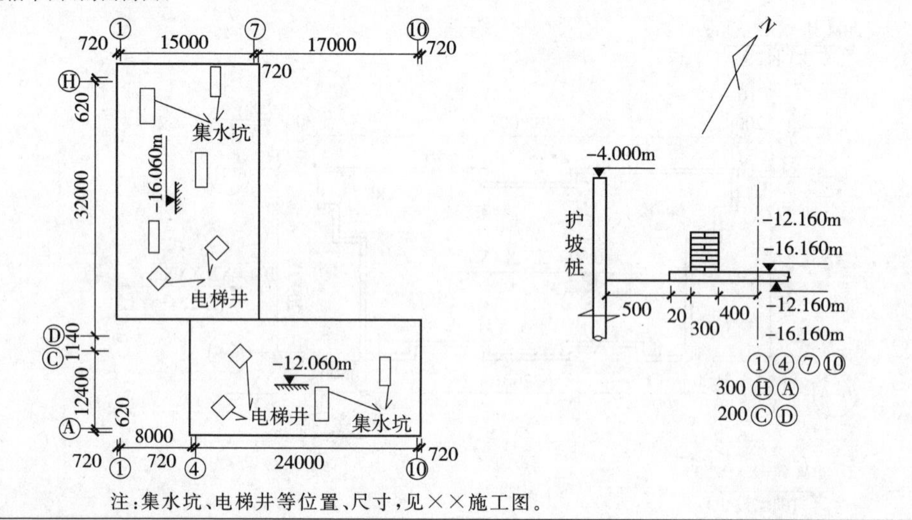

注：集水坑、电梯井等位置、尺寸，见××施工图。

检查意见：

经核对：外控轴线、设计施工图尺寸无误，基槽位置准确。

经查验：1. 基础外轮廓线误差在±10mm 以内。

2. 集水坑、电梯井位置尺寸误差在±5mm 以内。

3. 垫层控制标高为－16.060m、－12.060m，实测垫层面标高误差在±10mm 以内。

符合《建筑施工测量技术规程》(DB11/T 446－2007)的精度要求。

签字栏	施工单位	××建设集团有限公司	测量负责人	专业质检员	施测人
			李　路	赵　刚	张兴旺
	监理(建设)单位	××工程建设监理有限公司		专业工程师	王学兵

本表由施工单位填写。

混凝土垫层底(坑底)实测标高

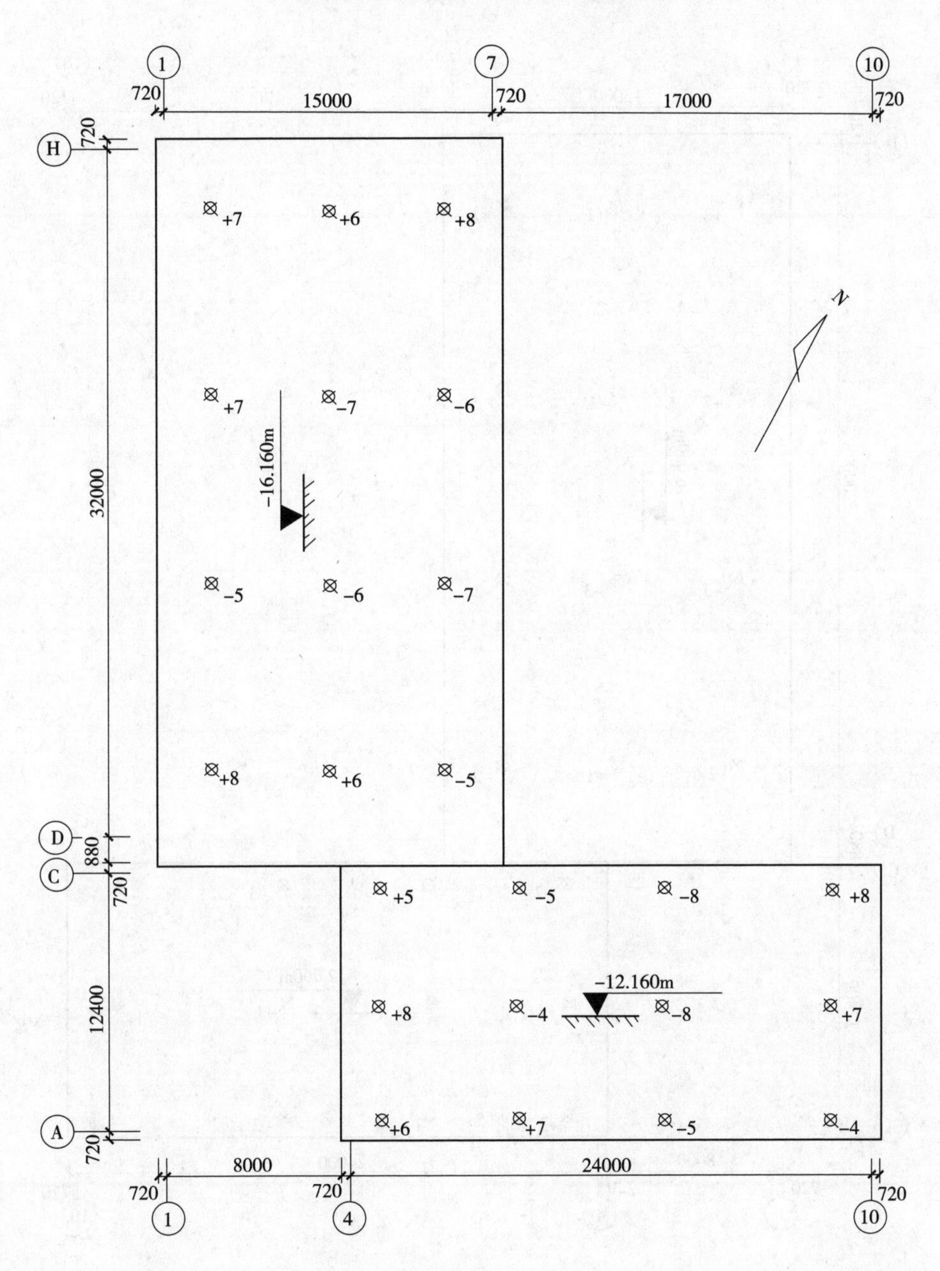

混凝土垫层(未作防水)面实测标高

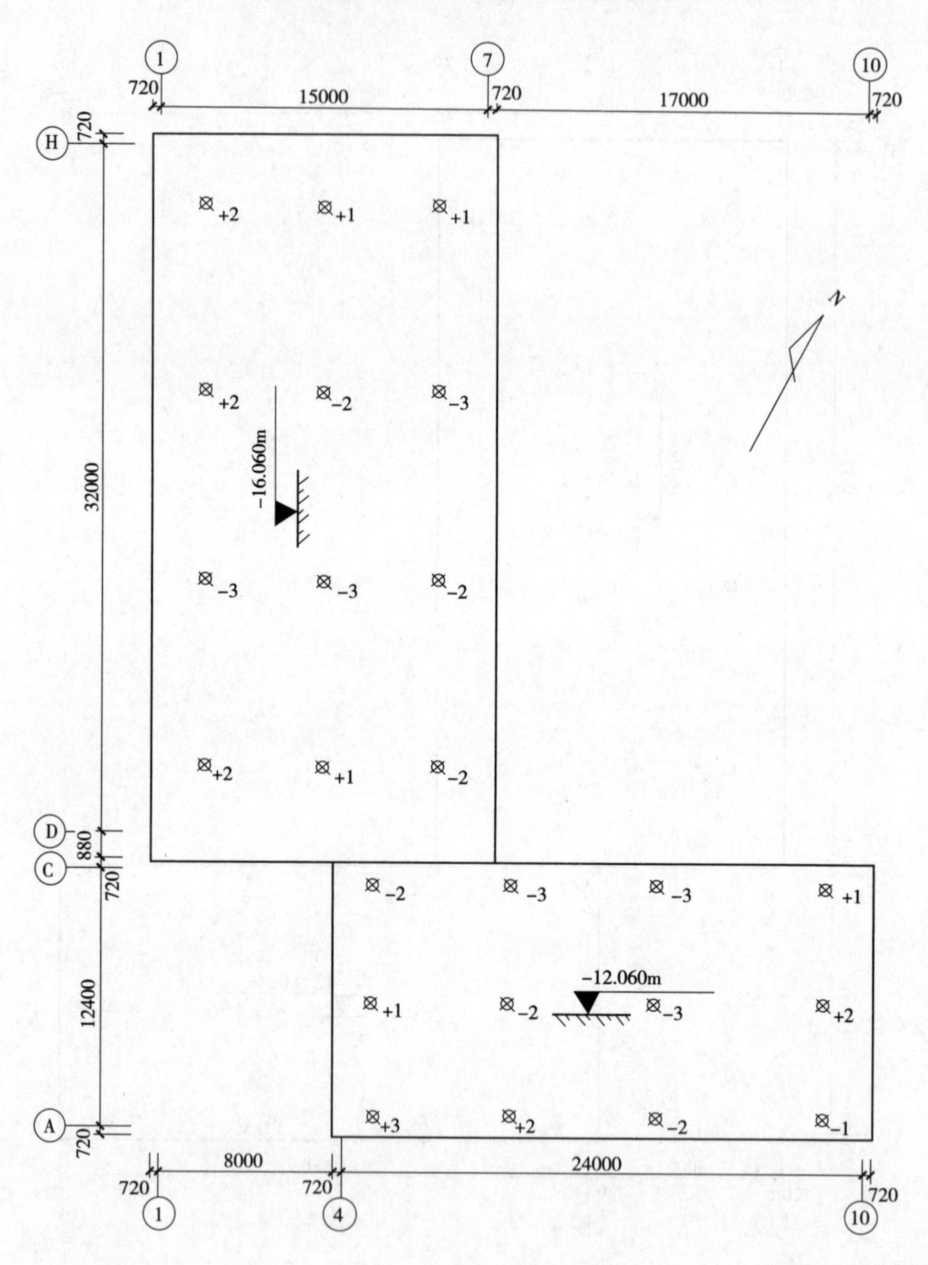

【填写依据】

1. 规范名称

(1)《建筑施工测量技术规程》(DB11/T 446－2007)

(2)《工程测量规范》(GB 50026－2007)

2. 相关要求

(1)基槽(坑)开挖应符合下列规定:

1)条形基础放线,以轴线控制桩为准测设基槽边线,两灰线外侧为槽宽,允许误差为＋20mm、－10mm。

2)杯形基础放线,以轴线控制桩为准测设柱中心桩,再以柱中心桩及其轴线方向定出柱基开挖边线,中心桩的允许误差为3mm。

3)整体开挖基础放线,地下连续墙施工时,应以轴线控制桩为准测设连续墙中线,中线横向允许误差为±10mm;混凝土灌注桩施工时,应以轴线控制桩为准测设灌注桩中线,中线横向允许误差为＋20mm;大开挖施工时应根据轴线控制桩分别测设出基槽上、下口位置桩,并标定开挖边界线,上口桩允许误差为＋50mm,－20mm,下口桩允许误差为＋20mm、－10mm。

4)在条形基础与杯形基础开挖中,应在槽壁上每隔3m距离测设距槽底设计标高500mm或1000mm的水平桩,允许误差为±5mm。

5)整体开挖基础,当挖土接近槽底时,应及时测设坡脚与槽底上口标高,并拉通线控制槽底标高。

(2)在垫层(或地基)上进行基础放线前,应以建筑物平面控制网为准,检测建筑物外廓轴线控制桩无误后,投测主轴线。允许误差为±3mm。

(3)基础外廓轴线投测应经闭合检测后,用墨线弹出细部轴线与施工线,基础外廓轴线允许误差应符合表6-4的规定。

表6-4 基础放线的允许误差

长度 L、宽度 B 的尺寸(m)	允许误差(mm)
$L(B) \leqslant 30$	±5
$30 < L(B) \leqslant 60$	±10
$60 < L(B) \leqslant 90$	±15
$90 < L(B) \leqslant 120$	±20
$150 < L(B) \leqslant 150$	±25
$150 < L(B)$	±30

<table>
<tr><td colspan="2">楼层平面放线及标高实测记录
表 C3-3</td><td>资料编号</td><td>02－01－C3－×××</td></tr>
<tr><td>工程名称</td><td>××住宅小区 6 号楼</td><td>日　期</td><td>××年×月×日</td></tr>
<tr><td>放线部位</td><td>五层①～④/Ⓐ～Ⓒ轴实体墙柱</td><td>放线内容</td><td>建筑＋0.500m 线
＝××.×××m</td></tr>
<tr><td colspan="4">放线依据：
1. 首层＋0.500m 高程传递点 A、B 为 48.500m。
2. 五层建筑平面图×××、结构平面图×××。
3. 施工测量方案。
4.《工程测量规范》(GB 50026－2007)。</td></tr>
<tr><td colspan="4">放线简图：
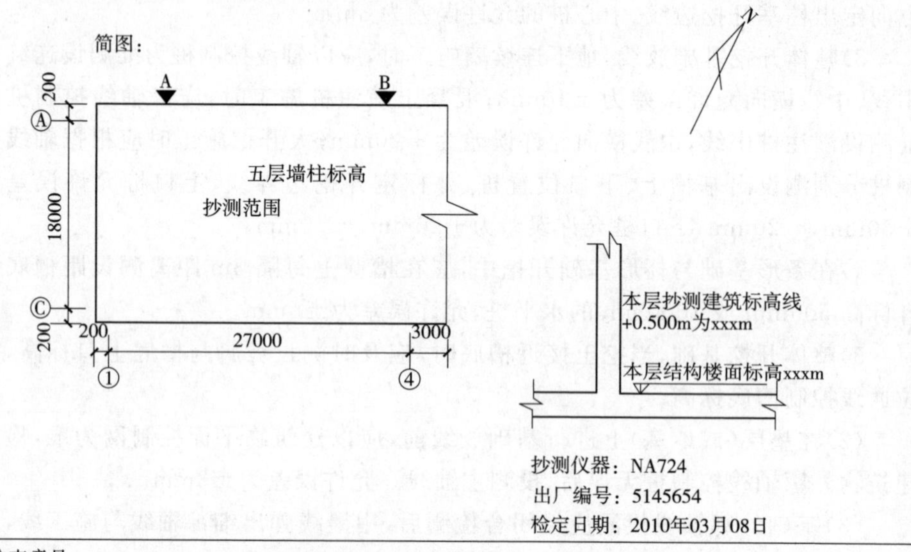

抄测仪器：NA724
出厂编号：5145654
检定日期：2010年03月08日</td></tr>
<tr><td colspan="4">检查意见：
经核对：外控桩(坐标)尺寸、设计施工图及放线成果资料一致无误。
经查验：1. 控制段轴线尺寸误差在±5mm 以内，角度±10 以内；
2. 各轴线、墙柱边线、界线、门窗洞口线误差均在±2mm 以内；
3. 内控点间距尺寸误差在 3mm，角度±10 以内；
4. 本层结构面标高－0.100m，实测混凝土楼面标高误差在±10mm 以内。
符合建筑工程施工测量规程精度要求。</td></tr>
</table>

<table>
<tr><td rowspan="3">签字栏</td><td rowspan="2">施工单位</td><td rowspan="2">××建设集团有限公司</td><td>测量负责人</td><td>专业质检员</td><td>施测人</td></tr>
<tr><td>李　路</td><td>赵　刚</td><td>张兴旺</td></tr>
<tr><td>监理(建设)单位</td><td colspan="2">××工程建设监理有限公司</td><td>专业工程师</td><td>王学兵</td></tr>
</table>

本表由施工单位填写。

楼层平面放线及标高实测记录 表 C3-4		资料编号	02－01－C3－×××
工程名称	××住宅小区 6 号楼	日　期	××年×月×日
抄测部位	五层Ⓐ～Ⓒ/①～④轴实体墙柱	抄测内容	建筑＋0.500m 线 ＝××.×××m

抄测依据：

1. 首层＋0.500m 高程传递点 A、B 为 48.500m。
2. 五层建筑平面图×××、结构平面图×××。
3. 施工测量方案。
4. 建筑工程施工测量规程。

抄测说明：

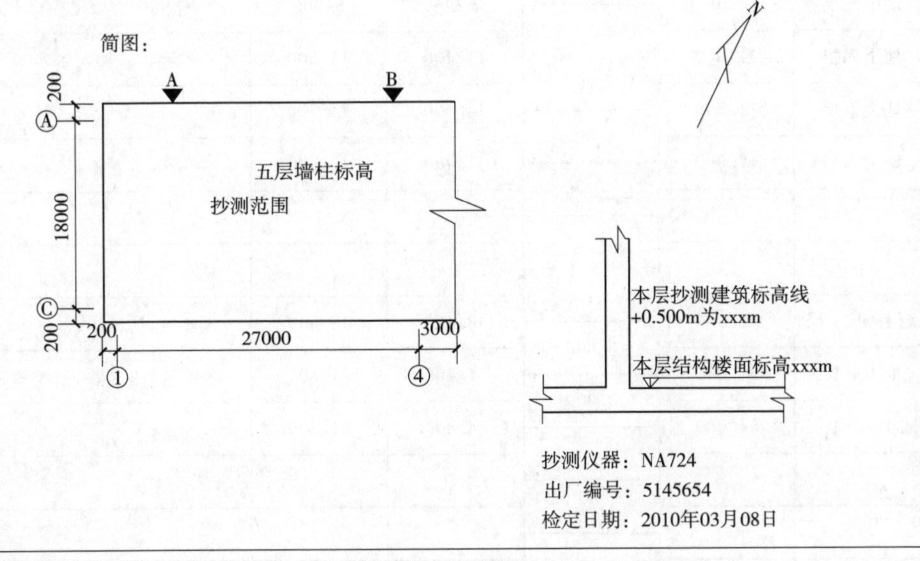

检查意见：

经核对：楼层设计标高与抄测标高数值无误。

经查验：从首层 A、B 标高点传递到五层两点 A′、B′误差在 3mm 以内。

本层实体墙柱抄测标高建＋0.500m 误差在±3mm 以内。

符合设计施工图标高及建筑工程施工测量规程精度要求。

签字栏	施工单位	××建设集团有限公司	测量负责人	专业质检员	施测人
			李　路	赵　刚	张兴旺
	监理（建设）单位	××工程建设监理有限公司		专业工程师	王学兵

本表由施工单位填写。

附

楼层标高实测明细表

工程名称：××大厦工程　　　　　　　　　　　　　　　　××年×月×日

楼　层	建筑地面标高	建筑层高	钢筋抄测标高	墙柱抄测标高	备注
地下三层	－12.000	5.000	－11.600	－11.500	×××、×××、×××
地下二层	－7.000	4.000	－6.600	－6.500	×××、×××、×××
地下一层	－3.000	3.000	－2.600	－2.500	×××、×××、×××
首　层	±0.000	4.000	0.400	0.500	×××、×××、×××
地上二层	4.000	3.500	4.400	4.500	×××、×××、×××
地上三层	7.500	3.500	7.900	8.000	×××、×××、×××
地上四层	11.500	3.000	11.400	11.500	×××、×××、×××
地上五层	14.500	3.000	14.400	14.500	×××、×××、×××
地上六层	17.500	:	17.400	17.500	×××、×××、×××
:	:	:	:	:	
:	:	:	:	:	
地上 n－1 层	48.000	3.000	48.400	48.500	×××、×××、×××
地上 n 层	51.000	3.000	51.400	51.500	×××、×××、×××
地上 n＋1 层	54.000		54.400	54.500	×××、×××、×××

抄测标识：

钢筋　n层+0.500,m结51.400m

墙柱　n层+0.500,m建51.500m

制表人：张兴旺　　　　　　　核对人：李　路　　　　　　　审核人：孙　强

注：1. 本表依据本工程建筑立面图及各楼层建筑图而定。

2. 本工程楼层实测标高线均为本楼层建筑标高＋0.500m，若有变更另行通知。

3. 楼层引测标点不少于两点，见原始水准记录。

<table>
<tr><td colspan="3">建筑物垂直度、标高测量记录
表 C3-5</td><td>资料编号</td><td>02－00－C3－×××</td></tr>
<tr><td>工程名称</td><td colspan="4">××住宅小区 6 号楼</td></tr>
<tr><td>施工阶段</td><td colspan="2">主体结构(封顶)完</td><td>观测日期</td><td>××年×月×日</td></tr>
<tr><td colspan="3">观测说明(附观测示意图)：
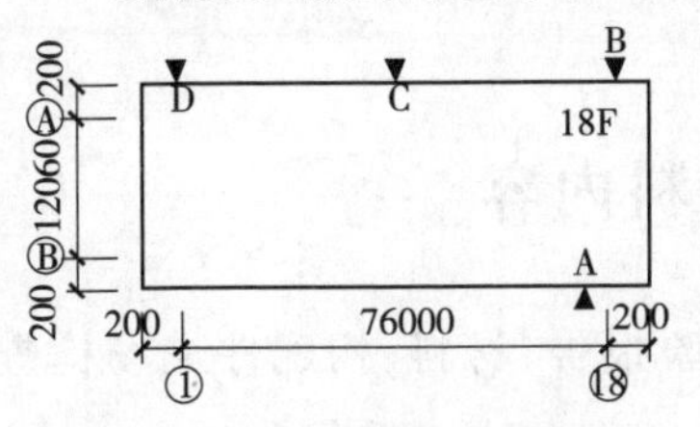

注：A、B、C、D 点首层高程竖向传递基准点均为建筑＋0.500m</td><td colspan="2">1. 本工程为现浇混凝土框架为墙结构。
2. 用 2″经伟仪加弯管目镜加钢尺配合量距测楼外墙外(阳)大角垂直度偏差。
3. 用 DZS3－1 水准仪配合 50m 检定钢尺加三项改正测楼标高偏差。
4. 地上各层标高抄测依据点均为从首层对应高程和基准点传递上来；垂直偏差均从地上各层角点对首层同角点而言。
5. 本工程由于不均匀沉降造成结构各层墙柱原标高线的偏差较大。</td></tr>
<tr><td colspan="2">垂直度测量(全高)</td><td colspan="3">标高测量(全高)</td></tr>
<tr><td>实测偏差(mm)</td><td>观测部位</td><td colspan="2">实测偏差(mm)</td><td>观测部位</td></tr>
<tr><td>①/Ⓐ十八层外大角</td><td>Ⓐ方向向外 8</td><td colspan="2">传递到十八层屋顶女儿墙上标高点 54.500m</td><td>±10mm 以内</td></tr>
<tr><td>①/Ⓐ十八层外大角</td><td>①方向向外 7</td><td colspan="2">传递到十八层结构外墙上标高点 51.500m</td><td>±10mm 以内</td></tr>
<tr><td>①/Ⓐ十七层外大角</td><td>Ⓐ方向向外 6</td><td colspan="2">传递到十七层结构外墙上标高点 48.500m</td><td>±10mm 以内</td></tr>
<tr><td>①/Ⓐ十七层外大角</td><td>①方向向外 7</td><td colspan="2"></td><td></td></tr>
<tr><td>①/Ⓐ十六层外大角</td><td>Ⓐ方向向外 8</td><td colspan="2">传递到十六层结构外墙上标高点 45.500m</td><td>±10mm 以内</td></tr>
<tr><td>①/Ⓐ十六层外大角</td><td>①方向向外 6</td><td colspan="2"></td><td></td></tr>
<tr><td>①/Ⓐ十五层外大角</td><td>Ⓐ方向向外 5</td><td colspan="2">传递到十五层结构外墙上标高点 42.500m</td><td>±10mm 以内</td></tr>
<tr><td>①/Ⓐ十五层外大角</td><td>①方向向外 8</td><td colspan="2"></td><td></td></tr>
<tr><td>①/Ⓐ十四层外大角</td><td>Ⓐ方向向外 6</td><td colspan="2">传递到十四层结构外墙上标高点 39.500m</td><td>±10mm 以内</td></tr>
<tr><td>①/Ⓐ十四层外大角</td><td>①方向向外 5</td><td colspan="2"></td><td></td></tr>
<tr><td>…</td><td></td><td colspan="2"></td><td></td></tr>
<tr><td></td><td></td><td colspan="2"></td><td></td></tr>
<tr><td colspan="5">结论：
1. 按施工图施工未改变规划平面、楼层及标高的设计要求。
2. 外墙外(阳)大角竖向偏差未超过规划要求。
3. 楼总高度及各层楼高满足高程控制的精度要求(相对首层高程传递基准点)。
符合设计施工图及《工程测量规范》(GB 50026－2007)精度要求。</td></tr>
</table>

<table>
<tr><td rowspan="3">签字栏</td><td rowspan="2">施工单位</td><td rowspan="2">××建设集团有限公司</td><td>专业质检员</td><td>专业技术负责人</td><td>施测人</td></tr>
<tr><td>李　路</td><td>赵　刚</td><td>张兴旺</td></tr>
<tr><td>监理(建设)单位</td><td colspan="2">××工程建设监理有限公司</td><td>专业工程师</td><td>王学兵</td></tr>
</table>

本表由施工单位填写。

第七章　施工物资资料管理与实务

第一节　施工物资资料内容

施工物资资料包括各种物资合格证、材料试验报告、材料、构配件进场检查记录、设备开箱检验记录等。

一、基本要求

(1)工程物资主要包括建筑材料、成品、半成品、构配件、设备等,建筑工程所使用的工程物资均应有出厂质量证明文件(包括产品合格证、质量合格证、检验报告、试验报告、产品生产许可证和质量保证书等)。质量证明文件应反映工程物资的品种、规格、数量、性能指标等,并与实际进场物资相符。

(2)质量证明文件的复印件应与原件内容一致,加盖原件存放单位公章,注明原件存放处,并有经办人签字和时间。

(3)建筑工程采用的主要材料、半成品、成品、构配件、器具、设备应进行现场验收,有进场检验记录;涉及安全、功能的有关物资应按工程施工质量验收规范及相关规定进行复试(试验单位应向委托单位提供电子版试验数据)或有见证取样送检,有相应试(检)验报告。

(4)涉及结构安全和使用功能的材料需要代换且改变了设计要求时,应有设计单位签署的认可文件。

(5)涉及安全、卫生、环保的物资应有相应资质等级检测单位的检测报告,如压力容器、消防设备、生活供水设备、卫生洁具等。

(6)凡使用的新材料、新产品,应由具备鉴定资格的单位或部门出具鉴定证书,同时具有产品质量标准和试验要求,使用前应按其质量标准和试验要求进行试验或检验。新材料、新产品还应提供安装、维修、使用和工艺标准等相关技术文件。

(7)进口材料和设备等应有商检证明[国家认证委员会公布的强制性认证(CCC)产品除外]、中文版的质量证明文件、性能检测报告以及中文版的安装、维修、使用、试验要求等技术文件。

(8)建筑电气产品中被列入《第一批实施强制性产品认证的产品目录》(2001年第33号公告)的,必须经过“中国国家认证认可监督管理委员会”认证,认证标志为“中国强制认证(CCC)”,并在认证有效期内,符合认证要求方可使用。

(9)施工物资资料应实行分级管理。供应单位或加工单位负责收集、整理和保存所供物资原材料的质量证明文件,施工单位则需收集、整理和保存所供物资原材料的质量证明文件和进场后进行的试(检)验报告。各单位应对各自范围内工程资料的汇集、整理结果负责,并保证工程资料的可追溯性。

二、合格证

(1)合格证中应包括工程名称、委托单位、生产厂家、合格证编号、供应数量、加工及供货日期、钢筋级别规格、原材及复试报告编号、使用部位、供应单位技术负责人(签字)、填表人(签字)、供应单位盖章等内容。

(2)“合格证编号”指加工单位出具的半成品钢筋出厂合格证的编号。

(3)“原材报告编号”指生产厂家的钢筋原材出厂质量证明书的编号。

(4)“复试报告编号”指钢筋进场后取样复试报告的编号。

三、材料试验报告(通用)

凡按规范要求须做进场复试的物资,且无专用复试表格的,应使用《材料试验报告(通用)》。

四、材料、构配件进场检查记录

材料、构配件进场后,主要检验内容包括:

(1)物资出厂质量证明文件检验(测)报告是否齐全。

(2)实际进场物资数量、规格和型号等是否满足设计和施工计划要求。

(3)物资外观质量是否满足设计及规范要求。

(4)按规定需进行抽检的材料、构配件是否及时抽检,检验结果和结论是否齐全。

(5)按规定应进场复试的工程物资,必须在进场检查验收合格后取样复试。

五、设备开箱检验记录(机电通用)

设备进场后,由建设监理、施工和供货单位共同开箱检验并做记录。

第二节　施工物资资料样表

半成品钢筋出厂合格证 表C4-1					资料编号	01－06－C4－×××	
工程名称		××大厦工程			合格证编号	2011－065	
委托单位		××建设集团有限公司××项目部			钢筋种类	热轧带肋钢筋　HRB335	
供应总量 (1)		20.5		加工日期	××年×月×日	供货日期	××年×月×日
序号	级别规格	供应数量(kg)	供货日期	生产厂家	原材报告编号	复试报告编号	使用部位
1	HRB335 Φ32	5000	××年×月×日	××钢铁有限公司	017	2011—0145	地下一、二层柱
备注：							
供应单位技术负责人 ×××			填表人 ×××		供应单位名称 （盖章）		
填表日期	××年×月×日						

本表由半成品钢筋供应单位提供。

<table>
<tr><td colspan="4">预制混凝土构件出厂合格证
表 C4-2</td><td>资料编号</td><td colspan="2">02－01－C4－×××</td></tr>
<tr><td>工程名称及使用部位</td><td colspan="3">××大厦工程　三层①～⑨/Ⓑ～Ⓙ轴</td><td>合格证编号</td><td colspan="2">2011－063</td></tr>
<tr><td>构件名称</td><td>预应力圆孔板</td><td colspan="2">型号规格</td><td>YKB－3</td><td>供应数量</td><td>80t</td></tr>
<tr><td>制造厂家</td><td colspan="3">××预制构件厂</td><td>企业等级证</td><td colspan="2">一级</td></tr>
<tr><td>标准图号或设计图纸号</td><td colspan="3">设计图纸　结施－5</td><td>混凝土设计强度等级</td><td colspan="2">C30</td></tr>
<tr><td>混凝土浇筑日期</td><td colspan="3">××年×月×日至××年×月×日</td><td>构件出厂日期</td><td colspan="2">××年×月×日</td></tr>
<tr><td rowspan="10">性能检验评定结果</td><td>混凝土抗压强度</td><td colspan="5">主　筋</td></tr>
<tr><td>达到设计强度(%)</td><td>试验编号</td><td colspan="2">力学性能</td><td colspan="2">工艺性能</td></tr>
<tr><td>125</td><td>2011－0045</td><td colspan="2">钢筋屈服点、抗拉强度、伸长度均符合要求</td><td colspan="2">见钢筋原材试验报告(2011－0045)</td></tr>
<tr><td colspan="6">外　观</td></tr>
<tr><td colspan="2">质量状况</td><td colspan="4">规格尺寸</td></tr>
<tr><td colspan="2">合　格</td><td colspan="4">3580mm×1180mm×120mm</td></tr>
<tr><td colspan="6">结构性能</td></tr>
<tr><td>承载力(kPa)</td><td>挠　度(mm)</td><td colspan="2">抗裂检验(kPa)</td><td colspan="2">裂缝宽度(mm)</td></tr>
<tr><td>2.00</td><td>1.50</td><td colspan="2">1.40</td><td colspan="2">0.12≤0.15($w_{m}ax$)</td></tr>
<tr><td colspan="5">备注：</td><td colspan="2">结论：
试件结构各项性能指标经检验均达到规范规定，质量合格，同意出厂。</td></tr>
<tr><td colspan="2">供应单位技术负责人</td><td colspan="2">填表人</td><td colspan="3" rowspan="3">××预制构件厂
供应单位名称
(盖章)</td></tr>
<tr><td colspan="2">×××</td><td colspan="2">×××</td></tr>
<tr><td>填表日期</td><td colspan="3">××年×月×日</td></tr>
</table>

本表由预制混凝土构件供应单位提供。

钢构件出厂合格证 表 C4-3				资料编号	02－04－C4－×××	
工程名称	××大厦工程			合格证编号	2011－105	
委托单位	××钢构件厂			焊药型号	/	
钢材材质		防腐状况		已做防腐处理	焊条或焊丝型号	E4303 3.2mm×350mm
供应总量(t)	90	加工日期		××年×月×日	出厂日期	××年×月×日

序号	构件名称及编号	构件数量	构件单重(kg)	原材报告编号	复试报告编号	使用部位
1	1号钢柱	12	9000	035	××－0135	一层①～⑨/Ⓑ～Ⓓ轴
2	2号桁架	3	22000	039	××－0147	屋面

备注：

供应单位技术负责人	填表人	×供应单位名称 （盖章）
×××	×××	
填表日期	××年×月×日	

本表由钢构件供应单位提供。

预拌混凝土出厂合格证 表 C4-4				资料编号	01－06－C4－×××
使用单位	××建设集团有限公司 ××项目部			合格证编号	××－195
工程名称与浇筑部位	××大厦工程 基础底板①～⑯/Ⓐ～Ⓗ轴				
强度等级	C35	抗渗等级	PS	供应数量(m^3)	979
供应日期	2011 年 2 月 1 日	至	2011 年 7 月 31 日		
配合比编号	2011－094				
原材料名称	水泥	砂	石	掺合料	外加剂
品种及规格	P·O42.5R	中砂	碎石	Ⅱ级粉煤灰	HNB－1
试验编号	2011－052	2011－050	2011－049	2011－020	2011－018

每组抗压强度值 MPa	试验编号	强度值	试验编号	强度值	备注：
	2011－0521	53.2	2011－0522	51.2	
	2011－0523	51.8	2011－0524	51.3	
	2011－0525	53.5	2011－0526	53.7	
	2011－0527	50.9	2011－0528	48.0	
	2011－0529	49.7	2011－0530	44.9	
抗渗试验	试验编号	指标	试验编号	指标	
	2011－0069	P>8	2011－0070	P>8	

抗压强度统计结果			结论：
组数 n	平均值	最小值	合格
10	50.8	44.9	
供应单位技术负责人	填表人		供应单位名称 （盖章）
×××	×××		××预拌混凝土供应公司
填表日期：	2011 年 3 月 15 日		

本表由预拌混凝土供应单位提供。

预拌混凝土运输单(正本) 表 C4-5				资料编号	02－06－C4－×××		
合同编号	×××			任务单号	×××		
供应单位	××预拌混凝土供应公司			生产日期	××年×月×日		
工程名称及施工部位	××大厦工程　地上六层⑥～⑫/Ⓔ～①轴墙体						
委托单位	×××		混凝土强度等级	C30	抗渗等级		/
混凝土输送方式	泵送		其他技术要求	/			
本车供应方量(m^3)	6		要求坍落度(mm)	140～160	实测坍落度(mm)		150
配合比编号	××－0012		配合比比例	C：W：S：G=1.00：0.49：2.42：3.17			
运距(km)	20	车号	京 A2316	车次	16	司机	×××
出站时间	13：38		到场时间	14：28	现场出罐温度(℃)		19
开始浇筑时间	14：36		完成浇筑时间	14：50	现场坍落度(mm)		150
签字栏	现场验收人		混凝土供应单位质量员		混凝土供应单位签发人		
	×××		××		×××		

预拌混凝土运输单(副本) 表 C4-5				资料编号	02－06－C4－×××		
合同编号	×××			任务单号	×××		
供应单位	××预拌混凝土供应公司			生产日期	××年×月×日		
工程名称及施工部位	××大厦工程　地上六层⑥～⑫/Ⓔ～①轴墙体						
委托单位	×××		混凝土强度等级	C30	抗渗等级		/
混凝土输送方式	泵送		其他技术要求	/			
本车供应方量(m^3)	6		要求坍落度(mm)	140～160	实测坍落度(mm)		150
配合比编号	××－0012		配合比比例	C：W：S：G=1.00：0.49：2.42：3.17			
运距(km)	20	车号	京 A2316	车次	16	司机	×××
出站时间	13：38		到场时间	14：28	现场出罐温度(℃)		19
开始浇筑时间	14：36		完成浇筑时间	14：50	现场坍落度(mm)		150
签字栏	现场验收人		混凝土供应单位质量员		混凝土供应单位签发人		
	×××		××		×××		

(2009)量认(京)字(U0375)号	钢材试验报告 表 C4-6			资料编号	01－06－C4－×××
				试验编号	GJ2011－1023
				委托编号	2011－02150
工程名称	××综合楼工程 基础反梁、地下一层柱			试件编号	钢筋 015
委托单位	××建设集团有限公司××项目部			试验委托人	××
钢材种类	热轧带肋	规格或牌号	HRB335	生产厂	××钢铁集团有限公司
代表数量	20.25t	来样日期	××年×月×日	试验日期	××年×月×日
公称直径(厚度)(mm)	25mm			公称面积(mm^2)	490.9mm^2

试验结果	力学性能试验结果					弯曲性能试验结果		
	屈服点(MPa)	抗拉强度(MPa)	伸长率(%)	$\sigma_{b实}/\sigma_{s实}$	$\sigma_{s实}/\sigma_{b标}$	弯心直径	角度	结果
	380	580	30	1.53	1.13	75	180	合格
	375	570	31	1.52	1.12	75	180	合格

化学分析							其他：
分析编号	化学成分(%)						
	C	Si	Mn	P	S	Ceq	

结论：

依据《钢筋混凝土用钢第 2 部分：热轧带肋钢筋》(GB 1499.2－2007/XGI－2009)标准，符合热轧带肋钢筋 HRB335 要求。

××工程检测试验有限公司 试验专用章

批准	×××	审核	×××	试验[illegible]	×××
试验单位	××工程检测试验有限公司				
报告日期	××年×月×日				

本表由检测机构提供。

CMA 水泥试验报告 表 C4-7 (2009)量认(京)字(U0375)号		资料编号	01－07－C4－×××
		试验编号	SN09－0166
		委托编号	2009－06379
工程名称	××综合楼工程　地下室砌体结构	试件编号	水泥－001
委托单位	××建设集团有限公司××项目部	试验委托人	×××

品种及强度等级	P·O42.5	出厂编号及日期	×××× ××年×月×日	厂别牌号	丰润水泥厂燕山
代表数量	200t	来样日期	××年×月×日	试验日期	××年×月×日

试验结果

一、细度	1. 80μm方孔筛余量(%)	/		%
	2. 比表面积(m^2/kg)	/		m^2/kg
二、标准稠度用水量(P)(%)	25.6%			
三、凝结时间	初凝	1h37min	终凝	3h4min
四、安定性	雷氏法	/　mm	饼法	合格
五、其他				

六、强度(MPa)

抗折强度				抗压强度			
3天		28天		3天		28天	
单块值	平均值	单块值	平均值	单块值	平均值	单块值	平均值
4.0	3.8	8.2	8.5	17.2	17.2	41.7	40.7
				17.3		40.3	
3.8		7.3		16.8		41.6	
				16.7		40.5	
3.7		8.9		17.6		39.2	
				17.6		41.1	

结论：

依据 GB 175－2007/XGI－2009 标准，所检项目符合 P·O42.5 水泥的要求

批准	×××	审核	×××	试验	×××
试验单位	××工程检测试验有限公司				
报告日期	××年×月×日				

××工程检测试验有限公司 试验专用章

本表由检测机构提供。

砂试验报告 表 C4-8 (2009)量认(京)字(U0375)号				资料编号	01－06－C4－×××
				试验编号	SZ11－0081
				委托编号	2011－13386
工程名称	××办公楼工程			试样编号	砂－012
委托单位	××建设集团有限公司××项目部			试验委托人	×××
种　类	中砂			产地	××砂石厂
代表数量	600t	来样日期	××年×月×日	试验日期	××年×月×日

试验结果			
试验结果	一、筛分析	1. 细度模数(μf)	2.3
		2. 级配区域	Ⅱ　区
	二、含泥量	2.6%	
	三、泥块含量	1.0%	
	四、表观密度	/　kg/m³	
	五、堆积密度	/　kg/m³	
	六、碱活性指标	/	
	七、其他	/	

结论：

依据 JGJ52－2006 标准，含泥量、泥块含量指标合格。

本试样按细度模数分属中砂，其级配属Ⅱ区。

可用于浇筑 C30 及 C30 以上的混凝土。

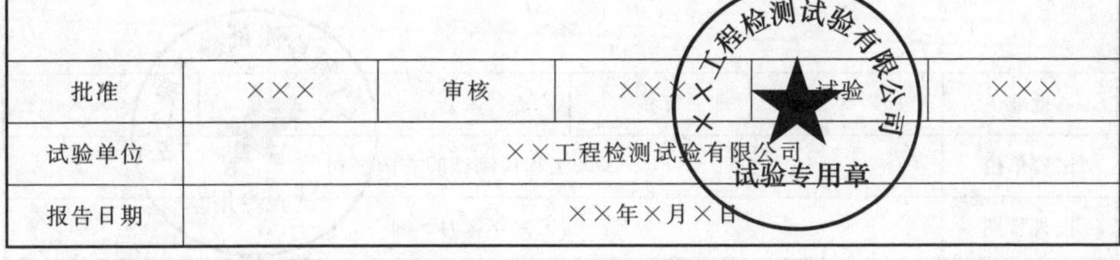

批准	×××	审核	×××	试验	×××
试验单位	××工程检测试验有限公司				
报告日期	××年×月×日				

本表由检测机构提供。

<table>
<tr><td colspan="3">MA
(2009)量认(京)字(U0375)号
碎(卵)石试验报告
表 C4-9</td><td>资料编号</td><td colspan="3">01-06-C4-×××</td></tr>
<tr><td colspan="3"></td><td>试验编号</td><td colspan="3">SS11-0032</td></tr>
<tr><td colspan="3"></td><td>委托编号</td><td colspan="3">2011-08591</td></tr>
<tr><td>工程名称</td><td colspan="2">××办公楼工程地下室砌体结构</td><td>试样编号</td><td colspan="3">石-001</td></tr>
<tr><td>委托单位</td><td colspan="2">××建设集团有限公司××项目部</td><td>试验委托人</td><td colspan="3">×××</td></tr>
<tr><td>种类、产地</td><td colspan="2">碎石　××砂石厂</td><td>公称粒径</td><td colspan="3">5～25</td></tr>
<tr><td>代表数量</td><td>600t</td><td>来样日期</td><td>××年×月×日</td><td>试验日期</td><td colspan="2">××年×月×日</td></tr>
<tr><td rowspan="11">试验结果</td><td rowspan="3">一、筛分析</td><td>级配情况</td><td colspan="4">☑连续粒级　☐单粒级</td></tr>
<tr><td>级配结果</td><td colspan="4">/</td></tr>
<tr><td>最大粒级</td><td colspan="4">25.0mm</td></tr>
<tr><td>二、含泥量(%)</td><td colspan="5">0.6%</td></tr>
<tr><td>三、泥块含量(%)</td><td colspan="5">0.1%</td></tr>
<tr><td>四、针、片状颗粒含量(%)</td><td colspan="5">7.5%</td></tr>
<tr><td>五、压碎指标值(%)</td><td colspan="5">12%</td></tr>
<tr><td>六、表观密度(kg/m³)</td><td colspan="5">/</td></tr>
<tr><td>七、堆积密度(kg/m³)</td><td colspan="5">/</td></tr>
<tr><td>八、碱活性指标</td><td colspan="5">低碱活性</td></tr>
<tr><td>九、其他</td><td colspan="5">/</td></tr>
<tr><td colspan="7">结论：
依据《普通混凝土用砂、石质量及检验方法标准》(JGJ52-2006)标准，含泥量，泥土含量，针、片颗粒含量，压碎指标值合格。
级配符合5～25mm连续粒级的要求。</td></tr>
<tr><td>批准</td><td>×××</td><td>审核</td><td>×××</td><td>试验</td><td colspan="2">×××</td></tr>
<tr><td>试验单位</td><td colspan="6">××工程检测试验有限公司</td></tr>
<tr><td>报告日期</td><td colspan="6">××年×月×日</td></tr>
</table>

××工程检测试验有限公司
试验专用章

本表由检测机构提供。

<table>
<tr><td colspan="4" rowspan="3">CMA
(2009)量认(京)字(U0375)号
外加剂试验报告
表 C4-10</td><td>资料编号</td><td>01－06－C4－×××</td></tr>
<tr><td>试验编号</td><td>2011－0036</td></tr>
<tr><td>委托编号</td><td>2011－01480</td></tr>
<tr><td>工程名称</td><td colspan="3">××办公楼工程</td><td>试样编号</td><td>2011－0127</td></tr>
<tr><td>委托单位</td><td colspan="3">××项目部</td><td>试验委托人</td><td>×××</td></tr>
<tr><td>产品名称</td><td>高效减水剂
(标准型)</td><td>生产厂</td><td>××建材有限公司</td><td>生产日期</td><td>××年×月×日</td></tr>
<tr><td>代表数量</td><td>600t</td><td>来样日期</td><td>××年×月×日</td><td>试验日期</td><td>××年×月×日</td></tr>
<tr><td>试验项目</td><td colspan="5">pH 值、密度、减水率</td></tr>
<tr><td rowspan="7">试验结果</td><td colspan="3">试　验　项　目</td><td colspan="2">试验结果</td></tr>
<tr><td colspan="3">1. pH 值</td><td colspan="2">7.0</td></tr>
<tr><td colspan="3">2. 密度</td><td colspan="2">550g/L</td></tr>
<tr><td colspan="3">3. 减水率</td><td colspan="2">28%</td></tr>
<tr><td colspan="3"></td><td colspan="2"></td></tr>
<tr><td colspan="3"></td><td colspan="2"></td></tr>
<tr><td colspan="3"></td><td colspan="2"></td></tr>
<tr><td colspan="6">结论：
依据 GB 8076－2008 标准，高效减水剂(标准型)所检项目符合规定要求。</td></tr>
<tr><td>批准</td><td>×××</td><td>审核</td><td>×××</td><td>试验</td><td>×××</td></tr>
<tr><td>试验单位</td><td colspan="5">××工程检测试验有限公司</td></tr>
<tr><td>报告日期</td><td colspan="5">××年×月×日</td></tr>
</table>

××工程检测试验有限公司　试验专用章

本表由检测机构提供。

<table>
<tr><td colspan="3" rowspan="3">CMA (2009)量认(京)字(U0375)号
掺合料试验报告
表 C4-11</td><td colspan="2">资料编号</td><td>01－06－C4－×××</td></tr>
<tr><td colspan="2">试验编号</td><td>××－0015</td></tr>
<tr><td colspan="2">委托编号</td><td>××－01480</td></tr>
<tr><td>工程名称</td><td colspan="2">××大厦工程</td><td colspan="2">试样编号</td><td>002</td></tr>
<tr><td>委托单位</td><td colspan="2">××建设集团有限公司　××项目部</td><td colspan="2">试验委托人</td><td>×××</td></tr>
<tr><td>掺合料种类</td><td>粉煤灰</td><td>等级</td><td>Ⅱ级</td><td>产地</td><td>××</td></tr>
<tr><td>代表数量</td><td>60t</td><td>来样日期</td><td>××年×月×日</td><td>试验日期</td><td>××年×月×日</td></tr>
<tr><td rowspan="7">试验结果</td><td rowspan="2">一、细度</td><td colspan="2">1.0.45mm 方孔筛筛余(%)</td><td colspan="2">21%</td></tr>
<tr><td colspan="2">2.80μm 方孔筛筛余(%)</td><td colspan="2">/</td></tr>
<tr><td colspan="3">二、需水量比</td><td colspan="2">99%</td></tr>
<tr><td colspan="3">三、吸铵值(%)</td><td colspan="2">/</td></tr>
<tr><td colspan="3">四、28 天水泥胶砂抗压强度比</td><td colspan="2">/</td></tr>
<tr><td colspan="3">五、烧失量(%)</td><td colspan="2">7.5%</td></tr>
<tr><td colspan="3">六、其他(含碱量)</td><td colspan="2">1.29%</td></tr>
<tr><td colspan="6">结论：
依据《用于水泥和混凝土中的粉煤灰》(GB/T1596－2005)标准，符合Ⅱ级粉煤灰要求。</td></tr>
<tr><td>批准</td><td>×××</td><td>审核</td><td>×××</td><td>试验</td><td>×××</td></tr>
<tr><td>试验单位</td><td colspan="5">××工程检测试验有限公司</td></tr>
<tr><td>报告日期</td><td colspan="5">××年×月×日</td></tr>
</table>

××工程检测试验有限公司
试验专用章

本表由检测机构提供。

<table>
<tr><td colspan="4" rowspan="3">CMA
防水涂料试验报告
表 C4-12
(2009)量认(京)字(U0375)号</td><td colspan="2">资料编号</td><td colspan="2">03－01－C4－×××</td></tr>
<tr><td colspan="2">试验编号</td><td colspan="2">FST11－0044</td></tr>
<tr><td colspan="2">委托编号</td><td colspan="2">2011－11817</td></tr>
<tr><td>工程名称
及部位</td><td colspan="3">××办公楼工程
地下一层～五层卫生间地面、墙面</td><td colspan="2">试样编号</td><td colspan="2">办－007</td></tr>
<tr><td>委托单位</td><td colspan="3">××建设集团有限公司××项目部</td><td colspan="2">试验委托人</td><td colspan="2">×××</td></tr>
<tr><td>种类、型号</td><td colspan="3">聚氨酯防水涂料(单组分)　Ⅱ类</td><td colspan="2">生产厂家</td><td colspan="2">××防水材料厂</td></tr>
<tr><td>代表数量</td><td>5t</td><td>来样日期</td><td>××年×月×日</td><td colspan="2">试验日期</td><td colspan="2">××年×月×日</td></tr>
<tr><td rowspan="9">试验结果</td><td>一、延伸性(mm)</td><td colspan="6">/</td></tr>
<tr><td>二、拉伸强度(MPa)</td><td colspan="6">2.77</td></tr>
<tr><td>三、断裂伸长率(%)</td><td colspan="6">556</td></tr>
<tr><td>四、粘结性(MPa)</td><td colspan="6">/</td></tr>
<tr><td>五、耐热度</td><td>温度(℃)</td><td>/</td><td colspan="2">评定</td><td colspan="2">/</td></tr>
<tr><td>六、不透水性</td><td colspan="6">合格</td></tr>
<tr><td>七、柔韧性(低温)</td><td>温度(℃)</td><td>－40</td><td colspan="2">评定</td><td colspan="2">合格</td></tr>
<tr><td>八、固体含量(%)</td><td colspan="6">/</td></tr>
<tr><td>九、其他</td><td colspan="6">/</td></tr>
<tr><td colspan="8">结论：
依据 GB/T 19250－2013 标准，所检项目符合Ⅱ类聚氨酯防水涂料(单组分)的要求。</td></tr>
<tr><td>批准</td><td>×××</td><td>审核</td><td>×××</td><td colspan="2">试验</td><td colspan="2">×××</td></tr>
<tr><td>试验单位</td><td colspan="7">××工程检测试验有限公司</td></tr>
<tr><td>报告日期</td><td colspan="7">××年×月×日</td></tr>
</table>

××工程检测试验有限公司 试验专用章

本表由检测机构提供。

CMA 防水卷材试验报告 表 C4-13 (2009)量认(京)字(U0375)号				资料编号	01－04－C4－×××		
				试验编号	2011－0267		
				委托编号	2011－39394		
工程名称	××办公楼工程 地下一层外墙、顶板			试样编号	办－002		
委托单位	××建设集团有限公司××项目部			试验委托人	×××		
种类、等级、牌号	弹性体改性沥青防水卷材(聚酯胎) Ⅰ型 3mm ××牌			生产厂	××防水材料有限责任公司		
代表数量	1000 卷	来样日期	2011 年 12 月 16 日	试验日期	2011 年 12 月 18 日		
试验结果	一、拉力试验	1. 拉力	纵	577 N	横	522N	
		2. 拉伸强度(MPa)	纵	/	横	/	
	二、断裂伸长率(延伸率)(%)		纵	39	横	40	
	三、耐热度	温度(℃)	90		评定	合格	
	四、不透水性	合格					
	五、柔韧性(低温柔性、低温弯折性)	温度(℃)	－15		评定	合格	
	六、其他	/					

结论：

依据 GB 18242－2008 标准，符合弹性体改性沥青防水卷材(聚酯胎)Ⅰ型要求。

批准	×××	审核	×××	试验	×××
试验单位	××工程检测试验有限公司				
报告日期	2011 年 13 月 18 日				

本表由检测机构提供。

CMA (2009)量认(京)字(U0375)号	砖(砌块)试验报告 表 C4-14			资料编号	01－07－C4－×××
				试验编号	QZ11－0040
				委托编号	2011－08393
工程名称	××办公楼工程　地下砌体结构			试样编号	砌块－001
委托单位	××建设集团有限公司××项目部			试验委托人	×××
种　类	轻集料混凝土小型空心砌块　390mm×140mm×190mm			生产厂	××建材有限公司
强度等级	MU2.5	密度等级	800	代表数量	1万块
试验处理日期	2011年5月16日	来样日期	2011年5月16日	试验日期	2011年5月19日

试验结果

烧结普通砖

抗压强度平均值 f (MPa)	变异系数 $\delta \leq 0.21$	变异系数 $\delta > 0.21$
	强度标准值 f_k (MPa)	单块最小强度值 f_k (MPa)

轻集料混凝土小型空心砌块

砌块抗压强度(MPa)		砌块干燥表观密度(kg/m³)
平均值	最小值	
2.9	2.7	/

其他种类

抗压强度(MPa)						抗折强度(MPa)	
平均值	最小值	大面		条面		平均值	最小值
		平均值	最小值	平均值	最小值		

结论：

依据 GB/T 15229－2011 标准，符合 MU2.5 级轻集料混凝土小型空心砌块要求。

批准	×××	审核	×××	试验	×××
试验单位	××工程检测试验有限公司				
报告日期	2011年5月19日				

××工程检测试验有限公司　试验专用章

本表由检测机构提供。

<table>
<tr><td colspan="2">CMA
(2009)量认(京)字(U0375)号</td><td colspan="3" rowspan="3">轻集料试验报告
表 C4-15</td><td>资料编号</td><td>04－01－C4－001</td></tr>
<tr><td colspan="2"></td><td>试验编号</td><td>QJL10－0017</td></tr>
<tr><td colspan="2"></td><td>委托编号</td><td>2010－14325</td></tr>
<tr><td colspan="2">工程名称</td><td colspan="3">××办公楼工程　十层平屋面</td><td>试样编号</td><td>陶粒－001</td></tr>
<tr><td colspan="2">委托单位</td><td colspan="3">××建设集团有限公司　××项目部</td><td>试验委托人</td><td>×××</td></tr>
<tr><td colspan="2">种　类</td><td>黏土陶粒</td><td>密度等级</td><td>400</td><td>产地</td><td>××陶粒厂</td></tr>
<tr><td colspan="2">代表数量</td><td>200m³</td><td>来样日期</td><td>2010 年 7 月 28 日</td><td>试验日期</td><td>2010 年 7 月 29 日</td></tr>
<tr><td rowspan="9">试验结果</td><td colspan="2" rowspan="3">一、筛分析</td><td colspan="2">1. 细度模数(细骨料)</td><td colspan="2">/</td></tr>
<tr><td colspan="2">2. 最大粒径(粗骨料)(mm)</td><td colspan="2">16.0</td></tr>
<tr><td colspan="2">3. 级配情况</td><td colspan="2">□连续粒径　☑单粒径</td></tr>
<tr><td colspan="2">二、表观密度(kg/m³)</td><td colspan="4">640</td></tr>
<tr><td colspan="2">三、堆积密度(kg/m³)</td><td colspan="4">360</td></tr>
<tr><td colspan="2">四、筒压强度(MPa)</td><td colspan="4">1.2</td></tr>
<tr><td colspan="2">五、吸水率(1h)(%)</td><td colspan="4">10.4</td></tr>
<tr><td colspan="2">六、粒型系数</td><td colspan="4">/</td></tr>
<tr><td colspan="2">七、其他</td><td colspan="4"></td></tr>
<tr><td colspan="7">结论：
上述结果符合要求(粗集料)。级配符合 10～16 单粒径。</td></tr>
<tr><td colspan="2">批准</td><td>×××</td><td>审核</td><td>×××</td><td>试验</td><td>×××</td></tr>
<tr><td colspan="2">试验单位</td><td colspan="5">××工程检测试验有限公司</td></tr>
<tr><td colspan="2">报告日期</td><td colspan="5">2010 年 8 月 4 日</td></tr>
</table>

××工程检测试验有限公司
试验专用章

本表由检测机构提供。

CMA (2009)量认(京)字(U0375)号	材料试验报告(通用) 表 C4-16			资料编号	01－05－C4－003
				试验编号	CL10－0013
				委托编号	2010－07671
工程名称及使用部位	××办公楼工程 基础结构与车库坡道间沉降缝			试样编号	办－003
委托单位	××建设集团有限公司　××项目部			试验委托人	×××
材料名称及规格	BW 止水条　PN－220			产地、厂别	北京　××止水材料有限公司
代表数量	100m	来样日期	2010 年 4 月 18 日	试验日期	2010 年 4 月 21 日

要求试验项目及说明：

1. 体积膨胀倍率(采用试验方法Ⅰ)　　标准指标：≥220％
2. 高温流淌性(80℃,5h)　　标准指标：无流淌
3. 低温试验(－20℃,2h)　　标准指标：无脆裂

试验结果：

1. 体积膨胀倍率(采用试验方法Ⅰ)　　检测结果：331％
2. 高温流淌性(80℃,5h)　　检测结果：无流淌
3. 低温试验(－20℃,2h)　　检测结果：无脆裂

结论：

依据 GB 18173.3－2002 标准，符合 PN－220BW 止水条指标要求。

批准	×××	审核		试验	×××
试验单位	××工程检测试验有限公司				
报告日期	2010 年 4 月 21 日				

××工程检测试验有限公司
试验专用章

本表由检测机构提供。

材料、构配件进场检验记录 表 C4-17		资料编号	08－01－C4－×××
工程名称	××综合楼工程	检验日期	××年×月×日

序号	名称	规格 型号	进场 数量	生产厂家 质量证明书编号	外观检验项目 检验结果	试件编号 复验结果	备注
1	热轧带 肋钢筋	HRB 335 14	9.438t	××钢铁有限公司 8－3221	裂纹、油污、锈蚀、质量证明文件 合格	钢筋 007 合格	
2	热轧带 肋钢筋	HRB 335 18	12.88t	××钢铁有限公司 4841472	裂纹、油污、锈蚀、质量证明文件 合格	钢筋 008 合格	
3	热轧带 肋钢筋	HRB 335 25	15.544t	××钢铁有限公司 4220789	裂纹、油污、锈蚀、质量证明文件 合格	钢筋 009 合格	
4	热轧带 肋钢筋	HRB 335 28	15.649t	××钢铁有限公司 12－323	裂纹、油污、锈蚀、质量证明文件 合格	钢筋 010 合格	

检验结论：

以上钢筋材质、规格型号、数量经复检均符合设计及规范要求，外观质量检查合格，质量证明文件齐全、有效，钢筋进场复验合格。

签字栏	施工单位	××建设集团有限公司	专业质检员	专业工长	检验员
			×××	×××	×××
	监理(建设)单位	××工程建设监理有限公司		专业工程师	×××

本表由检测机构提供。

<table>
<tr><td colspan="4">设备开箱检验记录
表 C4-18</td><td colspan="2">资料编号</td><td>05－01－C4－×××</td></tr>
<tr><td colspan="2">工程名称</td><td colspan="2">××办公楼工程</td><td colspan="2">检查日期</td><td>2011 年 10 月 29 日</td></tr>
<tr><td colspan="2">设备名称</td><td colspan="2">给水泵</td><td colspan="2">规格型号</td><td>50DL12－12×3</td></tr>
<tr><td colspan="2">生产厂家</td><td colspan="2">××厂</td><td colspan="2">产品合格证编号</td><td>××××</td></tr>
<tr><td colspan="2">总数量</td><td colspan="2">1 台</td><td colspan="2">检验数量</td><td>1 台</td></tr>
<tr><td colspan="7">进场检验记录</td></tr>
<tr><td colspan="2">包装情况</td><td colspan="5">包装完好、无损坏，标识明确</td></tr>
<tr><td colspan="2">随机文件</td><td colspan="5">齐全</td></tr>
<tr><td colspan="2">备件与附件</td><td colspan="5">齐全</td></tr>
<tr><td colspan="2">外观情况</td><td colspan="5">泵体表面无损坏、无锈蚀、漆面完好</td></tr>
<tr><td colspan="2">测试情况</td><td colspan="5"></td></tr>
<tr><td rowspan="6">检验结果</td><td colspan="6">缺、损附备件明细表</td></tr>
<tr><td>序号</td><td>名称</td><td>规格</td><td>单位</td><td>数量</td><td>备注</td></tr>
<tr><td></td><td></td><td></td><td></td><td></td><td></td></tr>
<tr><td></td><td></td><td></td><td></td><td></td><td></td></tr>
<tr><td></td><td></td><td></td><td></td><td></td><td></td></tr>
<tr><td></td><td></td><td></td><td></td><td></td><td></td></tr>
<tr><td colspan="7">检验结论：
检查包装、随机文件齐全，外观良好，符合设计及规范要求，同意验收。</td></tr>
<tr><td rowspan="2">签字栏</td><td colspan="2">建设（监理）单位</td><td colspan="2">施工单位</td><td colspan="2">供应单位</td></tr>
<tr><td colspan="2">××工程建设监理有限公司</td><td colspan="2">××机电工程有限公司</td><td colspan="2">××公司</td></tr>
</table>

本表由检测机构提供。

第八章　施工记录管理与实务

第一节　施工记录内容

施工记录包括隐蔽工程验收记录、交接检查记录、地基验槽记录、地基处理记录、地基钎探记录、混凝土浇筑申请书、混凝土拆模申请单、混凝土搅拌测温记录、混凝土养护测温记录、大体积混凝土养护测温记录、构件吊装记录、焊接材料烘焙记录、地下防水效果检查记录、防水工程试水效果检查记录、通风(烟)道检查记录、预应力张拉记录、有黏结预应力结构灌注记录、施工检查记录等。

一、隐蔽工程验收记录

1. 隐蔽工程验收的程序和组织

施工过程中,隐蔽工程在隐蔽前,施工单位应按照有关标准、规范和设计图纸的要求自检合格后,填写好隐蔽工程验收记录和隐蔽验收申请通知、相应的检验批质量验收记录等表格,向监理单位(建设单位)进行验收申请,由项目监理工程师(建设单位项目技术负责人)组织施工单位项目专业质量(技术)负责人等严格按设计图纸和有关标准、规范进行验收,并在“隐蔽工程验收记录”上签认后,方可隐蔽。

2. 主要隐检项目及内容

(1)土方工程

依据施工图纸、地质勘探报告、有关施工验收规范要求,检查基底清理情况,基底标高,基底轮廓尺寸等情况。

(2)支护工程

依据施工图纸、有关施工验收规范要求和基坑支护方案、技术交底,检查锚杆、土钉的品种规格、数量、插入长度、钻孔直径、深度和角度;检查地下连续墙成槽宽度、深度、倾斜度,钢筋笼规格、位置、槽底清理、沉渣厚度情况。

(3)桩基工程

依据施工图纸、有关施工验收规范要求和桩基施工方案、技术交底,检查钢筋笼规格、尺寸、沉渣厚度、清孔等情况。

(4)地下防水工程

依据施工图纸、有关施工验收规范要求和防水施工方案、技术交底,检查混凝土的变形缝、施工缝、后浇带、穿墙套管、预埋件等设置的形式和构造等情况;检查防水层的基层处理,防水材料的规格、厚度、铺设方式、阴阳角处理、搭接密封处理等情况。

(5)预应力工程

依据施工图纸、有关施工验收规范要求和预应力施工方案、技术交底,检查预应力筋的品种、规格、数量、位置,预留孔道的规格、数量、位置、形状及灌浆孔、排气兼泌水管的情况等,预应力筋的下料长度、切断方法、竖向位置偏差、固定、护套的完整性,锚具、夹具和连接器的组装等情况,锚固区局部加强构造情况。

(6)钢结构(网架)工程

依据施工图纸、有关施工验收规范要求和施工方案、技术交底,检查地脚螺栓规格、位置、埋设方法、紧固情况等;防火涂料涂装基层的涂料遍数及涂层厚度;网架焊接球节点的连接方式、质量情况;网架支座锚栓的位置、支撑垫块的种类及锚栓的紧固情况等。

(7)建筑装饰装修工程

1)地面工程

①地面工程的基层(包括垫层、找平层、隔离层、填充层、地龙骨)和面层的铺设,均应待其下一层检验(隐蔽工程检查)合格后方可施工上一层。

②各构造层用材料品种、规格、厚度、强度、密实度等必须符合设计要求及有关规范、标准的规定。所用材料的质量合格证明文件,重要材料的复验报告是否齐全。

③各构造层工艺做法、铺设厚度、坡度、标高、表面情况、防水、防潮、防火、防腐处理、密封黏结处理等必须符合设计要求及有关规范、标准的规定。有防水要求的立管、套管、地漏与地面、楼板节点之间的密封处理应符合相关标准规定,排水坡度应符合设计要求。

④建筑地面下的沟槽、暗管等工程完工后,经检验位置、标高符合设计要求后,方可进行建筑地面工程的施工。

⑤建筑物地面的变形缝(沉降缝、伸缩缝和防震缝)是否按设计要求设置。

⑥防静电地板的接地处理应符合设计要求。对隔热、隔声、超净、屏蔽、绝缘、防射线、防腐蚀等特殊要求的建筑地面各构造层做法应严格检查,符合设计要求及有关规范、标准规定。

2)抹灰工程

①抹灰工程应分层进行,抹灰总厚度大于或等于 35mm 时,应采取加强措施。

②不同材料基体交接处及线槽、插座处表面的抹灰，应采取防止开裂的加强措施，加强网与各基体的搭接宽度不应小于 100mm。

③外墙和顶棚抹灰层与基层之间，各抹灰层之间必须黏结牢固，无脱层、空鼓和裂缝。

3)门窗工程

①预埋件和锚固件的埋设：数量、位置、间距、防腐处理(如预埋木砖、铁件)、埋设方式、与框和墙体的连接方式必须符合设计要求和规范、规程规定。强制条文规定，在砌体上安装门窗严禁用射钉固定。

②门窗安装：安装位置、与墙体连接方式、缝隙防腐、填嵌及密封处理，应符合设计要求和规范、规程规定。

③固定玻璃的钉子或钢丝卡的数量、规格、位置及玻璃垫块的设置、数量、规格、位置安装方法以及橡胶垫的设置应符合有关标准的规定。

④木门窗与砖石砌体、混凝土或抹灰层接触处应进行防腐处理并应设防潮层；埋入砌体或混凝土中的木砖应进行防腐处理。

⑤金属门窗防雷装置的设置应符合设计和有关标准的规定。特种门窗安装除应符合设计要求和规范规定外，还应符合有关专业标准和主管部门的规定。

4)吊顶工程

①房间净高和基底处理。安装龙骨前应对房间净高和洞口标高进行检查，结果应符合设计要求，基层缺陷应处理完善。

②预埋件和拉结筋设置：数量、位置、间距、防腐及防火处理、埋设方式、连接方式等应符合设计及规范要求。预埋件应进行防锈处理。

③吊杆及龙骨安装：龙骨、吊杆、连接件的材质、规格、安装间距、连接方式，安装必须牢固并符合设计要求、规范规定及产品组合要求。吊杆距主龙骨端部距离不得大于 300mm，当吊杆长度大于 1.5m 时，应设置反支撑。金属吊杆、龙骨表面的防腐(锈)处理以及木龙骨、木吊杆防火、防腐处理应符合设计要求和相关规范的规定。

④填充材料的设置：品种、规格、铺设厚度、固定情况等应符合设计要求，并应有防散落措施。

⑤吊顶内管道、设备安装及水管试压：管道、设备及其支架安装位置、标高、固定应符合设计要求，管道试压和设备调试应在安装饰面板前完成并应验收合格，符合设计要求及有关规范、规程规定。

⑥吊顶内可能形成结露的暖卫、消防、空调等管道的防结露措施应符合设计要求及有关规范、规程规定。

⑦重型灯具、电扇及其他重型设备严禁安装在吊顶工程的龙骨上。

5)轻质隔墙工程

①预埋件、连接件、拉结筋埋设:数量、位置、间距、与周边墙体(基体结构)的连接方法及牢固性、铁件防锈防腐处理必须符合设计要求。

②龙骨安装:龙骨材质、规格、安装间距、连接方式,门窗洞口等部位加强龙骨安装必须符合设计要求及现行规范规定;边框龙骨安装与基体结构连接必须位置正确、牢固平直,无松动;木龙骨防火、防腐处理应符合设计要求和相关规范的规定。

③填充材料的铺置:品种、规格、铺设厚度、固定情况等应符合设计要求,材料应干燥,填充密实、均匀、牢固,接头无空隙、下坠。

④设备管线安装及水管试压情况:设备及其支架安装位置、标高、固定应符合设计要求,管道和设备调试应在安装饰面板前完成并应验收合格,符合设计要求及有关规范、规程规定。

⑤轻质隔墙与顶棚和其他墙体交接处的防开裂措施。

6)饰面板安装

①连接节点:连接件之间的连接、连接件与墙体的连接、连接件与饰面板的连接、防腐处理等应符合设计要求及相关规范、规程规定。

②预埋件(后置埋件)、连接件:品种、规格、数量、位置、连接方法和防腐、防锈、防火处理等应符合设计要求,后置埋件的现场拉拔强度必须符合设计要求。

③找平、防水层铺置:材料品种、规格、铺设方法及厚度等应符合设计要求及现行规范、标准规定。

④抗震缝、伸缩缝、沉降缝等部位的处理应符合设计要求。

⑤湿贴石材的背涂处理:石材板与基层之间的灌注材料应饱满、密实。施工前宜对石材板底部及边缘涂刷防碱防护剂。

7)裱糊、软包工程

①裱糊饰面工程用的腻子、基底封闭底漆。基层含水率应符合不同基层的要求,混凝土或抹灰基层含水率不得大于8%;木材基层的含水率不得大于12%。新建建筑物的混凝土或抹灰层基层墙面在刮腻子前应涂刷抗碱封闭底漆。旧墙面在裱糊前应清除疏松的旧装修层,并涂刷界面剂。基层表面平整度、立面垂直度及阴阳角应符合规范要求。裱糊前应用封闭底胶涂刷基层。

②软包工程的龙骨、底板、边框或压条应安装牢固、无翘曲、拼缝平直。内衬、填充构造、防火处理应符合设计要求及有关规范、规程规定。

8)细部工程

细部工程包括细木制品、木制固定家具、花饰、栏杆、栏板、扶手等,需要进行隐蔽工程项目验收的内容有:

①木制品的防潮、防腐、防火处理应符合设计要求。

②预埋件(后置埋件)埋设及节点的连接,橱柜、护栏和护手预埋件或后置埋件的数量、规格、位置、防锈处理以及护栏与预埋件的连接节点应符合设计要求。

③橱柜内管道隔热、隔冷、防结露措施应符合设计要求。

(8)建筑屋面工程

1)屋面细部

依据施工图纸、有关施工验收规范要求和施工方案、技术交底,检查屋面基层、找平层、保温层的情况,材料的品种、规格、厚度、铺贴方式、附加层、天沟、泛水和变形缝处细部做法、密封部位的处理等情况。

2)屋面防水

依据施工图纸、有关施工验收规范要求和施工方案、技术交底,检查基层含水率,防水层的材料品种、规格、厚度、铺贴方式等情况。

(9)建筑节能工程

1)墙体节能工程

墙体节能工程应对下列部位或内容进行隐蔽工程验收,并应有详细的文字记录和必要的图像资料。

①保温层附着的基层及其表面处理

②保温板黏结或固定

③锚固件

④增强网铺设

⑤墙体热桥部位处理

⑥预置保温板或预制保温墙板的板缝及构造节点

⑦现场喷涂或浇注有机类保温材料的界面

⑧被封闭的保温材料厚度

⑨保温隔热砌块填充墙体

2)门窗节能工程

建筑外门窗工程施工中,应对门窗框与墙体接缝处的保温填充做法进行隐蔽工程验收,并应有隐蔽工程验收记录和必要的图像资料。

3)屋面节能工程

屋面保温隔热工程应对下列部位进行隐蔽工程验收,并应有详细的文字记录和必要的图像资料。

①基层

②保温层的敷设方式、厚度;板材缝隙填充质量

③屋面热桥部位

④隔气层

4)地面节能工程

地面节能工程应对下列部位进行隐蔽工程验收,并应有详细的文字记录和必要的图像资料。

①基层

②被封闭的保温材料厚度

③保温材料黏结

④隔断热桥部位

二、交接检查记录

1. 建筑与结构工程

(1)建筑与结构工程应做交接检查的项目。支护与桩基工程完工移交给结构工程、初装修完工移交给精装修工程、设备基础完工移交给机电设备安装、结构工程完工移交给幕墙工程等。

(2)交接内容

1)桩(地)基工程与混凝土结构工程之间的交接。主要检查桩(地)基是否完成、桩(地)基检验检测、桩位偏移和桩顶标高、桩头处理、缺陷桩的处理、竣工图与现场的对应关系、场地平整夯实,是否完全具备进行混凝土结构工程施工的条件等。

2)混凝土结构工程与钢结构工程之间的交接。主要检查:结构的标高、轴线偏差;结构构件的实际偏差及外观质量情况;钢结构预埋件规格、数量、位置;混凝土的实际强度是否满足钢结构施工对相关混凝土强度的要求;是否具备进行钢结构工程施工的条件等。如钢结构工程移交给混凝土结构施工重点检查内容;构件轴线位置、标高的复查;构件外观质量;焊缝探伤检测;与混凝土构件对应关系(如钢筋穿孔位置等)、混凝土构件的外观完好等情况。

3)初装修工程与精装修工程之间的交接。主要检查:结构标高、轴线偏差;结构构件尺寸偏差;填充墙体、抹灰工程质量;相邻楼地面标高;门窗洞口尺寸及偏差;水、暖、电等预埋或管线是否到位;是否具备进行精装修工程施工的条件等。

2. 建筑给水排水及采暖和通风与空调工程

(1)设备基础交接检查

设备就位前应对其基础进行验收,合格后方能安装。而设备基础通常都由土建专业施工、验收,并填写相应检查、验收表格。对设备基础的混凝土强度、坐标、标高、尺寸和螺栓孔位置等按设计规定进行复核。

(2)给排水管道交接检查

给水管道、排水管道由一方施工单位施工,卫生器具及给水配件由另一方施工,在卫生器具安装之前应对给水、排水管道的预留口的坐标、位置以及管口尺寸大小、排水系统是否畅通等进行交接检查，以确定前者的施工是否正确。

(3)隐蔽管道交接检查

交接检查还有会发生在吊顶施工时，各管道系统已安装完毕，并且已进行过灌水或强度严密性试验，有合格记录，防腐、保温施工完毕，在土建进行装饰施工时，需要对水暖成品进行保护。在这种情况下，也需要与装饰单位办理交接验收，以防止管道成品被破坏时分不清责任。

3. 建筑电气工程

建筑电气工程需做交接确认的工序有：架空线路及杆上电气设备安装；变压器、箱式变电所安装；成套配电柜、控制柜(屏、台)和动力、照明配电箱(盘)安装；低压电动机、电加热器及电动执行机构安装；柴油发电机组安装；不间断电源安装；低压电气动力设备试验和试运行；裸母线、封闭母线、插接母线安装；电缆桥架安装和桥架内电缆敷线；电缆在沟内、竖井内支架上敷设；电线、电缆导管和线槽敷设；电线、电缆穿管及线槽敷设；钢索配管；电缆头制作和接线；照明灯具安装；照明开关、插座、风扇安装；照明系统的测试和通电试运行；接地装置安装；避雷引下线安装；等电位联结；接闪器安装；防雷接地系统测试。

三、地基验槽记录

建筑物应进行施工验槽，检查内容包括基坑位置、平面尺寸、持力层核查、基底绝对高程和相对标高、基坑土质及地下水位等，有桩支护或桩基的工程还应进行桩的检查。地基验槽检查记录应由建设、勘察、设计、监理、施工单位共同验收签认。如地基验槽未通过，需要进行地基处理，应由勘察、设计单位提出处理意见并填写“地基处理记录”。

基坑的验收内容包括：

(1)依据地质勘探报告验收地基土质是否与报告相符，核对基坑的土质和地下水情况，是否与勘察报告一致。

(2)依据图纸核查基坑的位置、平面尺寸、基槽底标高等是否符合设计文件。

(3)若地基土与报告不相符，则需办理地基土处理洽商。对人工处理的地基，应按有关范围和设计文件的要求进行验收。

(4)审查钎探报告：包括钎探点布置图及钎探记录。检查基坑底面以下有无空穴、古墓、古井、防空掩体、地下埋设物及其他变异。

(5)对深基础，还应检查基坑对附近建筑物、道路、管线是否存在不利影响。

四、地基处理记录

地基处理完成后，由监理单位组织勘察、施工单位进行复查，合格后形成“地基处理记录”。地基处理记录内容包括:地基处理依据及方式、处理部位及深度、处理结果和检查意见等。

1. 地基处理方案

基槽挖至设计标高,经勘察、设计、建设(监理)、施工单位共同验槽,对实际地基与地质勘探报告不相符或不符合设计要求的基槽,拟定处理方案并办理全过程洽商。处理方案中应有工程名称、验槽时间、钎探记录分析。标注清楚需要处理的部位;写明需要处理的实际情况、具体方法及是否达到设计、规范要求。最后必须经设计、勘察人员签认。

2. 地基处理的施工试验记录

(1)灰土、砂、砂石三合土地基应有土质量干密度或贯入度试验记录,并应做击实试验,提出最大干密度、最佳含水率及根据密实度的要求提供最小干密度的控制指标。混凝土地基应按规定取试样,并做好强度试验记录。

(2)重锤夯实地基应有试夯报告及最后下沉量和总下沉量记录。试夯后,分别测定和比较坑底以下2.5m以内,每隔0.25m深度处,夯实土与原状土的密实度,其试夯密实度必须达到设计要求;施工前,应在现场进行试夯,选定夯锤重量(2～3t)、锤底直径和落距(2.5～4.5m)锤重与底面积的关系应符合锤重在底面上的单位静压力为1.5～2.0N/cm^2。试夯结束后应做试夯报告及试夯记录,同时在夯实过程中,应做好重锤夯实施工记录。

(3)强夯地基应对锤重(常用:10～25t;最大:40t)、间距(5～9m)、夯基点布置及夯击次数做好记录。

五、地基钎探记录

地基钎探可用于基槽(坑)开挖后检验槽底浅层土土质的均匀性和发现回填坑穴,以便于基槽处理。有时也可用于对比试验,确定地基的容许承载力及检验填土的质量。

地基钎探记录主要包括钎探点平面布置图和钎探记录。

(1)轻型圆锥动力触探试验适用于浅部的填土、砂土、粉土、黏性土等岩土施工。

(2)轻型圆锥动力触探:落锤质量:10kg;落距:50cm;探头直径:40mm;探头锥角:60°;探杆直径:25mm;指标:贯入30cm的读数N10。

(3)圆锤动力触探试验中触探最大偏斜度不应超过2%,锤击贯入应连续进行;锤击时防止锤击偏心,探杆偏斜和侧向晃动,保持探杆垂直度;锤击速率每分钟宜为15～30击。

(4)钎探前应依据基础平面图绘制钎探点平面布置图(应与实际基槽(坑)一

致)，确定钎探点布置及顺序编号，标出方向及重要控制轴线。按照钎探图及有关规定进行钎探并记录。钎探中如发现异常情况，应在地基钎探记录表的备注栏注明。需地基处理时，应将处理范围(平面、竖向)标注在钎探点平面布置图上，并注明处理依据。形式、方法(或方案)以"洽商"记录下来，处理过程及取样报告等一同汇总进入工程档案。

(5)以下情况可停止钎探：

1)若N10(贯入30cm的锤击数)超过100或贯入10cm锤击数超过50，可停止贯入。

2)如基坑不深处有承压水层(钎探可造成冒水涌砂)，或持力层为砾石层或卵石层，且厚度符合设计要求时，可不进行钎探。如需对下卧层继续试验，可用钻具钻穿坚实土层后再做试验(根据《建筑地基基础工程施工质量验收规范》(GB 50202－2002)中附录A的规定)。

3)专业工长负责钎探的实施，并做好原始记录。钎探日期要根据现场情况填写，钎探步数应根据槽宽确定。

(6)钎探点的布置依据设计要求，当设计无要求时，应按规范规定执行，参见表8-1。

表8-1　轻型动力触探检验深度间距表　(单位:m)

排列方式	基槽宽度	检验深度	检验间距
中心一排	＜0.8	1.2	
两排错开	0.8～2.0	1.5	1.0～1.5m视地基复杂情况定
梅花形	＞2.0	2.1	

六、混凝土浇筑申请书

项目应在各项准备工作(如钢筋、模板工程检查；水电预埋检查；材料、设备及其他准备等)逐条完成并核实后，根据现场浇筑混凝土计划量、施工条件、施工气温、浇筑部位等填报混凝土浇灌申请，由施工单位技术负责人和监理签认批准，形成"混凝土浇灌申请书"。浇灌申请通过后方可正式浇筑混凝土。

(1)申请浇灌部位：应尽可能准确，注明层、轴线和构件名称(梁、柱、板、墙等)。

(2)技术要求：应根据混凝土合同的具体技术要求填写，如混凝土初、终凝时间要求，抗渗设计要求等。

(3)施工准备检查

1)隐检情况：主要指钢筋工程的隐蔽工程验收记录。

2)模板检验批:应进行模板工程检验批质量验收,目视通过验收。

3)水电预埋情况:查看水、电施工图纸,穿线、套管、穿墙布线等各种水、电预埋应预埋好。

4)施工组织情况:应根据混凝土工程施工方案,对施工现场的场地安排、人员组织、检测设备(坍落筒)等情况进行检查。

5)机械设备准备情况:机械设备如混凝土泵车、振捣器等进行检查。

6)保温及有关情况:根据混凝土施工方案及季节性施工方案的要求对混凝土养护材料等进行检查。

7)以上六项由专业工长签字以后,方可报送监理。

(4)审批意见、审批结论:应由项目现场负责人或项目专业质量检查员填写。

七、混凝土拆模申请单

在拆除现浇混凝土结构板、梁、悬臂构件等底模和柱墙侧模前,项目模板责任工长应进行拆模申请,报项目专业技术负责人审批,通过后方可拆模,形成"混凝土拆模申请单"(水平结构构件模板拆除应附同条件混凝土强度报告)。

(1)梁、板模板拆除应具备的条件。底模及其支架拆除时的混凝土强度应符合设计要求;当设计无具体要求时,混凝土强度应符合表 8-2 的规定。

表 8-2　底模拆除时的混凝土强度要求

构件类型	构件跨度(m)	达到设计的混凝土立方体抗压强度标准值的百分率(%)
板	≤2	≥50
	>2,≤8	≥75
	>8	≥100
梁、拱、壳	≤8	≥75
	>8	≥100
悬臂构件	—	≥100

(2)墙、柱模板拆除应具备的条件:

1)在常温下,墙、柱侧模应保证结构不变形,棱角完整的情况下拆除。

2)冬施侧模拆除,要求混凝土强度达到 1MPa 可松动螺栓,待混凝土强度达到 4MPa 方可拆模;或者拆除模板后立即覆盖,待混凝土强度达到 4MPa 时拆除保温,严防低温下模板拆除过早,出现混凝土粘连。

(3)对后张法预应力混凝土结构构件,侧模宜在预应力张拉前拆除;底模支架的拆除应按施工技术方案执行,当无具体要求时,不应在结构构件建立预应力前拆除。

(4)后浇带模板拆除应具备的条件。后浇带处混凝土不连续,较易出现安全和质量问题,故此部分模板拆除和支顶应在施工技术方案中明确规定。

八、混凝土搅拌测温记录

(1)冬期混凝土施工时,应进行搅拌测温(包括现场搅拌、预拌混凝土)并记录。混凝土冬施搅拌测温记录包括大气温度、原材料温度、出罐温度、入模温度等。测温的具体要求应有书面技术交底,执行人必须按照规定操作。

(2)施工期间的测温项目与频次应符合表8-3规定。

表8-3 施工期间的测温项目与频次

测温项目	频次
室外气温	测量最高、最低气温
环境温度	每昼夜不少于4次
搅拌机棚温度	每一工作班不少于4次
水、水泥、矿物掺合料、砂、石及外加剂溶液温度	每一工作班不少于4次
混凝土出机、浇筑、入模温度	每一工作班不少于4次

九、混凝土养护测温记录

(1)混凝土的冬期施工应符合国家现行标准《建筑工程冬期施工规程》(JGJ/T 104－2011)和施工技术方案的规定。

(2)测温起止时间指室外日平均气温连续5d低于5℃时起,至室外日平均气温连续5d高于5℃冬期施工结束。掺加防冻剂的混凝土未达到抗冻临界强度(4MPa)之前每隔2h测量一次,达到抗冻临界强度(4MPa)且温度变化正常,测温间隔时间可由2h调整为6h。

(3)混凝土冬期施工养护测温应先绘制测温点布置图,包括测温点的部位、深度等。测温记录应包括大气温度、各测温孔的实测温度、同一时间测得的各测温孔的平均温度和间隔时间等。此外还应进行成熟度计算(本次、累计)。表格中各温度值需标注正负号。

每次测得的各测温孔的温度平均值与测试间隔时间的积为本次成熟度

(℃·h),与上次的累计成熟度相加,为累计到本次的成熟度。通过查混凝土成熟度曲线,可大致推测对应于不同成熟度的混凝土预测强度。

十、大体积混凝土养护测温记录

(1)大体积混凝土施工时应进行测温,填写大体积混凝土养护测温记录,并附测温孔布置图,包括测温点的布置、深度等。

(2)大体积混凝土施工,应对大气温度、入模温度、各测温孔温度(上、中、下)和裂缝情况进行记录。

十一、构件吊装记录

(1)“构件吊装记录”适用于大型预制混凝土构件、钢构件、木构件的安装。吊装记录内容包括构件名称、安装位置、搁置与搭接长度、接头处理、固定方法、标高等。

(2)“构件吊装记录”中各项均应填写清楚、齐全、准确,并附吊装图。吊装图包括:构件类别、型号、编号。吊装图构件类别、型号、编号、位置应与施工图纸及结构吊装施工记录一致,并注明图名、制图人、审核人及日期。

十二、焊接材料烘焙记录

焊条、熔嘴、焊剂和药芯焊丝等在使用前,必须按产品使用说明书及有关工艺文件的规定进行烘干,对其烘焙过程进行记录。烘焙记录内容包括:烘焙方法、烘干温度、烘干时间、实际烘焙时间和保温要求等。

(1)低氢型焊条烘干温度应为350～380℃,保温时间应为1.5～2h,烘干后应缓冷放置于110～120℃的保温箱中存放、待用;使用时应放置于保温筒中;烘干后的低氢型焊条在大气中放置时间超过4h应重新烘干;焊条重复烘干次数不宜超过2次;受潮的焊条不应使用。

(2)对于酸性焊条,在焊接规程中没有明确规定。一般对于未受潮的酸性焊条可以不烘焙,但现场施工条件有限,焊条存放容易受潮,对受潮的酸性焊条应进行烘干,烘干温度150℃左右,烘干时间1.5～2h。含有纤维素型焊条(如J425)的烘干温度应控制在100～120℃左右。

(3)烘焙记录应由现场焊接操作人员进行记录。

十三、地下防水效果检查记录

(1)地下工程验收时,应对地下工程有无渗漏现象进行检查,填写地下工程防水效果检查记录表，检查内容包括裂缝、渗漏部位、大小，渗漏情况和处理意见等。

(2)检查地下防水工程渗漏水量，应符合地下工程防水等级标准的规定，见表 8-4。

表 8-4　地下工程防水等级标准

防水等级	标　准
一级	不允许渗水，结构表面无湿渍
二级	不允许漏水，结构表面可有少量湿渍 工业与民用建筑：湿渍总面积不大于总防水面积的 1%，单个湿渍面积不大于 0.1m^2，任意 100m^2 防水面积不超过 1 处 其他地下工程：湿渍总面积不大于总防水面积的 6%，单个湿渍面积不大于 0.2m^2，任意 100m^2 防水面积不超过 4 处
三级	有少量漏水点，不得有线流和漏泥砂 单个湿渍面积不大于 0.3m^2，单个漏水点的漏水量不大于 2.5L/d，任意 100m^2 防水面积不超过 7 处
四级	有漏水点，不得有线流和漏泥砂； 整个工程平均漏水量不大于 2L/(m^2·d)，任意 100m^2 防水面积的平均漏水量不大于 4L/(m^2·d)

(3)地下工程渗漏水调查包括以下内容：

1)明挖法地下工程应在混凝土结构和防水层验收合格以及回填土完成后，即可停止降水；待地下水位恢复至自然水位且趋向稳定时，方可进行地下工程渗漏水调查。

2)地下防水工程质量验收时，施工单位必须提供“结构内表面的渗漏水展开图”。

3)房屋建筑地下工程应调查混凝土结构内表面的侧墙和底板。地下商场、地铁车站、军事地下库等单建式地下工程，应调查混凝土结构内表面的侧墙、底板和顶板。

4)施工单位应在“结构内表面的渗漏水展开图”上标示下列内容：

①发现的裂缝位置、宽度、长度和渗漏水现象；

②经堵漏及补强的原渗漏水部位；

③符合防水等级标准的渗漏水位置。

十四、防水工程试水效果检查记录

(1)蓄水试验记录

1)厕浴间蓄水试验方法及要求

凡厕浴间等有防水要求的房间必须有防水层及安装后蓄水检验记录，卫生器具安装完后应做100%的二次蓄水试验，质检员检查合格签字记录。蓄水时间不少于24h。蓄水最浅水位不应低于20mm。

2)屋面蓄水试验方法及要求

有女儿墙的屋面防水工程，能做蓄水试验的宜做蓄水检验。

蓄水试验应在防水层施工完成并验收后进行。将水落口用球塞堵严密，且不影响试水。蓄水深度最浅处不应小于20mm；蓄水时间为24h。

(2)淋水试验记录

1)外墙淋水试验方法及要求

预制外墙板板缝，应有2h的淋水无渗漏试验记录。

预制外墙板板缝淋水数量为每道墙面不少于10%～20%的缝，且不少于一条缝。试验时在屋檐下竖缝处1.0m宽范围内淋水，应形成水幕。淋水时间为2h。试验时气温在+5℃以上。

2)屋面淋水试验方法及要求

高出屋面的烟、风道、出气管、女儿墙、出入孔根部防水层上口应做淋水试验。

屋面防水层应进行持续2h淋水试验。沿屋脊方向布置与屋脊同长度的花管(钢管直径38cm左右，管上部钻3～5mm的孔，布置两排，孔距80～100mm左右)，用有压力的自来水管接通进行淋水(呈人工降水状)。风道、出气管、女儿墙、出入孔根部防水层上口应做淋水试验，并做好记录。

(3)雨季观察记录

冬季施工的工程，应在来年雨季之前补作淋水、蓄水试验，或做好雨季观察记录。

记录主要包括降雨级数、次数、降雨时间、检查结果、检查日期及检查人。

(4)不具备蓄水和淋水试验条件的要求

对于不具备全部屋面进行蓄水和淋水试验条件的屋面防水工程，除做好雨季观察记录外，对屋面细部、节点的防水应进行局部蓄水和淋水试验。

1)水落口应做蓄水检验，时间不少于24h。

2)女儿墙、出屋面管道、烟(风)道防水卷材上卷部位等应做淋水试验，时间不少于2h。

十五、通风(烟)道检查记录

(1)建筑通风道(烟道)应全数做通(抽)风和漏风、串风试验,并做检查记录。

(2)垃圾道应全数检查畅通情况,并做检查记录。

(3)主烟(风)道可先检查,检查部位按轴线记录;副烟(风)道可按户门编号记录。

(4)检查合格记"√",不合格记"×"。

(5)第一次检查不合格记录"×",复查合格后在"×"后面记录"√"。

十六、预应力张拉记录

《预应力筋张拉记录(一)》包括预应力施工部位、预应力筋规格、平面示意图、张拉程序、应力记录、伸长量等。

《预应力筋张拉记录(二)》对每根预应力筋的张拉实测值进行记录。

后张法预应力张拉施工应实行见证管理,按规定做见证张拉记录。

十七、有黏结预应力结构灌注记录

(1)预应力筋张拉后,孔道应及时灌浆,孔道灌浆时应填写有黏结预应力结构灌浆记录。

(2)后张法有黏结预应力筋张拉后应尽早进行孔道灌浆,孔道内水泥浆应饱满、密实。

(3)灌浆用水泥浆的水灰比不应大于 0.45,搅拌后 3h 泌水率不宜大于 2%,且不应大于 3%。泌水应能在 24h 内全部重新被水泥浆吸收。

(4)灌浆用水泥浆的抗压强度不应小于 $30N/mm^2$。

(5)灌浆用水泥浆试件。一组试件由 6 个试件组成。试件应标准养护 28d;抗压强度为一组试件的平均值,当一组试件中抗压强度最大值或最小值与平均值相差超过 20%时,应取中间 4 个试件强度的平均值。

十八、施工检查记录

按照现行规范要求应进行施工检查的重要工序,且无相应施工记录表格的,应填写"施工检查记录"表,"施工检查记录"表适用于各专业。

对于施工过程中影响质量、观感、安装、人身安全的工序,尤其是建筑与结构工程中的砌筑工程、装饰装修工程等应在过程中做好过程控制检查并填写"施工检查记录"表。

第二节　施工记录样表

<table>
<tr><td colspan="2">隐蔽工程验收记录
表 C5-1</td><td>资料编号</td><td>01－02－C5－×××</td></tr>
<tr><td>工程名称</td><td colspan="3">××住宅楼工程</td></tr>
<tr><td>隐检项目</td><td>土钉成孔</td><td>隐检日期</td><td>××年×月×日</td></tr>
<tr><td>隐检部位</td><td colspan="3">①/Ⓐ～Ⓗ轴　①～⑦/Ⓐ轴　第一步土钉，标高－0.70 至－2.20m</td></tr>
<tr><td colspan="4">隐检依据：施工图图号＿基坑挖槽平面图－结 0 及土钉墙施工方案＿，设计变更/洽商(编号＿/＿)及有关国家现行标准等。
主要材料名称及规格/型号：＿止水钢板　σ＝3mm＿</td></tr>
<tr><td colspan="4">隐检内容：
1. H—H 剖面(①/Ⓐ～Ⓗ轴线)开挖深度到－2.70m，成孔标高－2.20m；土钉成孔水平间距 1.4m，孔距偏差均在±100mm 以内；土钉成孔深度为 7m，偏差均在±50mm 以内；成孔直径为 110mm，偏差均在±5mm 以内；成孔倾角为 8°，成孔倾角偏差均在±5%以内。
2. A—A 剖面(①～⑦/Ⓐ轴线)开挖深度到－2.60m，成孔标高－2.10m；土钉成孔水平间距 1.4m，孔距偏差均在±100mm 以内；土钉成孔深度为 6m，偏差均在±50mm 以内；成孔直径为 110mm，偏差均在±5mm 以内；成孔倾角为 8°，成孔倾角偏差均在±5%以内。

影像资料的部位、数量：××
申报人：×××</td></tr>
<tr><td colspan="4">检查意见：
经检查，现场情况与隐检内容相符，符合规定，满足设计要求，检查通过，允许进入下一道工序施工。
检查结论：☑同意隐蔽　　☐不同意，修改后进行复查</td></tr>
<tr><td colspan="4">复查结论：
复查人：　　　　复查日期：</td></tr>
</table>

<table>
<tr><td rowspan="3">签字栏</td><td rowspan="2">施工单位</td><td rowspan="2">××地基基础工程公司</td><td>专业技术负责人</td><td>专业质检员</td><td>专业工长</td></tr>
<tr><td>李　路</td><td>赵　刚</td><td>田小光</td></tr>
<tr><td>监理(建设)单位</td><td colspan="2">××工程建设监理有限公司</td><td>专业工程师</td><td>王学兵</td></tr>
</table>

本表由施工单位填写，并附影像资料。

<table>
<tr><td colspan="2">交接检查记录
表 C5-2</td><td>资料编号</td><td>03－03－C5－×××</td></tr>
<tr><td>工程名称</td><td colspan="3">××住宅楼工程</td></tr>
<tr><td>移交单位名称</td><td>××建设集团有限公司</td><td>接收单位名称</td><td>××装饰装修有限公司</td></tr>
<tr><td>交接部位</td><td>一～十一层初装修</td><td>检查日期</td><td>××年×月×日</td></tr>
<tr><td colspan="4">交接内容：
检查××建设集团有限公司施工的结构标高、轴线偏差；结构构件尺寸偏差；填充墙体、抹灰工程质量；相邻楼地面标高差；门窗洞口尺寸及偏差；机电安装专业预留预埋、管线和相关设备是否符合设计和规范要求等项目。</td></tr>
<tr><td colspan="4">检查结果：
经双方检查，结构及门窗洞口偏差、砌体、抹灰质量、楼地面标高差、机电安装专业预留预埋、管线和相关设备均符合设计和规范要求，具备进行精装修工程施工的条件。</td></tr>
<tr><td colspan="4">复查意见：

复查人：　　　　　　　　　复查日期：</td></tr>
<tr><td rowspan="2">签字栏</td><td>移交单位</td><td colspan="2">接收单位</td></tr>
<tr><td>孙　强</td><td colspan="2">张　峰</td></tr>
</table>

本表由移交单位填写。

地基验槽记录 表 C5-3		资料编号	01－01－C5－×××
工程名称	××大厦工程	验槽日期	××年×月×日
验槽部位	⑧～⑬/Ⓐ～Ⓗ轴内基槽		

依据：施工图纸（施工图纸号　结施－1、结施－4、地质勘察报告（编号：××）　）、设计变更/洽商（编号　/　）及有关规范、规程

验槽内容：

1. 基槽开挖至勘探报告第　③、④　层，持力层为　③、④　层。
2. 基底绝对高程和相对标高　43.400/－6.300、40.850/－8.850、42.300/－7.400、44.350/－5.350　。
3. 土质情况　第③层黏质粉土、砂质粉土；第③层重粉质黏土、粉质黏土；第④层细砂、粉砂　。

（附：☑钎探记录及钎探点平面布置图）

4. 桩位置　/　、桩类型　/　、数量　/　，承载力满足设计要求。

（附：☐施工记录、☐桩检测记录）

注：若建筑工程无桩基或人工支护，则相应在第4条填写处划"/"　　申报人：×××

检查意见：

经检查，槽底土质为第四纪沉积之黏质粉土、砂质粉土，局部粉砂、粉质黏土。Ⓑ～Ⓒ/⑨～⑫轴为原建筑的肥槽，下挖1.5m后（见硬土层），采用级配砂石或3∶7灰土分层回填夯实。设计需加强基础及结构刚度，坡道部分的人工堆积层至少下挖1.0m，用3∶7灰土分层回填夯实。

检查结论：☑无异常，可进行下道工序　　☐需要地基处理

签字公章栏	建设单位	监理单位	设计单位	勘察单位	施工单位
	（××集团开发有限公司） 李喜林	（××工程建设监理有限公司） 祎学峰	（××建筑设计研究院） 张大刚	（××勘察设计研究院） 尹　长	（××建设集团有限公司） 赵小伟

本表由施工单位填写。

<table>
<tr><td colspan="2">地基处理记录
表 C5-4</td><td>资料编号</td><td colspan="3">01－01－C5－×××</td></tr>
<tr><td>工程名称</td><td>××大厦工程</td><td>日期</td><td colspan="3">××年×月×日</td></tr>
<tr><td colspan="6">处理依据及方式：
处理依据：1.《建筑地基基础工程施工质量验收规范》(GB 50202－2002)。2.《建筑地基处理技术规范》(JGJ 79－2002)。3. 本工程《地基基础施工方案》。4. 勘察单位地基验槽时提出的处理意见。
方式：Ⓑ～Ⓒ/⑨～⑫轴原建筑的肥槽已下挖 1.5m 仍未见老土，采用 3：7 灰土分层回填夯实，坡道部分的人工堆积下挖 1.0m，采用灰土分层回填夯实。</td></tr>
<tr><td colspan="6">处理部位及深度(或用简图表示)
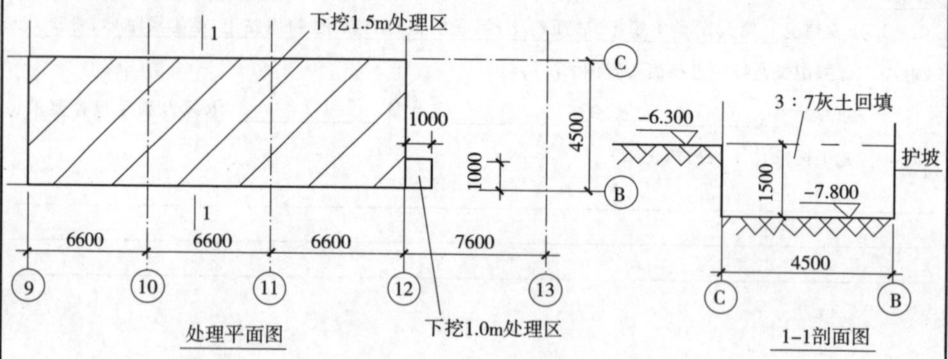

□有 / ☑无 附页(图)</td></tr>
<tr><td colspan="6">处理结果：
地基处理满足设计图纸及《建筑地基基础工程施工质量验收规范》(GB 50202－2002)的规定。</td></tr>
<tr><td colspan="6">检查意见：
经检查，地基处理结果符合勘察和设计单位要求，同意验槽。
检查日期：××年×月×日</td></tr>
<tr><td rowspan="3">签字栏</td><td>监理单位</td><td>设计单位</td><td>勘察单位</td><td>施工单位</td><td colspan="2">××建设集团有限公司</td></tr>
<tr><td rowspan="2">祎学峰</td><td rowspan="2">张大刚</td><td rowspan="2">尹立</td><td>专业技术负责人</td><td>专业质检员</td><td>专业工长</td></tr>
<tr><td>孙　强</td><td>赵　刚</td><td>田　光</td></tr>
</table>

本表由施工单位填写。

“地基处理记录”填写说明

地基钎探记录 表 C5-5					资料编号		01－01－C5－001	
工程名称	××住宅楼工程				钎探日期		××年×月×日	
锤重	10kg		自由落距	500mm	钎径		25mm	
序号	各步锤击数							备注
	0～30 (cm)	30～60 (cm)	60～90 (cm)	90～120 (cm)	120～150 (cm)	150～180 (cm)	180～210 (cm)	
1	17	27	31	31	36	42	51	
2	23	25	33	30	37	42	49	
3	22	22	28	32	39	42	50	
4	17	22	33	36	36	43	48	
5	23	21	27	30	41	40	48	
6	21	28	29	30	41	40	48	
7	17	21	32	30	35	48	47	
8	19	22	33	33	37	46	50	
9	18	28	28	34	36	40	46	
10	22	23	29	36	38	45	52	
11	17	23	27	38	35	47	53	
12	17	27	28	32	35	43	46	
13	15	22	32	37	39	42	46	
14	22	20	30	36	42	42	46	
15	22	27	30	35	37	42	52	
16	20	20	31	35	39	41	46	
17	18	26	26	34	36	40	51	
18	22	27	29	31	46	42	46	
19	15	24	33	30	38	42	50	
20	16	24	26	30	39	47	51	
施工单位		××建设集团有限公司						
专业技术负责人		专业工长				记录人		
李　路		田　光				张兴旺		

本表由施工单位填写，并附钎探点布置图。

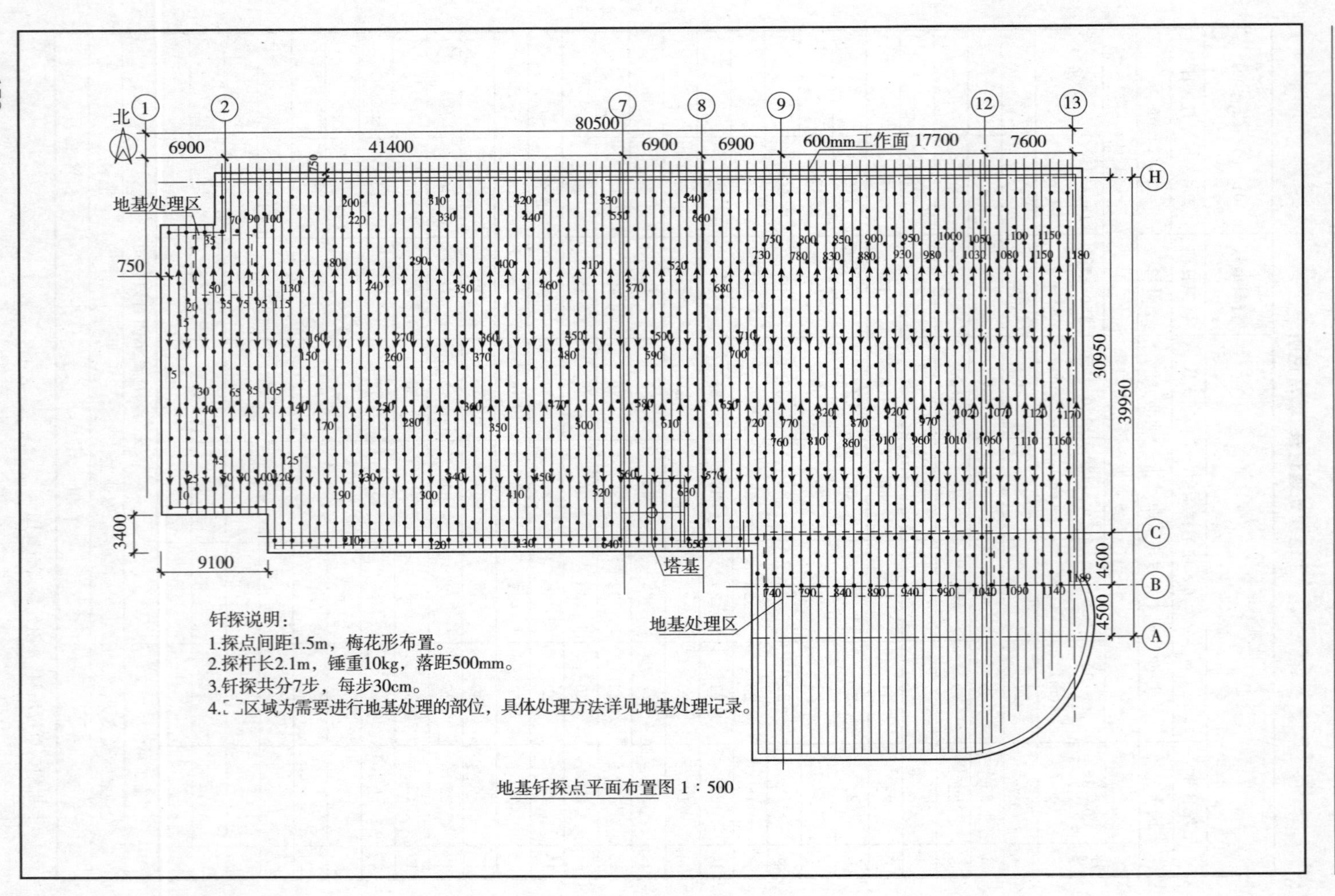

地基钎探点平面布置图 1：500

<table>
<tr><td colspan="2">混凝土浇灌申请书
表 C5-6</td><td>资料编号</td><td>01－06－C5－016</td></tr>
<tr><td>工程名称</td><td>××住宅楼工程</td><td>申请浇灌日期</td><td>××年×月×日 20:36</td></tr>
<tr><td>申请浇灌部位</td><td>地下一层③～⑧/Ⓑ～Ⓗ轴外墙</td><td>申请方量(m³)</td><td>46</td></tr>
<tr><td>技术要求</td><td>坍落度 160±20mm</td><td>强度等级</td><td>C35P8</td></tr>
<tr><td>搅拌方式
(搅拌站名称)</td><td>××预拌混凝土供应中心</td><td>申请人</td><td>×××</td></tr>
<tr><td colspan="4">依据：施工图纸(施工图纸号　结施－4、结施－5　)、
设计变更/洽商(编号　/　)和有关规范、规程。</td></tr>
<tr><td colspan="2">施 工 准 备 检 查</td><td>专业工长
(质量员)签字</td><td>备 注</td></tr>
<tr><td colspan="2">1. 隐检情况：☑已 ☐未完成隐检。</td><td>田 光</td><td></td></tr>
<tr><td colspan="2">2. 模板检验批：☑已 ☐未完成隐检。</td><td>李 森</td><td></td></tr>
<tr><td colspan="2">3. 水电预埋情况：☑已 ☐未完成并未经检查。</td><td>张 民</td><td></td></tr>
<tr><td colspan="2">4. 施工组织情况：☑已 ☐未完备。</td><td>李 路</td><td></td></tr>
<tr><td colspan="2">5. 机械设备准备情况：☑已 ☐未准备。</td><td>李小光</td><td></td></tr>
<tr><td colspan="2">6. 保温及有关准备：☑已 ☐未准备。</td><td>赵 聪</td><td></td></tr>
<tr><td colspan="2"></td><td></td><td></td></tr>
<tr><td colspan="2"></td><td></td><td></td></tr>
<tr><td colspan="4">审批意见：
原材料、机械设备及施工人员已就位。
施工方案及技术交底工作已落实。
计量设备已准备完毕。
各种隐检、水电预埋工作已完成。

审批结论：☑同意浇筑 ☐整改后自行浇筑 ☐不同意，整改后重新申请
审批人：孙　聪　　　　审批日期：××年×月×日
施工单位名称：××建设集团有限公司</td></tr>
</table>

1. 本表由施工单位填写。

2. “技术要求”栏应依据混凝土合同的具体要求填写。

<table>
<tr><td colspan="4">混凝土拆模申请单
表 C5-7</td><td>资料编号</td><td>02—01—C5—010</td></tr>
<tr><td colspan="2">工程名称</td><td colspan="4">××住宅楼工程</td></tr>
<tr><td colspan="2">申请拆模部位</td><td colspan="4">首层⑨～⑬/Ⓐ～Ⓖ轴顶板、梁</td></tr>
<tr><td>混凝土
强度等级</td><td>C30</td><td>混凝土浇筑
完成时间</td><td>××年×月×日</td><td>申请
拆模日期</td><td>××年×月×日</td></tr>
<tr><td colspan="6">构件类型
（注：在所选择构件类型的□内划“√”）</td></tr>
<tr><td>□墙</td><td>□柱</td><td>板
□跨度≤2m
√ 2m＜跨度≤8m
□跨度＞8m</td><td>梁
√跨度≤8m
□跨度＞8m</td><td>□悬臂构件</td><td>______
______
______</td></tr>
<tr><td colspan="2">拆模时混凝土强度要求</td><td>龄期
(d)</td><td>同条件混凝土
抗压强度
(MPa)</td><td>达到设计
强度等级
(%)</td><td>强度报告
编　　号</td></tr>
<tr><td colspan="2">应达到设计强度 100 %
（或____MPa）</td><td>25</td><td>31.1、30.6</td><td>104%、102%、</td><td>106、107</td></tr>
<tr><td colspan="6">审批意见：
混凝土达到设计要求的拆模强度（附同条件混凝土强度报告），同意拆模。支撑回顶，保证三层连续支撑。

批准拆模日期：××年×月×日</td></tr>
<tr><td colspan="2">施工单位</td><td colspan="4">××建设集团有限公司</td></tr>
<tr><td colspan="2">专业技术负责人</td><td colspan="2">专业质检员</td><td colspan="2">申请人</td></tr>
<tr><td colspan="2">李　路</td><td colspan="2">赵　刚</td><td colspan="2">李　森</td></tr>
</table>

本表由施工单位填写。

混凝土搅拌测温记录 表 C5-8								资料编号		01－06－C5－025	
工程名称		××住宅楼工程 地下一层(1/1)～③/Ⓑ～Ⓗ轴外墙及水池顶板									
混凝土 强度等级		C35P8						坍落度		160±20mm	
水泥品种 及强度等级		P·O 42.5						搅拌方式		机械	
测温时间				大气温度(℃)	原材料温度(℃)				出罐温度(℃)	入模温度(℃)	备注
年	月	日	时		水泥	砂	石	水			
2010	12	24	11:45	－3					＋14	＋14	预拌混凝土
2010	12	24	13:45	－2					＋14	＋14	预拌混凝土
2010	12	24	15:45	－2					＋14	＋13	预拌混凝土
2010	12	24	17:45	－3					＋14	＋14	预拌混凝土
施工单位				××建设集团有限公司							
专业技术负责人				专业质检员					记录人		
李 路				赵 刚					李 兴		

本表由施工单位填写。

混凝土养护测温记录 表 C5-9																资料编号		02－01－C5－×××	
工程名称			××住宅楼工程																
部位			首层⑨～⑬/Ⓐ～Ⓖ轴墙、柱					养护方法			综合蓄热法					测温方式		温度计	
测温时间			大气温度(℃)	各测孔温度(℃)												平均温度(℃)	间隔时间(h)	成熟度(℃·h)	
月	日	时		1#	2#	3#	4#	5#	6#	7#	8#	9#	10#	11#	12#			本次	累计
3	10	18	7	14	13	13	14									13.5			
3	10	22	5	12	12	11	11	12	11	12	13	13	11	13		11.9	4	47.6	47.6
3	11	2	2	10	11	10	10	10	10	11	11	11	9	11		10.4	4	41.6	89.2
3	11	6	3	9	9	8	9	9	9	9	10	9	7	10		8.9	4	35.6	155.2
3	11	14	9	6	6	6	6	7	7	6	6	7	6	6		6.3	4	25.2	180.4
3	11	18	6	8	5	6	6	6	6	6	6	7	8	6		6.4	4	25.6	206
3	11	22	4	10	7	8	8	7	5	8	8	8	9	8		7.8	4	31.2	237.2
3	12	2	－4	9	9	9	10	9	7	9	9	10	8	9		8.9	4	35.6	272.8
3	12	6	－3	7	9	9	9	9	9	9	9	9	6	9		8.5	4	34	306.8
3	12	10	－3	7	8	8	8	8	10	8	8	8	6	8		7.9	4	31.6	338.4

施工单位	××建设集团有限公司	
专业技术负责人	专业工长	测温员
×××	×××	×××

本表由施工单位填写。

大体积混凝土养护测温记录 表 C5-10								资料编号		01－06－C5－×××		
工程名称			××大厦工程					施工单位		××建设集团有限公司		
测温部位			基础底板Ⓐ～Ⓔ/①～⑩轴				测温方式	玻璃温度计		养护方式		综合蓄热法
测温时间			大气温度(℃)	入模温度(℃)	孔号	各测温孔温度(℃)		$t_{\text{中}}-t_{\text{上}}$(℃)	$t_{\text{中}}-t_{\text{下}}$(℃)	$t_{\text{气}}-t_{\text{上}}$(℃)	内外最大温差记录(℃)	裂缝宽度(mm)
月	日	时										
						上	23.2					无肉眼可见的异常裂缝
3	18	20	9	16	1	中	23.9	0.7	2.2	－14.2	14.9	
						下	23.7					
						上	23.2					
3	18	22	9	16	2	中	23.9	8.2	6.5	－12.4	20.6	
						下	23.7					
						上	23.2					
3	18	22	9	16	13	中	23.9	5.1	4.6	－9.2	14.3	
						下	23.7					
						上	23.2					
3	18	22	9	16	4	中	23.9	8.1	7.8	－11.3	19.4	
						下	23.7					
						上	23.2					
3	18	22	9	16	5	中	23.9	5.9	3.2	－11.5	17.4	
						下	23.7					
						上	23.2					
3	18	24	9	16	6	中	23.9	9.9	5.4	－9.8	19.7	
						下	23.7					
						上	23.2					
3	18	24	9	16	7	中	23.9	6.1	3.7	－10.2	16.3	
						下	23.7					
						上	23.2					
3	18	24	9	16	8	中	23.9	2.1	1.2	－12.8	14.9	
						下	23.7					
						上	23.2					
3	18	24	10	17	9	中	23.9	7.1	5.3	－11.5	18.6	
						下	23.7					
						上	23.2					
3	18	24	10	17	10	中	23.9	5.2	5	－8.3	13.5	
						下	23.7					
审核意见： 混凝土测温点布置正确，测温措施控制严格，经测温计算各项数据符合设计及规范要求。												
施工单位						××建设集团有限公司						
专业技术负责人						专业工长				测温员		
李　路						田　光				李　兴		

本表由施工单位填写。

构件吊装记录 表 C5-11						资料编号	02－01－C5－×××
工程名称	××住宅楼工程						
使用部位	一层大厅					吊装日期	××年×月×日
序号	构件名称及编号	安装位置	安装检查				备注
			搁置与搭接尺寸	接头(点)处理	固定方法	标高检查	
1	钢梁 GL2c	Ⓔ～Ⓕ/④～⑤轴	合格	喷砂	高强度螺栓	合格	
2	钢梁 GL2b	Ⓖ～Ⓗ/④～⑤轴	合格	喷砂	高强度螺栓	合格	
3	钢梁 GL2	Ⓖ～Ⓗ/④～⑤轴	合格	喷砂	高强度螺栓	合格	
4	钢梁 GL2a	Ⓖ～Ⓗ/④～⑤轴	合格	喷砂	高强度螺栓	合格	
结论： 合格							
施工单位			××钢结构工程有限公司				
专业技术负责人			专业质检员			记录人	
李　路			赵　刚			刘　星	

本表由施工单位填写。

焊接材料烘焙记录 表 C5-12				资料编号	02－04－C5－×××
工程名称	××大厦工程				
焊材牌号	J426 E4316	规格(mm)	$\phi 4.0$	焊材厂家	××材料厂
钢材材质	××	烘焙方法	电炉烘干法	烘焙日期	××年×月×日

序号	施焊部位	烘焙数量(kg)	烘焙要求		实际烘焙			保温要求		备注
			烘干温度(℃)	烘干时间(h)	烘焙日期	从时分	至时分	降至恒温(℃)	保温时间(h)	
1	④～⑦/Ⓒ～Ⓕ轴 84.500～88.200m	30	350	0.5	××年×月×日	6:00	6:30	110	2	
2	④～⑦/Ⓒ～Ⓕ轴 84.500～88.200m	30	350	0.5	××年×月×日	6:30	7:00	110	2	
3	④～⑦/Ⓒ～Ⓕ轴 84.500～88.200m	30	350	0.5	××年×月×日	7:00	7:30	110	2	
4	④～⑦/Ⓒ～Ⓕ轴 84.500～88.200m	30	350	0.5	××年×月×日	7:30	8:00	110	2	
5	④～⑦/Ⓒ～Ⓕ轴 84.500～88.200m	30	350	0.5	××年×月×日	8:00	8:30	110	2	
6	④～⑦/Ⓒ～Ⓕ轴 84.500～88.200m	30	350	0.5	××年×月×日	8:30	9:00	110	2	

说明：

1. 焊接、焊条等在使用前，应按产品说明书及有关工艺文件规定的技术要求进行烘干。

2. 焊接材料烘干后应存放在保温箱内，随用随取，焊条由保温箱(筒)取出到施焊的时间不得超过2h，酸性焊条不宜超过4h。代氢型焊条烘干温度应为350～380℃。

施工单位	××建设集团有限公司	
专业技术负责人	专业工长	测温员
李　路	赵　刚	刘　星

本表由施工单位填写。

<table>
<tr><td colspan="4">地下工程防水效果检查记录
表 C5-13</td><td>资料编号</td><td colspan="2">01－05－C5－×××</td></tr>
<tr><td colspan="2">工程名称</td><td colspan="5">北京工建标大厦</td></tr>
<tr><td colspan="2">检查部位</td><td colspan="2">地下室结构背水面</td><td>检查日期</td><td colspan="2">××年×月×日</td></tr>
<tr><td colspan="7">检查方法及内容：
4 月 8 日 9：00 在混凝土接槎处及背水墙面等部位粘贴报纸，经过 48h 后，于 4 月 10 日 9：00 检查人员用于手触摸粘贴报纸处混凝土墙面，无水分湿润感觉，报纸无潮湿。地下室混凝土结构背水面，无明显色泽变化和潮湿现象。</td></tr>
<tr><td colspan="7">检查结果：
经检查，地下室结构背水面无湿渍及渗水现象，观感质量合格，符合设计要求和《地下防水工程质量验收规范》(GB 50208－2011)规定。</td></tr>
<tr><td colspan="7">复查意见：

复查人：　　　　　　　　　　复查日期：</td></tr>
<tr><td rowspan="3">签字栏</td><td rowspan="2">施工单位</td><td rowspan="2">××建设集团有限公司</td><td>专业技术负责人</td><td>专业质检员</td><td colspan="2">专业工长</td></tr>
<tr><td>李　路</td><td>赵　刚</td><td colspan="2">赵一光</td></tr>
<tr><td>监理(建设)单位</td><td colspan="2">××工程建设监理有限公司</td><td>专业工程师</td><td colspan="2">王学兵</td></tr>
</table>

本表由施工单位填写。

<table>
<tr><td colspan="3">防水工程试水检查记录
表 C5-14</td><td>资料编号</td><td colspan="2">03－01－C5－012</td></tr>
<tr><td>工程名称</td><td colspan="5">××住宅楼工程</td></tr>
<tr><td>隐检项目</td><td colspan="2">土钉成孔</td><td>隐检日期</td><td colspan="2">××年×月×日</td></tr>
<tr><td rowspan="2">检查方式</td><td colspan="2">☑第一次蓄水　□第二次蓄水</td><td>蓄水时间</td><td colspan="2">从××年×月×日　10时
至××年×月×日　10时</td></tr>
<tr><td colspan="5">□淋水　☑雨期观察</td></tr>
<tr><td colspan="6">检查方法及内容：
首层卫生间地面第一次蓄水试验：在门口处用水泥砂浆做挡水墙，地漏周围挡高 5cm，用球塞（或棉丝）把地漏堵严密且不影响试水，然后进行蓄水，蓄水最浅水位为 20mm，蓄水时间为 24h。
检查方法：在地下一层查看管根、墙体砖面、顶板是否有渗漏水现象。</td></tr>
<tr><td colspan="6">检查结果：
经检查，卫生间第一次蓄水试验无渗漏现象，检查合格，符合规范要求。</td></tr>
<tr><td colspan="6">复查意见：

复查人：　　　　　　　　　　复查日期：</td></tr>
<tr><td rowspan="3">签字栏</td><td rowspan="2">施工单位</td><td rowspan="2">××建设集团有限公司</td><td>专业技术负责人</td><td>专业质检员</td><td>专业工长</td></tr>
<tr><td>李　路</td><td>赵　刚</td><td>赵一光</td></tr>
<tr><td>监理(建设)单位</td><td colspan="2">××工程建设监理有限公司</td><td>专业工程师</td><td>王学兵</td></tr>
</table>

本表由施工单位填写。

通风(烟)道检查记录 表 C5-15				资料编号	00—00—C5—002	
工程名称	××住宅楼工程			检查日期	××年×月×日	
检查部位和检查结果					检查人	复检人
检查部位	主烟(风)道		副烟(风)道			
	烟道	风道	烟道	风道		
××××轴	√	√	—	—	×××	
××××轴	√	√	—	—	×××	
××××轴	×(√)	√	—	—	×××	×××
××××轴	√	√	—	—	×××	
××××轴	√	√	—	—	×××	
施工单位	××建设集团有限公司					
专业技术负责人	专业质检员				专业工长	
李　路	赵　刚				赵　森	

注:1. 主烟(风)道可先检查,检查部位按轴线记录;副烟(风)道可按户门编号记录。

2. 检查合格记“√”,不合格记“×”。

3. 第一次检查不合格记录“×”,复查合格后在“×”后面记录“√”。

本表由施工单位填写。

<table>
<tr><td colspan="2">预应力筋张拉记录(一)
表 C5-16</td><td>资料编号</td><td>02－01－C5－×××</td></tr>
<tr><td>工程名称</td><td>××大厦工程</td><td>张拉日期</td><td>××年×月×日</td></tr>
<tr><td>施工部位</td><td>地上二层预应力板筋⑤～⑥轴</td><td>预应力筋规格
及抗拉强度</td><td>ϕ15.24mm　1860MPa</td></tr>
<tr><td colspan="4">预应力筋张拉程序及平面示意图：
1. 清理张拉端、巢穴混凝土→安装锚具→安装千斤顶→锚具自锁
2. 平面示意图(略)

□有　☑无附页</td></tr>
<tr><td>张拉端锚具类型</td><td>YM15－1J 单孔锚具</td><td>固定端锚具类型</td><td>DZM15－1P 挤压锚具</td></tr>
<tr><td>设计控制应力</td><td>1395MPa</td><td>实际张拉力</td><td>201.2kN</td></tr>
<tr><td rowspan="2">千斤顶编号</td><td>3#</td><td rowspan="2">压力表编号</td><td>051007
读数:43.3MPa</td></tr>
<tr><td>—</td><td>—</td></tr>
<tr><td>混凝土设计强度</td><td>C40</td><td>张拉时混凝土
实际强度</td><td>30.0MPa</td></tr>
<tr><td colspan="4">预应力筋计算伸长值：
⑦:4.4cm　⑫:5.5cm　⑬:5.6cm　⑭:7.7cm</td></tr>
<tr><td colspan="4">预应力筋伸长值范围：
⑦:(4.1～4.6)cm　⑫:(5.2～5.8)cm　⑬:(5.3～5.9)cm　⑭:(7.2～8.2)cm</td></tr>
</table>

<table>
<tr><td>施工单位</td><td colspan="2">××预应力工程有限公司</td></tr>
<tr><td>专业技术负责人</td><td>专业质检员</td><td>记录人</td></tr>
<tr><td>李　路</td><td>赵　刚</td><td>王　明</td></tr>
</table>

本表由施工单位填写。

预应力筋张拉记录(二) 表 C5-16		资料编号	02－01－C5－×××
工程名称	××住宅楼工程	张拉日期	××年×月×日
施工部位			

张拉顺序编号	计算值	预应力筋张拉伸长实测值(cm)							备注
		一端张拉			另一端张拉			总伸长	
		原长 L_1	实长 L_2	伸长$\triangle L$	原长 L'_1	实长 L'_2	伸长$\triangle L'$		
1	7.7	48	55.2	7.2	133.5	134	0.5	7.7	
2	7.7	45.8	53.5	7.7	137.6	137.7	0.1	7.8	
3	7.7	45.6	52.9	7.3	140.5	140.9	0.4	7.7	
4	7.7	35.5	43.7	8.2	152.9	152.4	－0.5	7.7	
5	7.7	38.8	46.2	7.4	136.1	136.5	0.4	7.8	
6	7.7	58	64.7	7.7	119	119.1	0.1	7.8	
7	7.7	40.3	47.6	7.3	141.6	141.9	0.3	7.6	
8	7.7	38.8	46.6	7.8	136.1	136	－0.1	7.7	

□有 ☑无见证 见证单位		见证人	
施工单位	××预应力工程有限公司		
专业技术负责人	专业质检员	记录人	
李　路	赵　刚	王　明	

本表由施工单位填写。

有粘结预应力结构灌浆记录 表 C5-17				资料编号	02－01－C5－×××
工程名称	××住宅楼工程			灌浆日期	××年×月×日
施工部位	首层①－①－①－⑪/①－Ⓐ～①－Ⓕ轴预应力框架梁				
灌浆配合比	0.35			灌浆要求压力值	0.4～0.6MPa
水泥强度等级	P·O42.5	进厂日期	××年×月×日	复试报告编号	2011－0208

灌浆点简略及需说明的事项：

1. 灌浆点编号由梁号、预应力筋编号和每道梁中对应的孔道顺序号组成。
2. 灌浆点简略：

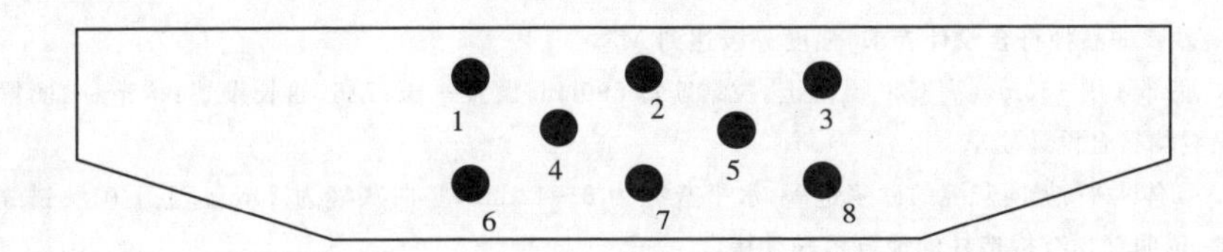

灌浆点编号	灌浆压力值（MPa）	灌浆量（升）	灌浆点编号	灌浆压力值（MPa）	灌浆量（升）
YKL－2－1①	0.44	93.6			
YKL－2－2②	0.46	93.5			
YKL－2－3③	0.40	91.9			
YKL－2－3④	0.44	71.1			
YKL－2－4⑤	0.46	72.3			
YKL－2－4⑥	0.42	91.0			
YKL－2－5⑦	0.44	93.7			
YKL－2－6⑧	0.40	90.5			

备注：

施工单位	××预应力工程有限公司	
专业技术负责人	专业质检员	记录人
李 路	赵 刚	李 星

本表由施工单位填写。

施工检查记录(通用) 表 C5-19		资料编号	02－03－C5－002
工程名称	××住宅楼工程	检查项目	砌筑
检查部位	二层①～⑬/Ⓐ～Ⓖ轴砌体	检查日期	××年×月×日

检查依据：

1. 试工图纸:建施－1、建施－7。

2.《砌体结构工程施工质量验收规范》(GB 50203－2011)。

3.《混凝土小型空心砌块建筑技术规程》(JGJ/T 14－2011)。

检查内容：

1. 轻集料混凝土小型空心砌块有合格证、检验报告、复试报告,合格;其品种、强度等级符合设计要求,规格为 390×140×190mm,390×190×190mm,390×240×190mm 等。

2. 砂浆的品种符合设计要求,强度等级达到 M5。

3. 底部采用 150mm 高 C20 混凝土,拉结筋每 500mm 设置一道,2ϕ6,通长设置:构造柱、圈梁、板带的设置均符合设计要求。

4. 砌体水平、竖向灰缝的砂浆饱满,水平灰缝为 8～12mm,竖向灰缝为 20mm,上下砌块错缝,没有瞎缝、透明缝。有构造柱的地方留马牙槎。

5. 预埋木砖、预埋件符合要求。

6. 砌块墙表面平整度、垂直度、轴线、位置、门窗洞口大小符合设计和规范要求。

检查结论：

经检查,符合设计要求和《砌体结构工程施工质量验收规范》(GB 50203－2011)的规定。

复查意见：

复查人：　　　　复查日期：

施工单位	××建设集团有限公司	
专业技术负责人	专业质检员	专业工长
李　路	赵　刚	田　光

本表由施工单位填写。

第九章　施工试验资料管理与实务

第一节　施工试验资料内容

一、建筑与结构工程施工试验资料

建筑与结构工程施工试验资料包括土工击实试验报告、回填土试验报告、钢筋连接试验报告、砂浆配合比申请单、通知单、砂浆抗压强度试验报告、砌筑砂浆试块强度统计、评定记录、混凝土配合比申请单、通知单、混凝土抗压强度试验报告、混凝土试块强度统计、评定记录、混凝土抗渗试验报告、饰面砖黏结强度试验报告、超声波探伤报告、记录、钢构件射线探伤报告、锚杆、土钉锁定力(抗拔力)检验报告、地基承载力检验报告、钢结构焊接工艺评定报告等。

1. 土工击实试验报告

土方回填工程应进行土工击实试验,测定回填土质的最大干密度和最优含水率,按规范要求分段、分层(步)回填,并取样对回填质量进行检验。

2. 回填土试验报告(应附图)

土方回填工程按规范要求分段、分层(步)回填,并取样对回填质量进行检验,并按绘制回填土取点平面示意图。

(1)回填土种类:素土、灰土、砂或级配砂石等。

(2)要求压实系数、控制干密度:按设计要求、施工规范和经试验计算确定的数据为准。

(3)点号与步数的确定(基槽)

基槽点号=周长÷(10～20)

基槽步数=(底标高-顶标高)÷(夯实厚度)

(4)取样位置简图:应按规范要求绘制回填土取点平面、剖面示意图,标明重要控制轴线、尺寸数字;分段、分层(步)取样及指北针方向等。现场取样步数、点数须与试验报告各步、点一一对应,并注明回填土的起止标高。

(5)回填土种类、取样(注:按现场施工部位、工序、时间不同分别进行)、试验时间应与其他资料交圈吻合,相关资料有:地质勘探报告、地基验槽及隐检记录、施工记录、设计变更/洽商、检验批质量验收记录等。

3. 钢筋连接试验报告

钢筋连接应有满足钢筋焊接、机械连接相关技术规程要求的力学性能试验报告。机械连接工程开始前及施工过程中,应对每批进场钢筋在现场条件下进行工艺检验,工艺检验合格后方可进行机械连接的施工。每台班钢筋焊接前宜先制做班前焊试件,确定焊接工艺参数。

钢筋连接试验报告应检查项目:

(1)接头类型:按设计的接头类型填写,如:电渣压力焊、滚轧直螺纹连接。

(2)检验形式:焊接连接注明可焊性检验或现场检验;机械连接注明工艺检验或现场检验。

(3)代表数量:按照实际的数量填写,不得超过规范验收批的最大批量。

(4)报告中的部位、规格、数量、试验日期等应与施工图、隐蔽工程验收记录、检验批质量验收记录等相关内容相符。

(5)核对使用日期和试验日期,不允许先使用后试验。

4. 砂浆配合比申请单、通知单

委托单位应依据设计强度等级、技术要求、施工部位、原材料情况等,向有资质的试验部门提出配合比申请单,试验部门依据配合比申请单签发配合比通知单。

砂浆配合比申请单、通知单应检查项目:

(1)水泥:应有出厂质量证明文件。用于承重结构的水泥,无质量证明文件,水泥出厂超过该品种存放规定期限,或对质量有怀疑的水泥及进口水泥等应在试配前进行水泥复试,复试合格后才可使用。

(2)砂:砌筑砂浆用砂宜采用中砂,并应过筛,不得含有草根等杂物。

水泥砂浆和强度等级等于或大于M5的水泥混合砂浆。砂的含泥量不应超过5%;强度等级小于M5的水泥混合砂浆,砂的含泥量不应超过10%(采用细砂的地区,砂的含泥量可经试验后酌情放大)。

(3)白灰膏:砌筑砂浆用白灰膏应由生石灰充分熟化而成,熟化时间不得少于7d。要防止白灰膏干燥、冻结和污染,脱水硬化的白灰膏要严禁使用。

(4)水:拌制砂浆的水应采用不含有害物质的纯净水。

(5)“砂浆种类”栏:应填写清楚,如水泥砂浆、混合砂浆。

(6)“强度等级”栏:应按照设计要求填写。

(7)所用的水泥、砂、掺合料、外加剂等要具实填写,并要在复试合格后再做试配,填好试验编号。

(8)配合比通知单应项目签认齐全、无涂改。

5. 砂浆抗压强度试验报告

根据砂浆试块的龄期，项目试验员向检测单位查询其结果是否符合要求；在达到砂浆试样的试验周期后，凭试验委托合同单到检测单位领取完整的砂浆抗压强度试验报告。

砂浆抗压强度试验报告应检查项目：

(1)砂浆种类、强度等级、稠度、水泥品种强度等级、砂产地及种类、掺合料、外加剂种类要具实填写，并应与材料试验单、配合比通知单相吻合。

(2)“配合比编号”要依据配合比通知单填写。

(3)作为强度评定的试块，必须是以龄期为28d标养试块抗压试验结果为准。

(4)“试验结果”栏：由试验室填写，项目经理部在收到试验报告后应查看试验数据是否达到规范规定标准值；若发现问题应及时取双倍试样做复试或报有关部门处理，并将复试合格单或处理结论附于此单后一并存档。

6. 砌筑砂浆试块强度统计、评定记录

结构验收(基础或主体结构完成后)前，按单位工程同一类型、强度等级的砂浆为同一验收批，工程中所用各品种、各强度等级的砂浆强度都应分别进行统计评定。

砌筑砂浆试块强度验收时其强度合格标准应符合下列规定：

(1)同一验收批砂浆试块强度平均值应大于或等于设计强度等级值的1.10倍；

(2)同一验收批砂浆试块抗压强度的最小一组平均值应大于或等于设计强度等级值的85%。

注：①砌筑砂浆的验收批，同一类型、强度等级的砂浆试块不应少于3组；同一验收批砂浆只有1组或2组试块时，每组试块抗压强度平均值应大于或等于设计强度等级值的1.10倍；对于建筑结构的安全等级为一级或设计使用年限为50年及以上的房屋，同一验收批砂浆试块的数量不得少于3组；

②砂浆强度应以标准养护，28d龄期的试块抗压强度为准；

③制作砂浆试块的砂浆稠度应与配合比设计一致。

抽检数量：每一检验批且不超过250m^3砌体的各类、各强度等级的普通砌筑砂浆，每台搅拌机应至少抽检一次。验收批的预拌砂浆、蒸压加气混凝土砌块专用砂浆，抽检可为3组。

检验方法：在砂浆搅拌机出料口或在湿拌砂浆的储存容器出料口随机取样制作砂浆试块(现场拌制的砂浆，同盘砂浆只应作1组试块)，试块标养28d后作强度试验。预拌砂浆中的湿拌砂浆稠度应在进场时取样检验。

7. 混凝土配合比申请单、通知单

现场搅拌混凝土应有配合比申请单和配合比通知单。预拌混凝土应有试验室签发的配合比通知单。委托单位应依据设计强度等级、技术要求、施工部位、原材料情况等向试验部门提出配合比申请单，试验部门依据配合比申请单签发配合比通知单。

混凝土配合比申请单、通知单应检查项目：

(1)混凝土配合比申请单

工程结构需要的混凝土配合比，必须经有资质的试验室通过计算和试配来确定。配合比要用重量比。

混凝土施工配合此，应根据设计的混凝土强度等级和质量检验以及混凝土施工和易性的要求确定，由施工单位现场取样送试验室，填写混凝土配合比申请单并向试验室提出试配申请。对抗冻、抗渗混凝土，应提出抗冻、抗渗要求。

(2)混凝土配合比通知单

1)水胶比指每立方米混凝土用水量与所有胶凝材料用量的比值。

计算方式：①水重量/胶凝材料重量

②胶凝材料重量＝水泥重量＋粉煤灰重量＋外掺料重量

2)配合比通知单是由试验室经试配，选取最佳配合比填写签发的。施工中要严格按此配合比计量施工，不得随意修改。

施工单位领取配合比通知单后，要验看项目、签章是否齐全、无涂改、与申请单要求吻合，并注意配合比通知单上的备注说明。

8. 混凝土抗压强度试验报告

(1)基本要求

1)混凝土的强度等级应按立方体抗压强度标准值划分。混凝土强度等级应采用符号 C 与立方体抗压强度标准值(以 N/mm^2 计)表示。

2)立方体抗压强度标准值应为按标准方法制作和养护的边长为 150mm 的立方体试件，用标准试验方法在 28d 龄期测得的混凝土抗压强度总体分布中的一个值，强度低于该值的概率应为 5%。

(2)混凝土的取样与试验

1)混凝土的取样

①混凝土的取样，宜根据标准规定的检验评定方法要求制定检验批的划分方案和相应的取样计划。

②混凝土强度试样应在混凝土的浇筑地点随机抽取。

③试件的取样频率和数量应符合下列规定：

a. 每 100 盘，但不超过 $100m^3$ 的同配合比混凝土，取样次数不应少于一次；

b. 每一工作班拌制的同配合比混凝土，不足 100 盘和 $100m^3$ 时其取样次数不应少于一次；

c. 当一次连续浇筑的同配合比混凝土超过 $1000m^3$ 时，每 $200m^3$ 取样不应少于一次；

d. 对房屋建筑，每一楼层、同一配合比的混凝土，取样不应少于一次。

④每批混凝土试样应制作的试件总组数，除满足 GB/T　50107－2010 标准第 5 章规定的混凝土强度评定所必需的组数外，还应留置为检验结构或构件施工阶段混凝土强度所必需的试件。

2)混凝土试件的制作与养护

①每次取样应至少制作一组标准养护试件。

②每组 3 个试件应由同一盘或同一车的混凝土中取样制作。

③检验评定混凝土强度用的混凝土试件，其成型方法及标准养护条件应符合现行国家标准《普通混凝土力学性能试验方法标准》(GB/T　50081－2002)的规定。

④采用蒸汽养护的构件，其试件应先随构件同条件养护，然后应置入标准养护条件下继续养护，两段养护时间的总和应为设计规定龄期。

3)混凝土试件的试验

①混凝土试件的立方体抗压强度试验应根据现行国家标准《普通混凝土力学性能试验方法标准》(GB/T 50081－2002)的规定执行。每组混凝土试件强度代表值的确定，应符合下列规定：

a. 取 3 个试件强度的算术平均值作为每组试件的强度代表值；

b. 当一组试件中强度的最大值或最小值与中间值之差超过中间值的 15％时，取中间值作为该组试件的强度代表值；

c. 当一组试件中强度的最大值和最小值与中间值之差均超过中间值的 15％时，该组试件的强度不应作为评定的依据。

注：对掺矿物掺合料的混凝土进行强度评定时，可根据设计规定，可采用大于 28d 龄期的混凝土强度。

②当采用非标准尺寸试件时，应将其抗压强度乘以尺寸折算系数，折算成边长为 150mm 的标准尺寸试件抗压强度。尺寸折算系数按下列规定采用：

a. 当混凝土强度等级低于 C60 时，对边长为 100mm 的立方体试件取 0.95，对边长为 200mm 的立方体试件取 1.05；

b. 当混凝土强度等级不低于 C60 时，宜采用标准尺寸试件；使用非标准尺寸试件时，尺寸折算系数应由试验确定，其试件数量不应少于 30 对组。

9. 混凝土试块强度统计、评定记录

混凝土强度应分批进行检验评定。一个检验批的混凝土应由强度等级相同、试验龄期相同、生产工艺条件和配合比基本相同的混凝土组成。

混凝土试块强度统计、评定记录应检查项目：

(1)确定单位工程中需统计评定的混凝土验收批，找出所有同一强度等级的各组试件强度值，分别填入表中。

(2)填写所有已知项目。

(3)分别计算出该批混凝土试件的强度平均值、标准差，找出合格评定系数和混凝土试件强度最小值填入表中。

(4)计算出各评定数据并对混凝土试件强度进行评定，结论填入表中。

(5)凡按《混凝土强度检验评定标准》进行强度统计达不到要求的，应有结构处理措施，需要检测的，应经法定检测单位检测并应征得设计部门认可。检测、处理资料应存档。

10. 混凝土抗渗试验报告

(1)防水混凝土和有特殊要求的混凝土，应有配合比申请单和配合比通知单及抗渗试验报告和其他专项试验报告，应符合《地下防水工程质量验收规范》(GB 50208—2011)中的有关规定。防水混凝土要进行稠度、强度和抗渗性能三项试验。稠度和强度试验同普通混凝土；防水混凝土抗渗性能，应采用标准条件下养护的防水混凝土抗渗试块的试验结果评定。

(2)抗渗混凝土试块留置

1)连续浇筑抗渗混凝土每 500m^3 应留置一组抗渗试件(一组为 6 个抗渗试件)，且每项工程不得少于两组。采用预拌混凝土的抗渗试件，留置组数应视结构的规模和要求而定。混凝土的抗渗性能，应采用标准条件下养护混凝土抗渗试件的试验结果评定。

2)冬季施工检验掺用防冻剂的混凝土抗渗性能，应增加留置与工程同条件养护 28d，再标准养护 28d 后进行抗渗试验的试件。

3)留置抗渗试件的同时需留置抗压强度试件并应取自同一盘混凝土拌合物中。取样方法同普通混凝土，试块应在浇筑地点制作。

(3)抗渗性能试验应符合《普通混凝土长期性能和耐久性能试验方法标准》(GB/T 50082—2009)的有关规定。

11. 饰面砖黏结强度试验报告

(1)黏结强度检测仪每年至少检定一次，发现异常时应随时维修、检定。

(2)带饰面砖的预制墙板进入施工现场后，应对饰面砖黏结强度进行复验。

(3)带饰面砖的预制墙板应符合下列要求：

1)生产厂应提供含饰面砖黏结强度检测结果的型式检验报告，饰面砖黏结强度检测结果应符合规定。

2)复验应以每 1000m² 同类带饰面砖的预制墙板为一个检验批,不足 1000m² 应按 1000m² 计,每批应取一组,每组应为 3 块板,每块板应制取 1 个试样对饰面砖黏结强度进行检验。

3)应按饰面砖样板件黏结强度合格后的黏结料配合比和施工工艺严格控制施工过程。

(4)现场粘贴的外墙饰面砖工程完工后,应对饰面砖黏结强度进行检验。

(5)现场粘贴饰面砖黏结强度检验应以每 1000m² 同类墙体饰面砖为一个检验批,不足 1000m² 应按 1000m² 计,每批应取一组 3 个试样,每相邻的三个楼层应至少取一组试样,试样应随机抽取,取样间距不得小于 500mm。

(6)采用水泥基胶粘剂粘贴外墙饰面砖时,可按胶粘剂使用说明书的规定时间或在粘贴外墙饰面砖 14d 及以后进行饰面砖黏结强度检验。粘贴后 28d 以内达不到标准或有争议时,应以 28～60d 内约定时间检验的黏结强度为准。

12. 超声波探伤报告、记录

依据《钢结构工程施工质量验收规范》(GB 50205－2001)规范要求,设计要求全焊头的一、二级焊缝应做缺陷检验,由有相应资质等级检测单位出具超声波。

钢结构工程质量验收采用常规无损检测方法进行。常规无损检测方法超声波检测主要检测金属焊缝接头和钢板内部缺陷。

13. 钢构件射线探伤报告

钢结构工程质量验收采用常规无损检测方法进行。常规无损检测方法射线检验主要检测金属焊缝接头内部缺陷。

超声波探伤不能对缺陷作出判断时,应采用射线探伤,其内部缺陷分级及探伤方法应符合现行国家标准《钢焊缝手工超声波探伤方法和探伤结果分级》(GB 11345－1989)或《金属熔化焊焊接接头射线照相》(GB/T 3323－2005)的规定。

根据缺陷的性质和数量,焊接接头质量分为四个等级:

Ⅰ级焊接接头:应无裂纹、未熔合和未焊透和条形缺陷。

Ⅱ级焊接接头:应无裂纹、未熔合和未焊透。

Ⅲ级焊接接头:应无裂纹、未熔合以及双面焊和加垫板的单面焊中的未焊透。

Ⅳ级焊接接头:焊接接头中缺陷超过Ⅲ级者。

14. 锚杆、土钉锁定力(抗拔力)检验报告

试验土钉位置事先与监理沟通,当土钉养护并达到设计强度后进行拉拔试验。

(1)试验数量

每一典型土层试验数量不宜少于土体总数的1%,且不应少于3根专门用于测试的非工作钉。

(2)试验准备

锚杆灌浆不小于7d,且锚固体强度达到15MPa(或达到设计强度的75%)后进行拉拔试验。其检测试验方法应符合《建筑基坑支护技术规程》(JGJ 120)规定。

试验数量:锚杆抗拔试验数量,应取锚杆总数的5%且不少于3根。

(3)锚杆破坏标准

1)后一级荷载产生的锚头位移增量达到或超过前一级荷载产生位移增量的2倍;

2)锚头位移不稳定;

3)锚杆杆体拉断。

(4)锚杆验收标准

在最大试验荷载下,锚头位移相对稳定;锚杆弹性变形不应小于自由段长度变形计算值的80%,且不应大于自由段长度与1/2锚固段长度和弹性变形计算值。

15. 地基承载力检验报告

地基处理后的结果,如设计要求或协议有规定时,应按要求进行承载力检验,有承载力检验报告。承担承载力检验的单位应有相应资质。

(1)复合地基载荷试验用于测定承压板下应力主要影响范围内复合土层的承载力和变形参数。复合地基载荷试验承压板应具有足够刚度。单桩复合地基载荷试验的承压板可用圆形或方形,面积为一根桩承担的处理面积;多桩复合地基载荷试验的承压板可用方形或矩形,其尺寸按实际桩数所承担的处理面积确定。桩的中心(或形心)应与承压板中心保持一致,并与荷载作用点相重合。

(2)承压板底面标高应与桩顶设计标高相适应。承压板底面下宜铺设粗砂或中砂垫层,垫层厚度取50~150mm,桩身强度高时宜取大值。试验标高处的试坑长度和宽度,应不小于承压板尺寸的3倍。基准梁的支点应设在试坑之外。

(3)试验前应采取措施,防止试验场地地基土含水量变化或地基土扰动,以免影响试验结果。

(4)加载等级可分为8~12级。最大加载压力不应小于设计要求压力值的2倍。

(5)每加一级荷载前后均应各读记承压板沉降量一次,以后每半个小时读记一次。当一小时内沉降量小于0.1mm时，即可加下一级荷载。

(6)当出现下列现象之一时可终止试验：

1)沉降急剧增大，土被挤出或承压板周围出现明显的隆起；

2)承压板的累计沉降量已大于其宽度或直径的6%；

3)当达不到极限荷载，而最大加载压力已大于设计要求压力值的2倍。

(7)卸载级数可为加载级数的一半，等量进行，每卸一级，间隔半小时，读记回弹量，待卸完全部荷载后间隔三小时读记总回弹量。

(8)复合地基承载力特征值的确定：

1)当压力—沉降曲线上极限荷载能确定，而其值不小于对应比例界限的2倍时，可取比例界限；当其值小于对应比例界限的2倍时，可取极限荷载的一半；

2)当压力—沉降曲线是平缓的光滑曲线时，可按相对变形值确定：

①对砂石桩、振冲桩复合地基或强夯置换墩：当以黏性土为主的地基，可取 s/b 或 s/d 等于0.015所对应的压力（s 为载荷试验承压板的沉降量；b 和 d 分别为承压板宽度和直径，当其值大于2m时，按2m计算）；当以粉土或砂土为主的地基，可取 s/b 或 s/d 等于0.01所对应的压力。

②对土挤密桩。石灰桩或柱锤冲扩桩复合地基，可取 s/b 或 s/d 等于0.012所对应的压力。对灰土挤密桩复合地基，可取 s/b 或 s/d 等于0.008所对应的压力。

③对水泥粉煤灰碎石桩或夯实水泥土桩复合地基，当以卵石、圆砾、密实粗中砂为主的地基，可取 s/b 或 s/d 等于0.008所对应的压力；当以黏性土、粉土为主的地基，可取 s/b 或 s/d 等于0.01所对应的压力。

④对水泥土搅拌桩或旋喷桩复合地基，可取 s/b 或 s/d 等于0.006所对应的压力。

⑤对有经验的地区，也可按当地经验确定相对变形值。

按相对变形值确定的承载力特征值不应大于最大加载压力的一半。

(9)试验点的数量不应少于3点，当满足其极差不超过平均值的30%时可取其平均值为复合地基承载力特征值。

16. 钢结构焊接工艺评定报告

为了保证工程焊接质量，凡符合以下情况之一者，应在构件加工制作和结构安装施工焊接前进行焊接工艺评定，并根据焊接工艺评定的结果制定相应的施工焊接工艺：

(1)国内首次应用于钢结构工程的钢材（包括钢材牌号与标准相符，但微合金强化元素的类别不同和供应状态不同，或国外钢号国内生产）；

(2)国内首次应用于钢结构工程的焊接材料；

(3)设计规定的钢材类别、焊接材料、焊接方法、接头形式、焊接位置、焊后热处理制度以及施工单位所采用焊接工艺参数、预热后热措施等各种参数的组合条件为施工企业首次使用。

二、给排水及供暖工程施工试验资料

给排水及供暖工程施工试验资料包括灌(满)水试验记录、强度严密性试验记录、通水试验记录、冲(吹)洗试验记录、通球试验记录、补偿器安装记录、消火栓试射记录、自动喷水灭火系统质量验收缺陷项目判定记录、设备单机试运转记录、系统试运转调试记录等。

1. 灌(满)水试验记录

灌水、满水试验主要是防止管道本身、管道接口之间、设备本身、设备与各连接件接口之间、管道与设备之间避免出现渗漏。卫生器具做满水试验主要检查其溢流口、溢流管是否通畅。安装在室内的雨水管做灌水试验,主要为保证工程质量,因雨水管有时是满管流,要具备一定的承压能力。水箱做满水试验,主要为避免安装后如出现漏水不易修补。

非承压管道系统和设备,包括开式水箱、卫生器具、安装在室内的雨水管道、中水系统的原水管道、排水管道、泳池排水系统管道等,在系统和设备安装完毕后,以及暗装、埋地、有绝热层的室内外排水管道进行隐蔽前,应进行灌(满)水试验,并做记录。

灌水、满水试验划分原则:灌水、满水试验应按规范和设计要求分系统,并按部位、区、段进行。

2. 强度严密性试验记录

管道、设备进行强度、严密性试验,主要为了通过试验检验管道、设备等的材质本身及安装质量,防止管道、设备在系统运行时,如果出现损坏漏水,会造成较大的危害。室内外输送各种介质的承压管道、承压设备在安装完毕后,进行隐蔽前,应进行强度严密性试验,由施工单位专业技术员采用此表格式如实填写,报专业监理工程师检查签认。

记录内容要写明试验日期、试验项目、试验部位、材质、规格、试验要求、试验记录(压力表设置位置、试验压力、试压时间、压力降数值、渗漏情况、试验介质)、试验结论等。一般按规范和设计要求分部位、分系统进行。

需要进行管道强度严密性试验的项目:

(1)室内给水、中水管道强度严密性试验;

(2)室内热水管道强度严密性试验;

(3)室内采暖管道强度严密性试验;

(4)低温热水地板辐射采暖管道强度严密性试验;
(5)游泳池池水加热系统管道强度严密性试验;
(6)消火栓管道强度严密性试验;
(7)压力排水管道强度严密性试;
(8)室外给水管网管道强度严密性试验;
(9)室外供热管网管道强度严密性试验;
(10)消防水泵接合器及室外消火栓系统管道强度严密性试验;
(11)锅炉的汽、水系统管道强度严密性试验;
(12)连接锅炉及辅助设备的工艺管道强度严密性试验。

3. 通水试验记录

室内外给水(冷、热)、中水及游泳池水系统,卫生器具及其排水管道,地漏、地面清扫口、排水栓及其排水管道,雨水管道及室外排水管道应分系统(区、段)进行通水试验,并做记录。

(1)给水管道系统的通水试验

给水管道系统交付使用前必须进行通水试验,给水管道系统的通水试验主要是检查水嘴和阀门开启、关闭是否灵活,其他附件(如减压阀)工作是否正常,水流是否畅通,管路无异常现象,管道接口无渗漏。检查配水点的水压情况是否满足设计要求。给水管道系统通水试验:多层建筑可以按楼门单元进行,高层建筑可以按不同的区域分别进行。

(2)排水管道系统的通水试验

排水管道系统的通水试验主要是检验排水管道的通水能力以及管道是否畅通,每个卫生间或厨房内都要进行通水,应逐层从下往上进行试验;检查各管道接口不漏水后再按给水系统的1/3配水点同时开放,以检验排水系统的通水能力。如果是初装修,不安装卫生器具,虽然不能具备同时开放1/3配水点由卫生器具放水的条件,排水管道的通水试验应根据实际情况进行,但必须要做通水试验。用什么容器(或临时胶皮管)往排水管道灌水(要达到1/3配水点开放的水量)都要表述清楚,检查管道是否畅通,管道接口是否渗漏。根据系统情况分系统或分层、分区域进行。

(3)室内雨水管道通水试验

试验时往屋面放水,使排水管满流排放,检查雨水管道排水能力是否及时、流畅,屋面不能有积水。分段进行填写。

(4)卫生器具及其排水管道通水试验

卫生器具通水试验如条件限制达不到规定流量时必须进行100%满水排泄试验,满水试验水量必须达到器具溢水口处,静置进行观察一段时间后,检查满水后溢流口(管)排水是否顺畅,以及各连接件是否渗漏。然后将剩水排放,检查排水管道和配件是否畅顺无堵塞,是否无渗漏。管路设备无堵塞及渗漏现象为合格。所以卫生器具的满水试验与卫生器具的通水试验应同时进行。分单元、层、段,应单独进行记录。

(5)地漏、地面清扫口、排水栓及其排水管道通水试验

地漏及地面清扫口、排水栓必须单独做通水试验,检查地漏、地面清扫口及排水栓处是否畅通无阻塞,是否无渗漏。分单元、段、层填写记录。

4. 冲(吹)洗试验记录

冲(吹)洗试验主要是为了保证水质及使用安全,强调通过冲洗除去管道中的杂物,保证管道清洁。管道清洗一般按总管—立管—支管的顺序依次进行。当支管数量较多时,可视具体情况,关断某些支管逐根进行清洗,也可数根支管同时清洗。

(1)水冲洗

管道冲洗应采用设计提供的最大流量或不小于1.0m/s的流速连续进行,直至出水口处浊度、色度与入水口处冲洗水浊度、色度相同且无杂质为合格。冲洗时应保证排水管路畅通安全。

(2)空气吹扫

工作介质为气体的管道,一般应用空气吹扫,如用其他气体吹扫时,应采取安全措施。

(3)蒸汽吹洗

蒸汽管道应采用蒸汽吹扫。蒸汽吹洗与蒸汽管道的通汽运行同时进行,即先进行蒸汽吹洗,吹洗后封闭各吹洗排放口,随即正式通汽运行。

5. 通球试验记录

(1)管道试球直径应不小于排水管道管径的2/3,应采用硬质空心塑料球或体质轻、易击碎的空心球体进行,通球率必须达到100%。

(2)主要试验方法:

1)排水立管应自立管顶部将试球投入,在立管底部引出管的出口处进行检查,通水将试球从出口冲出。

2)横干管及引出管应将试球在检查管管段的始端投入,通水冲至引出管末端排出。室外检查井(结合井)处需加临时网罩,以便将试球截住取出。

(3)通球试验以试球通畅无阻为合格。若试球不通的,要及时清理管道的堵塞物并重新试验,直到合格为止。

(4)燃气管道及其附件组装完成并试压合格后,应进行通球扫线,并不少于两次。每次吹扫管道长度不宜超过3km,通球应按介质流动方向进行,以避免补

偿器内套筒被破坏,扫线结果可用贴有纸或白布的板置于吹扫口检查,当球后的气体无铁锈脏物则认为合格。通球扫线后将集存在阀室放散管内的脏物排出,清扫干净。

6. 补偿器安装记录

饱和蒸汽压力不大于0.7MPa、热水温度不超过130℃的室外、室内供热管上安装的补偿器应进行补偿器预拉伸试验。由质量检查员检查合格后,才能用于工程,按规定如实填写补偿器安装记录,报专业监理工程师检查签认。

7. 消火栓试射记录

室内消火栓系统安装完成后应取屋顶(或水箱间内)试验消火栓和首层取二处消火栓,由施工单位技术员在专业监理工程师的见证下做实地试射试验,达到设计要求为合格。

室内消火栓试射试验为检验其使用效果,不能逐个试射,故选取有代表性的三处:屋顶层(或水箱间内)试验消火栓和首层取两处消火栓做试射试验,达到设计要求为合格。屋顶试验消火栓试射可测出流量和压力(充实水柱);首层两处消火栓试射可检验两股充实水柱同时到达消火栓应到达的最远点的能力。

8. 自动喷水灭火系统质量验收缺陷项目判定记录

自动喷水灭火系统竣工后,必须进行工程验收,验收不合格不得投入使用。自动喷水灭火系统竣工验收时,施工单位应提供下列资料:

(1)竣工验收申请报告、设计变更通知书、竣工图;

(2)工程质量事故处理报告;

(3)施工现场质量管理检查记录;

(4)自动喷水灭火系统施工过程质量管理检查记录;

(5)自动喷水灭火系统质量控制检查资料。

9. 设备单机试运转记录

给水系统设备、热水系统设备、压力排水系统设备、消火栓系统设备、采暖系统设备、水处理系统设备的各类水泵在安装完毕后,应进行单机试运转,并做记录。

设备单机试运转记录是全面考核设备安装工程的施工质量和设计、制造的重要步骤,是对工程使用功能的全面检验,也是相关施工质量验收规范所要求的主控项目或强制性条文。

10. 系统试运转调试记录

系统试运转及调试是一项技术性很强的工作,试运转及调试的质量会直接影响到工程系统功能的实现，且不同系统之间，试运转及调试内容、方式、数据采集等差异非常大，因此国家质量验收规范规定，系统试运转及调试前必须编制专项系统试运转及调试方案，以指导调试人员按规定的程序、正确的方法与进度实施调试工作。

采暖系统、水处理系统应在系统安装完毕后，投入使用前进行系统试运转及调试，并做记录。系统试运转及调试前，应完成各项设备的单机试运转并进行记录。系统试运转及调试的实际参数与设计参数的相对差小于10%，为系统试运转及调试合格。

三、建筑电气工程施工试验资料

建筑电气工程施工试验资料包括：电气接地电阻测试记录、电气接地装置隐检与平面示意图表、电气绝缘电阻测试记录、电气器具通电安全检查记录、电气设备空载试运行记录、建筑物照明通电试运行记录、建筑物照明通电试运行记录、大型照明灯具承载试验记录、漏电开关模拟试验记录、大容量电气线路结点测温记录、避雷带支架拉力测试记录、柴油发电机测试试验记录、低压配电电源质量测试记录、监测与控制节能工程检查记录等。

1. 电气接地电阻测试记录

电气接地电阻测试是保证用户的人身安全和用电设备正常运行以及保护建筑物的重要检测事项之一。接地电阻测试主要包括设备、系统的防雷接地、保护接地、工作接地、防静电接地以及设计有要求的接地电阻测试。

(1)接地电阻的测试应根据《电气装置安装工程接地装置施工验收规范》(GB 50169－2006)的规定，在测试前首先要分清是哪一类接地，并必须对隐蔽部分的情况进行全面了解，确定接地装置的位置，并作接地装置平面示意图。

(2)选择合适的仪表。测试仪表要在检定有效期内；雨后不应立即测量接地电阻，否则测量结果无效。

(3)接地电阻的电阻值，应根据实测值按不同测试季节和测试环境等因素换算确定，并与设计值相比较，作出正确判断。

(4)当设计无明确要求时，接地电阻的实测值应符合下列规定：

100kVA及以上变压器(发电机)　　R≤4Ω

100kVA及以上变压器供电路的重复接地　　R≤10Ω

100kVA及以下变压器(发电机)　　R≤10Ω

100kVA及以下变压器供电路的重复接地　　R≤30Ω

高低压电气设备的联合接地体　　R≤4Ω

配电线路零线每一重复接地　　R≤10Ω

低压电力设备接地装置 R≤4Ω

电力设备与防雷接地系统共用接地体 R≤1Ω

一类建筑物防雷接地装置 R≤5Ω

二类建筑物防雷接地装置 R≤10Ω

三类建筑物防雷接地装置 R≤30Ω

(5)接地电阻应及时进行测试，当利用自然接地体作为接地装置时，应在底板钢筋绑扎完毕后进行测试；当利用人工接地体作为接地装置时，应在回填土之前进行测试；若电阻值达不到设计、规范要求时，应补做人工接地极。

2. 电气接地装置隐检与平面示意图表

(1)人工接地装置或利用建筑物基础钢筋的接地装置必须在地面以上按设计要求位置设测试点。

(2)测试接地装置的接地电阻值必须符合设计要求。

(3)防雷接地的人工接地装置的接地干线埋设，经人行通道处埋地深度不应小于1m，且应采取均压措施或在其上方铺设卵石或沥青地面。

(4)接地模块顶面埋深不应小于0.6m，接地模块间距不应小于模块长度的3～5倍。接地模块埋设基坑，一般为模块外形尺寸的1.2～1.4倍，且在开挖深度内详细记录地层情况。

(5)接地模块应垂直或水平就位，不应倾斜设置，保持与原土层接触良好。

(6)当设计无要求时，接地装置顶面埋设深度不应小于0.6m。圆钢、角钢及钢管接地极应垂直埋入地下，间距不应小于5m。接地装置的焊接应采用搭接焊，搭接长度应符合下列规定：

1)扁钢与扁钢搭接为扁钢宽度的2倍，不少于三面施焊；

2)圆钢与圆钢搭接为圆钢直径的6倍，双面施焊；

3)圆钢与扁钢搭接为圆钢直径的6倍，双面施焊；

4)扁钢与钢管，扁钢与角钢焊接，紧贴角钢外侧两面，或紧贴3/4钢管表面，上下两侧施焊；

5)除埋设在混凝土中的焊接接头外，有防腐措施。

(7)接地模块应集中引线，用干线把接地模块并联焊接成一个环路，干线的材质与接地模块焊接点的材质应相同，钢制的采用热浸镀锌扁钢，引出线不少于2处。

3. 电气绝缘电阻测试记录

电气绝缘电阻测试主要包括电气设备和动力、照明线路及其他必须摇测绝缘电阻的测试，配管及管内穿线分项质量验收前和单位工程质量竣工验收前，应分别按系统回路进行测试，不得遗漏。

现行规范、标准对电气设备和动力、照明线路等绝缘电阻值的要求：

(1)照明线路的绝缘电阻值不小于0.5MΩ，动力线路的绝缘电阻值不小于1MΩ；

(2)低压电线和电缆、线间和线对地间的绝缘电阻值必须大于0.5MΩ；

(3)矿物电缆：用1000V兆欧表测试，导线与铜护层之间的绝缘电阻应大于200MΩ；

(4)普通灯具的导电部分对地绝缘电阻值不小于2MΩ；

(5)庭院灯具的导电部分对地绝缘电阻值大于2MΩ；

(6)开关、插座的导电部分对地绝缘电阻值不小于5MΩ；

(7)封闭、插接式母线绝缘电阻值大于20MΩ；

(8)低压母线相间和相对地间的绝缘电阻值大于0.5MΩ；

(9)柜、屏、台、箱、盘间线路的线间和线对地间绝缘电阻值，馈电线路必须大于0.5MΩ；二次回路必须大于1MΩ；柜、屏、台、箱、盘间二次回路交流工频耐压试验，当绝缘电阻值大于10MΩ时，用2500V兆欧表摇测1min，应无闪络击穿现象；当绝缘电阻值在1～10MΩ时，用1000V兆欧表摇测1min，应无闪络击穿现象；直流屏主回路间和线对地间绝缘电阻值应大于0.5MΩ；柜、屏、台、箱、盘的继电器线圈之间、接点之间及其他部分绝缘电阻一般不应低于10MΩ；电气装置的交流工频耐压试验电压为1kV，当绝缘电阻值大于10MΩ时，可采用2500V兆欧表摇测1min，应无闪络击穿现象；

(10)不间断电源装置间连线的线间、线对地间绝缘电阻值应大于0.5MΩ；电池组母线对地绝缘电阻值，110V蓄电池不小于0.1MΩ，220V蓄电池不小于0.2MΩ；

(11)电动机、电加热器及电动执行机构绝缘电阻值应大于0.5MΩ；100kW以上的电动机，应测量各相直流电阻值，相互差不应大于最小值的2%；无中性点引出的电动机，测量线间直流电阻值，相互差不应大于最小值的1%；

(12)低压电动机使用1kV兆欧表进行测量，绝缘电阻值不低于1MΩ；

(13)发电机组至低压配电柜馈电线路的相间、相对地间的绝缘电阻值应大于0.5MΩ；塑料绝缘电缆馈电线路直流耐压试验为2.4kV，时间15min，泄露电流稳定，无击穿现象；

(14)低压电器绝缘电阻值≥1MΩ；潮湿场所，绝缘电阻值≥0.5MΩ。

4. 电气器具通电安全检查记录

电气器具安装完成后，按楼层、按部位(户)进行通电检查，并做记录。内容包括接线情况、开关、灯具、插座情况等。电气器具应全数进行通电安全检查。

(1)电气器具通电安全检查是保证照明灯具、开关、插座等能够达到安全使用的重要措施,也是对电气设备调整试验内容的补充。

(2)电气器具通电安全检查记录应由施工单位的专业技术负责人、专业质检员、监理或建设单位专业工程师参加。

5. 电气设备空载试运行记录

建筑电气设备安装完毕后应进行耐压及调整试验,主要包括:高压电气装置及其保护系统(如电力变压器、高压开关柜、高压机等),发电机组、低压电气动力设备和低压配电箱(柜)等。

(1)成套配电(控制)柜、台、箱、盘的运行电压、电流应正常,各种仪表指示正常。

(2)电动机应试通电,检查转向和机械转动有无异常情况;可空载试运行的电动机,时间一般为2h,每一小时记录一次空载电流,共记录3次,且检查机身和轴承的温升。

(3)交流电动机在空载状态下(不投料)可启动次数及间隔时间应符合产品技术条件的要求;连续启动2次的时间间隔不应小于5min,再次启动应在电动机冷却至常温下。空载状态(不投料)运行,应记录电流、电压、温度、运行时间等有关数据,且应符合建筑设备或工艺装置的空载状态运行(不投料)要求。

(4)电动执行机构的动作方向及指示,应与工艺装置的设计要求保持一致。

6. 建筑物照明通电试运行记录

建筑电气安装工程全部完成后,交付使用前,应在专业监理工程师见证下进行全负荷通电试运行,电压、电流、温度等试运行的结果,由施工单位专业技术员按规定如实填写试运行记录,报专业监理工程师检查签认。

公用建筑照明系统通电连续试运行时间应为24h,每2h记录运行状态1次,共记录13次;民用住宅照明系统通电连续试运行时间应为8h,每2h记录运行状态1次,共记录5次;所有照明灯具均应在开启且连续试运行时间内无故障。

7. 大型照明灯具承载试验记录

根据《建筑电气工程施工质量验收规范》(GB 50303－2011)的有关规定,有关大型花灯的固定及悬吊装置,应在专业监理工程师的见证下,按不小于灯具重量2倍做过载试验。由施工单位专业技术员按表规定如实填写试验记录,报专业监理工程师检查签认。

(1)大型照明灯具承载试验要求

1)大型灯具的界定:

①大型的花灯;

②设计单独出图;

③灯具本身指明。

2)大型灯具应在预埋螺栓、吊钩、吊杆或吊顶上嵌入式安装专用骨架等物件上安装,吊钩圆钢直径不应小于灯具挂销直径,且不应小于6mm。

(2)大型照明灯具承载试验方法

1)大型灯具的固定及悬挂装置,应按灯具重量的2倍做承载试验;

2)大型灯具的固定及悬挂装置,应全数做承载试验;

3)试验重物宜距地面30cm左右,试验时间为15min。

8. 漏电开关模拟试验记录

依据《建筑电气工程施工质量验收规范》(GB 50303－2011)中规定,动力和照明工程的带漏电保护装置的回路均要进行漏电开关模拟试验。目的是检查漏电的灵敏性、时限性,使其符合设计要求的额定值。

(1)漏电开关模拟试验应使用漏电开关检测仪,并在检定有效期内。

(2)漏电开关模拟试验应100%检查。

(3)即箱(盘)内开关动作灵活可靠,带有漏电保护的回路,漏电保护装置动作电流不大于30mA,动作时间不大于0.1s;测试其他设备的漏电保护装置动作电流应依据《民用建筑电气设计规范》(JGJ 16－2008)中第12.3.7条的数值要求,且动作时间不大于0.1s。

9. 大容量电气线路结点测温记录

大容量(630A及以上)导线或母线连接处,在设计计算机负荷运行情况下应做温度抽测记录,温升值稳定且不大于设计值。

(1)大容量电气线路结点测温要求:依据《建筑电气工程施工质量验收规范》(GB 50303－2011)中规定,大容量(630A及以上)导线、母线连接处,在设计计算负荷运行情况下应做温度抽测记录,温升值稳定且不大于设计值。

(2)大容量电气线路结点测温方法。

1)大容量电气线路结点测温应使用远红外摇表测量仪,并在检定有效期内。

2)应对导线或母线连接处温度进行测量,且温升值稳定不大于设计值。

3)设计温度应根据所测材料的种类而定。导线应符合《额定电压450/750V及以下聚氯乙烯绝缘电缆》(GB 5023.1～5023.7－2008)生产标准的设计温度;电缆应符合《电力工程电缆设计规范》(GB 50217－2007)中附录A的设计温度等。

(3)大容量电气线路结点测温应由监理(建设)单位及施工单位共同进行检查。

10. 避雷带支架拉力测试记录

(1)避雷带支架拉力测试要求

1)避雷带应平正顺直,固定点支持件间距均匀、固定可靠,每个支持件应能承受大于 49N(5kg)的垂直拉力。

2)当设计无要求时,明敷接地引下线及室内接地干线的支持件间距应符合:水平直线部分 0.5～1.5m,垂直直线部分 1.5～3m,弯曲部分 0.3～0.5m。

(2)避雷带支架拉力测试方法

1)避雷带支架垂直拉力测试应使用弹簧秤,弹簧秤的量程应能满足规范要求,并在检定有效期内。

2)避雷带的支持件 10m 以内应 100%进行垂直拉力测试,大于 10m 应 30%进行垂直拉力测试。

(3)避雷带支架拉力测试应由监理(建设)单位及施工单位共同进行检查。

11. 低压配电电源质量测试记录

(1)供电电压允许偏差:三相供电电压允许偏差为标称系统电压的±7%;单相 220V 为+7%、-10%。

(2)公共电网谐波电压限值:电网标称电压为 380V,电压总谐波畸变率(THFu)为 5%,奇次(1～25 次)谐波含有率为 4%,偶次(2～24 次)谐波含有率为 2%。

(3)谐波电流不应超过表 9-1 中规定的允许值。

表 9-1　谐波电流允许值

标称电压/kV	基准短路容量/MVA	谐波次数及谐波电流允许值(A)											
		2	3	4	5	6	7	8	9	10	11	12	13
0.38	10	78	62	39	62	26	44	19	21	16	28	13	24
		谐波次数及谐波电流允许值(A)											
		14	15	16	17	18	19	20	21	22	23	24	25
		11	12	9.7	18	8.6	16	7.8	8.9	7.1	14	6.5	12

(4)三相电压不平衡度允许值为 2%,短时不得超过 4%。

12. 监测与控制节能工程检查记录

(1)监测与控制系统验收的主要对象应为采暖、通风与空气调节和配电与照明所采用的监测与控制系统,能耗计量系统以及建筑能源管理系统。

建筑节能工程所涉及的可再生能源利用、建筑冷热电联供系统、能源回收利用以及其他与节能有关的建筑设备监控部分的验收。

(2)监测与控制系统的施工单位应依据国家相关标准的规定,对施工图设计进行复核。当复核结果不能满足节能要求时,应向设计单位提出修改建议,由设计单位进行设计变更,并经原节能设计审查机构批准。

(3)施工单位应依据设计文件制定系统控制流程图和节能工程施工验收大纲。

(4)监测与控制系统的验收分为工程实施和系统检测两个阶段。

1)工程实施由施工单位和监理单位随工程实施过程进行,分别对施工质量管理文件、设计符合性、产品质量、安装质量进行检查,及时对隐蔽工程和相关接口进行检查,同时,应由详细的文字和图像资料,并对监测与控制系统进行不少于 168h 的不间断试运行。

2)系统检测内容应包括对工程实施文件和系统自检文件的复核,对监测与控制系统的安装质量、系统节能监控功能、能源计量及建筑能源管理等进行检查和检测。

系统检测内容分为主控项目和一般项目,系统检测结果是监测与控制系统的验收依据。

(5)对不具备试运行条件的项目,应在审核调试记录的基础上进行模拟检测,以检测监测与控制系统的节能监控功能。

四、通风与空调工程施工试验资料

通风与空调工程施工试验资料包括风管漏光检测记录、风管漏风检测记录、现场组装除尘器、空调机漏风检测记录、各房间室内风量温度测量记录、管网风量平衡记录、空调系统试运转调试记录、空调水系统试运转调试记录、制冷系统气密性试验记录、净化空调系统测试记录、防排烟系统联合试运行记录、设备单机试运转记录、空调系统试运转调试记录、施工试验记录(通用)等。

1. 风管漏光检测记录

风管漏光检测记录应符合《通风与空调工程施工质量验收规范》(GB 50243—2002)的有关规定,由施工单位自检合格,专业技术员应按规定如实填写风管漏光检测记录,报专业监理工程师检查签认。漏光法检测是利用光线对小孔的强穿透力,对系统风管严密程度进行检测的方法。

检测光源:应采用具有一定强度的安全光源,手持移动光源可采用不低于100W 带保护罩的低压照明灯,或其他低压光源。在严格安装质量管理的基础上,系统风管的检测以总管和干管为主。

实测漏光点数：低压系统风管的严密性检验应采用抽检，抽检率为5%，且不得少于1个系统。在加工工艺得到保证的前提下，采用漏光法检测。检测不合格时，应按规定的抽检率做漏风量测试。当采用漏光法检测系统的严密性时，低压系统风管以每10m接缝，漏光点不大于2处，且100m接缝平均不大于16处为合格。

系统风管严密性检验的被抽检系统，应全数合格，则视为通过。如有不合格时，则应再加倍抽检，直至全数合格。

1)中压系统风管的严密性检验，应首先对全部主干风管进行漏光法检测，在漏光法检测合格后，对系统漏风量测试进行抽检。

2)当采用漏光法检测系统的严密性时，中压系统风管以每10m接缝，漏光点不大于1处，且100m接缝平均不大于8处为合格。

3)漏光检测中对发现的条缝形漏光，应做密封处理。

2. 风管漏风检测记录

风管漏风检测记录应符合《通风与空调工程施工质量验收规范》(GB 50243—2002)的有关规定，由施工单位自检合格，专业技术员应按规定如实填写风管漏风检测记录，报专业监理工程师检查签认。

(1)系统检测分段数：可以整体或按方便检测的原则分段进行。如整体进行系统检测，则分段数为1；如按方便检测的原则分成n段进行检测，则分段数为n。

(2)系统总面积：指被测风管所在系统风管的总面积。

(3)试验总面积：指实际被测的面积值。

(4)检测区段图示：应将被测区段系统示意图画出，并标注测试顺序段号。

(5)实际漏风量：被测风管区段使用漏风测量装置测出的实际漏风量，注意要进行单位换算。

(6)系统允许漏风量：

低压系统风管 $Q_L \leqslant 0.1056P^{0.65}$

中压系统风管 $Q_M \leqslant 0.0352P^{0.65}$

高压系统风管 $Q_H \leqslant 0.0117P^{0.65}$

式中：Q_L、Q_M、Q_H——系统风管在相应工作压力下，单位面积风管单位时间内的允许漏风量[$m^3/(h \cdot m^2)$]；

P——指风管系统的工作压力(Pa)。

低压、中压圆形金属风管、复合材料风管以及采用非法兰形式的非金属风管的允许漏风量，应为矩形风管规定值的50%。

砖、混凝土风道的允许漏风量不应大于矩形低压系统风管规定值的1.5倍。

排烟、除尘、低温送风系统按中压系统风管的规定，1～5 级净化空调系统按高压系统风管的规定。

(7)实测系统漏风量＝$\sum$分段实际漏风量/$\sum$分段面积。

3. 现场组装除尘器、空调机漏风检测记录

工作压力不大于 5kPa 的除尘器、空调机、漏风斗在施工现场组装完成后应进行漏风检测，由施工单位专业技术员按规定如实填写现场组装除尘器、空调机漏风检测记录，报专业监理工程师检查签认。

(1)对于现场组装的除尘器、空调机组，由于加工质量和组装水平的不同，组装后的设备的密封性能存在较大的差异，严重的漏风将影响系统的使用功能。

(2)现场组装的除尘器的漏风量在设计工作压力下允许漏风量为 5%，其中离心式除尘器为 3%。

(3)现场组装的组合式空气调节机组的漏风量必须符合下列规定：

1)漏风率为机组的漏风量与机组的额定风量的比值。

2)抽检数量：按总数抽检 20%，不得少于 1 台。净化空调系统的机组，1～5 级全数检查，6～9 级抽查 50%。

3)漏风率合格标准：机组的静压保持 700Pa 时，机组的漏风率不大于 3%；用于净化空调系统的机组，机组的静压应保持 1000Pa，洁净度低于 1000 级时，机组的漏风率不大于 2%；洁净度高于等于 1000 级时，机组的漏风率不大于 1%。

(4)测试时，被测除尘器、空调机组等的所有开口均应封闭，不应漏风。

4. 各房间室内风量温度测量记录

通风与空调工程无生产负荷联合试运转时，应分系统的，将同一系统内的各房间内风量、室内房间温度进行测量调整，并做记录。

(1)记录内容包括：工程名称、测量日期、系统名称、系统位置、房间(测点)编号、设计风量($Q_{设}$)、实际风量($Q_{实}$)、相对差、所在房间室内温度等。

(2)各房间室内风量温度测量记录是与管网风量平衡记录配套使用表格。为配合两个记录表，使其能更清楚地反映填写情况，必须附通风与空调系统各测点调测的单线平面图或透视图，图中应标明系统名称、测点编号、测点位置、风口位置，并注明送风、回风、新风管。

(3)“各房间室内风量温度测量记录”的测量及填写要求：

1)各房间内的风量可在风管内或风口处测量。

2)在风口测风量可用风速仪直接测量或用辅助风管法求取风口断面的平均风速，再乘以风口净面积得到风口风量值。风口处的风速如用风速仪测量时，应贴近格栅或网格，平均风速测定可采用匀速移动法或定点测量法等，匀速移动法不应少于3次，定点测量法的测点不应少于5个。

3)实测风量与设计风量的相对差 $\delta=(Q_{实}-Q_{设})/Q_{设}\times100\%$，不应大于10%。

4)所在房间室内温度应填写风口所在房间室内温度，而不是风口处温度。

5)在设计没有规定情况下，房间室内温度测点应选择在人员经常活动的范围或工作面(一般为距内墙表面大于0.5m，离地高度为1～1.5m的平面处)。

6)房间室内温度应符合设计要求及施工规范规定。

5. 管网风量平衡记录

通风与空调工程应在专业监理工程师见证下，进行无负荷联动试运转，对各系统的风压、风速、风量进行测试和调整。施工单位专业技术员按规定如实填写测试和调整情况，报专业监理工程师检查签认。

(1)风管的测量一般可用微压计、毕托管及风速仪测量。系统风量测试时，测试截面的位置应选择在气流均匀处，并按气流方向，选择在局部阻力影响尽量小的直管段上。当测试截面上的气流速度不均匀时，应增加测试截面上的测点数量。

(2)记录内容包括：工程名称、测量日期、系统名称、使用仪器名称及精度、测点编号、风管规格、断面积、平均风压、风速、设计风量($Q_{设}$)、实际风量($Q_{实}$)、相对差、检测结论等。

(3)管网风量平衡测量数据应根据现场实际测量情况如实填写，不得拼凑伪造数字，以符合设计、规范要求。

(4)相对差计算公式：$\delta=(Q_{实}-Q_{设})/Q_{设}\times100\%$。

(5)系统风量调整采用“流量等比分配法”或“基准风口法”，从系统最不利环路的末端开始，最后进行总风量的调整。

(6)系统风量调整平衡后，应能从表中的数据反映出：

1)风口的风量、新风量、排风量、回风量的实测值与设计风量的相对差不大于10%。

2)新风量与回风量之和应近似等于总的送风量或各送风量之和。

3)总的送风量应略大于回风量与排风量之和。

6. 空调系统试运转调试记录

空调系统试运转调试记录应符合《通风与空调工程施工质量验收规范》(GB 50243—2002)的有关规定，由施工单位专业技术员按规定如实填写调试记录，报专业监理工程师核验签认。

(1)系统调试所使用的测试仪器和仪表,性能应稳定可靠,其精度等级及最小分度值应能满足测定的要求,并应符合国家有关计量法规及检定规程的规定。

(2)通风与空调工程的系统测试,应由施工单位负责、监理单位监督,设计单位与建设单位参与和配合,系统测试的实施可以是施工企业本身或委托给具有调适能力的其他单位。

(3)系统调试前,承包单位应编制调试方案,报送专业监理工程师审核批准;调试结束后,必须提供完整的调试资料和报告。

(4)通风与空调工程系统无生产负荷的联合试运转及调试,应在制冷设备和通风与空调设备单机试运转合格后进行。空调系统带冷(热)源的正常联合试运转不应少于8h,当竣工季节与设计条件相差较大时,仅做不带冷(热)源试运转。通风系统的连续试运转不应少于2h。

7. 空调水系统试运转调试记录

空调系统试运转中,空调冷(热)水、冷却水的调试应在专业监理工程师见证下进行,由施工单位专业技术员按规定如实填写调试记录,报专业监理工程师检验签认。空调水系统试运转及调试包括两个方面:一是冷却塔、泵等组合的冷却水系统;二是风机盘管的冷却水系统的调试,都应有记录。

(1)记录内容:包括工程名称,调试日期,设计空调冷(热)水总流量($Q_{设}$)、实际空调冷(热)水总流量($Q_{实}$)及相对差,空调冷(热)水供回水温度,设计冷却水总流量($Q_{设}$)、实际冷却水总流量($Q_{实}$)及相对差,冷却水供回水温度和试运转、调试内容及试运转、调试结果等。

(2)试运转、调试内容:应将试运转调试项目、调试过程及具体内容描述清楚。如本工程空调水系统的调试顺序、调试时间、运行中有关数值、检查有无异常情况等。

(3)空调水系统试运转调试的过程,首先要绘制水平衡测试草图,标明各空调设备编号及区域控制平衡阀编号。依据设备供应商提供的设备水量参数,整理出设备设计水流量。依据设计提出的流量分配原则,编制水流量分配表。编制水平衡测试报告,记录设计调试数据。依据水平衡测试草图和测试报告中的设计调试数据进行现场水平衡调试工作。

(4)空调冷(热)水、冷却水总流量的实际流量与设计流量的相对差不应大于10%,为调试合格。

8. 制冷系统气密性试验记录

制冷系统气密性试验记录应符合《通风与空调工程施工质量验收规范》(GB 50243—2002)的有关规定,由施工单位专业技术员按规定如实填写试验记录,报专业监理工程师核验签认。

气密性试验分正压试验、负压试验和充氟检漏三项，分别按顺序进行，有关试验的压力标准、时间要求可依照厂家的规定。另外尚需符合有关设备技术文件规定的程序和要求，并做好记录。

9. 净化空调系统测试记录

净化空调系统无生产负荷试运转时，应对系统中的高效过滤器进行泄漏测试和室内洁净度进行检测，并按规定由施工单位专业技术员填写测试记录，报专业监理工程师核验签认。

净化空调系统除应包括恒温、恒湿空调系统综合效能试验项目外，尚可增加下列项目：

(1)生产负荷状态下室内空气洁净度等级的测定。

(2)室内浮游菌和沉降菌的测定。

(3)室内自净时间的测定。

(4)空气洁净度高于5级的洁净室，除应进行净化空调系统综合效能试验项目外，尚应增加设备泄露控制、防止污染扩散等特定项目的测定。

(5)洁净度等级高于等于5级的洁净室，可进行单向气流流线平行度的检测，在工作区内气流流向偏离规定方向的角度不大于15°。

10. 防排烟系统联合试运行记录

防排烟系统联合试运行记录应符合《通风与空调工程施工质量验收规范》(GB 50243－2002)的有关规定，由施工单位专业技术员按规定如实填写防排烟系统联合试运行记录，报专业监理工程师核验签认。

在防排烟系统联合试运行和调试过程中，应对测试楼层及其上下二层的排烟系统中的排烟风口、正压送风系统的送风口进行联动调试，并对各风口的风速、风量进行测量调整，对正压送风口的风压进行测量调整。

(1)调试准备

1)送风排烟风机检查：送风、排烟风机的型号、风压、风量及安装位置；风机机座的牢固件，防振、防腐措施；风机的电源和主备电源条件；风机进风口与出风口与系统连接的情况。

2)防火阀、排烟防火阀型号、安装位置、关闭状态、电源、控制线路连接状况、单件动作的可靠性。

3)送风口、排烟口的安装位置、安装质量、动作可靠性。

4)管道及连接件的材质、规格以及连接垫圈、管道的吊架的牢固性和管道穿楼板封堵措施等。

(2)机械正压送风系统测试

1)若系统采用砖、混凝土风道，测试前应进行检查，以确定风道严密、内表面平整，无堵塞、无孔洞、无串井等现象。

2)将楼梯间的门窗及前室或合用前室的门(包括电梯门)全部关闭；将楼梯间的送风口全部打开。

3)在大楼选一层作为模拟火灾层(宜在加压送风系统管路最不利点附近)，将模拟火灾层及上、下一层的前室送风阀打开，将其他各层的前室送风阀关闭。

4)启动加压送风机，测试前室、楼梯间、避难层的余压值：消防加压送风系统应满足走廊→前室→楼梯的压力呈递增分布。测试楼梯间内上下均匀选择3～5点，重复不少于3次的平均静压，当静压值为40～50Pa时，为达到设计要求。

测试开启送风口的前室的一个点，重复次数不少于3次的静压平均值，当静压值为25～30Pa(即前室、合用前室、消防楼梯前室、封闭避难层(间)与走道之间的压力差为25～30Pa)时，为达到设计要求。

测试是在门全闭下进行，压力测点的具体位置，应视门、排烟口、送风口等的布置情况而定，总的原则是应该远离各种门、口等气流通路。

5)同时打开模拟火灾层及其上、下一层的走道→前室→楼梯间的门，分别测试前室通走道和楼梯间通前室的门洞平面处的平均风速，当各门平均风速为0.7～1.2m/s(注：门洞风速不是越大越好，如果门洞风速超过1.2m/s，可能会使门开启困难，甚至不能开启，不利于火灾时人员疏散)，为符合消防要求。测试时，门洞风速测点布置应均匀，可采用等小矩形面法，即将门洞划分为若干个边长为200mm～400mm的小矩形网格，每个小矩形网格的对角线交点即为测点。

以上4)、5)两项，可任选其一进行测试即可。

(3)机械排烟系统测试

1)走道(廊)排烟系统：将模拟火灾层及上、下一层的走道排烟阀打开，启动走道排烟风机，测试排烟口处平均风速，根据排烟口截面(有效面积)及走道排烟面积计算出每平方米面积的排烟量，当结果≥$60m^3/(h \cdot m^2)$，为符合消防要求。测试宜与机械加压送风系统同时进行，若系统采用砖、混凝土风道，测试前还应对风道进行检查。平均风速测定可采用匀速移动法或定点测量法，测定时，风速仪应贴近风口，匀速移动法不小于3次，定点测量法的测点不少于4个。

2)中庭排烟系统：启动中庭排烟风机，测试排烟口处风速，根据排烟口截面计算出排烟量(若测试排烟口风速有困难，可直接测试中庭排烟风机风量)，并按中庭净空换算成换气次数。若中庭体积小于$17000m^3$，当换气次数达到6次/h左右时，为符合消防要求；若中庭体积大于$17000m^3$，当换气次数达到4次/h左右且排烟量不小于$102000m^3/h$时，为符合消防要求。

3)地下车库排烟系统:若与车库排风系统合用,须关闭排风口,打开排烟口。启动车库排烟风机,测试各排烟口处风速,根据排烟口截面计算出排烟量,并按车库净空换算成换气次数。当换气次数达到6次/h左右时,为符合消防要求。

4)设备用房排烟系统:若排烟风机单独担负一个防烟分区的排烟时,应把该排烟风机所担负的防烟分区中的排烟口全部打开;如排烟风机担负两个以上防烟分区时,则只需把最大防烟分区及次大的防烟分区中的排烟口全部打开,其他一律关闭。启动机械排烟风机,测定通过每个排烟口的风速,根据排烟口截面计算出排烟量,符合设计要求为合格。

11. 设备单机试运转记录

通风与空调系统的各类水泵、风机、冷水机组、冷却塔、空调机组、新风机组等设备在安装完毕后,应进行单机试运转,并做记录。

试验项目包括:

(1)减振器连接状况

(2)减振效果

(3)传动装置

(4)叶轮旋转

(5)压力表

(6)电气装置

(7)轴承温升

(8)运行噪声

冷水机组、冷却塔的单机试运转的时间,因其受季节影响,如果工程竣工时间在本年度10月至第二年4月之间,在此期间冷水机组、冷却塔无法启动,故冷水机组、冷却塔的单机试运转可以在竣工时间之后的适当时间进行,时间也可相应后延。因此,在施工资料上会出现单机试运转时间与竣工时间不交圈的现象,但这是可以接受的。

12. 空调系统试运转调试记录

试运转调试内容包括系统的概况、调试的方法、全过程各种试验数据、控制参数、运行状况、系统渗漏情况及试运转、调试结果等。

(1) 送排风系统应在系统安装完毕后,投入使用前进行系统试运转及调试,并做记录。

(2)系统试运转及调试前,应完成风机的单机试运转并进行记录。

(3)系统试运转及调试的实际参数与设计参数的相对差小于10%,为系统试运转及调试合格。

第二节　施工试验资料样表

一、建筑与结构工程施工试验资料样表

CMA (2014)量认(京)字(U0375)号　土工击实试验报告 表C6-1		资料编号	01－01－C6－×××
		试验编号	××－0010
		委托编号	××－01460
工程名称部位	××住宅楼工程　外围基槽回填	试样编号	008
委托单位	××项目部	试验委托人	×××
结构类型	全现浇剪力墙	填土部位	基槽①～⑦/Ⓑ～Ⓖ轴
要求压实系数(λ_c)	0.97	土样种类	2∶8灰土
来样日期	××年×月×日	试验日期	××年×月×日
试验结果	最优含水率(ω_{op})＝18.2％		
	最大干密度(ρ_{dmax})＝1.72g/cm³		
	控制指标(控制干密度) 最大干密度×要求压实系数＝1.67g/cm³		

结论：

依据《土工试验方法标准》(GB/T 50123－1999)标准，最优含水率为18.2％，最大干密度为1.72g/cm³，控制干密度为1.67g/cm³。

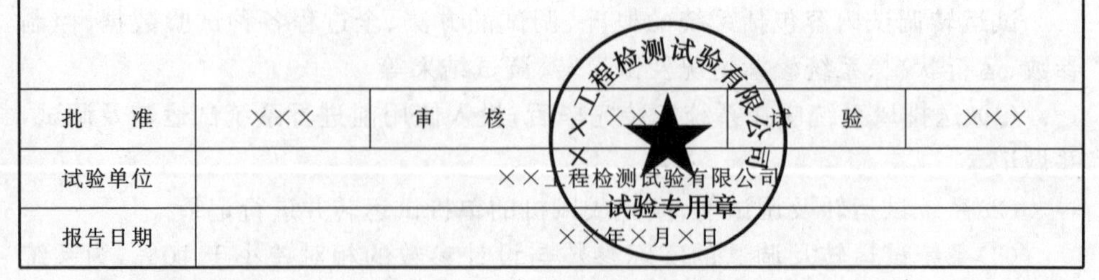

批　准	×××	审　核	×××	试　验	×××
试验单位	××工程检测试验有限公司				
报告日期	××年×月×日				

本表由检测机构提供。

CMA (2014)量认(京)字(U0375)号	回填土试验报告 表 C6-2		资料编号	01—01—C6—×××
			试验编号	CL09—0059
			委托编号	×××—03180
工程名称	××住宅楼工程			
部位	基础肥槽(—2.803～—1.330m)			
委托单位	××建设集团有限公司××项目部		试验委托人	×××
要求压实系数(λc)	0.97		回填土种类	2∶8 灰土
控制干密度(ρ_d)	1.67g/cm³		试验日期	××年×月×日

点号 / 项目 / 步数	1	2	…							
	实测干密度(g/cm³)									
	实测压实系数									
27	1.69	1.67								
	0.98	0.97								
28	1.67	1.70								
	0.97	0.99								
29	1.69	1.70								
	0.98	0.99								
30	1.67	1.69								
	0.97	0.98								
31	1.67	1.67								
	0.97	0.97								
32	1.70	1.69								
	0.99	0.98								
33	1.70	1.69								
	0.99	0.98								
34	1.67	1.70								
	0.97	0.99								
35	1.69	1.70								
	0.98	0.99								
36	1.67	1.69								
	0.97	0.98								

取样位置简图:(附)

见附图

结论

该 2∶8 灰土符合设计要求。

××工程检测试验有限公司 试验专用章

批　准	×××	审　核		试　验	×××
试验单位	××工程检测试验有限公司				
报告日期	××年×月×日				

本表由检测机构提供。

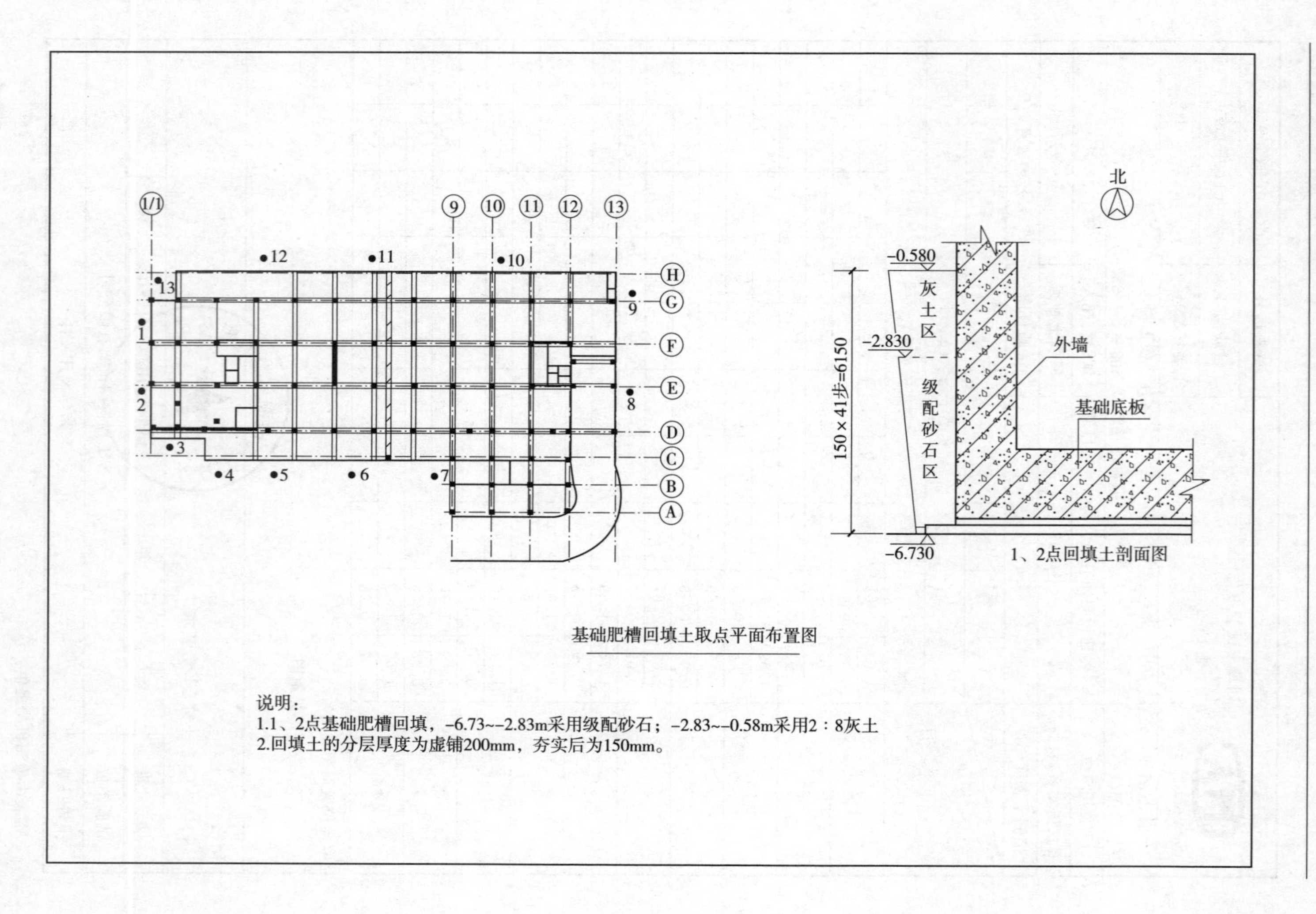

基础肥槽回填土取点平面布置图

说明：

1.1、2点基础肥槽回填，-6.73~-2.83m采用级配砂石；-2.83~-0.58m采用2：8灰土

2.回填土的分层厚度为虚铺200mm，夯实后为150mm。

<table>
<tr><td colspan="2" rowspan="3">MA
(2014)量认(京)字(U0375)号</td><td colspan="3" rowspan="3">钢筋连接试验报告
表 C6-3</td><td colspan="2">资料编号</td><td colspan="2">01－06－C6－×××</td></tr>
<tr><td colspan="2">试验编号</td><td colspan="2">××－3266</td></tr>
<tr><td colspan="2">委托编号</td><td colspan="2">011</td></tr>
<tr><td colspan="2">工程名称及部位</td><td colspan="3">××住宅楼工程
四层构造柱⑥～⑩/Ⓐ～Ⓕ轴</td><td colspan="2">试件编号</td><td colspan="2">002</td></tr>
<tr><td colspan="2">委托单位</td><td colspan="3">××建设集团有限公司××项目部</td><td colspan="2">试验委托如</td><td colspan="2">×××</td></tr>
<tr><td colspan="2">接头类型</td><td colspan="3">电渣压力焊</td><td colspan="2">检验形式</td><td colspan="2">现场检验</td></tr>
<tr><td colspan="2">设计要求
接头性能等级</td><td colspan="3">/</td><td colspan="2">代表数量</td><td colspan="2">290 个</td></tr>
<tr><td colspan="2">连接钢筋种类
及牌号</td><td>热轧带肋 HRB 335</td><td>公称直径</td><td>20mm</td><td colspan="2">原材试验编号</td><td colspan="2">2011－4279</td></tr>
<tr><td colspan="2">操作人</td><td>×××</td><td>来样日期</td><td>××年×月×日</td><td colspan="2">试验日期</td><td colspan="2">××年×月×日</td></tr>
<tr><td colspan="3">接头试件</td><td colspan="2">母材试件</td><td colspan="3">弯曲试件</td><td rowspan="2">备
注</td></tr>
<tr><td>公称
面积
(mm²)</td><td>抗拉
强度
(MPa)</td><td>断裂
特征
及位置</td><td>实测
面积
(mm²)</td><td>抗拉
强度
(MPa)</td><td>弯心
直径</td><td>角度</td><td>结果</td></tr>
<tr><td>314.2</td><td>635</td><td>塑性断裂 53mm</td><td></td><td></td><td></td><td></td><td></td><td></td></tr>
<tr><td>314.2</td><td>630</td><td>塑性断裂 40mm</td><td></td><td></td><td></td><td></td><td></td><td></td></tr>
<tr><td>314.2</td><td>630</td><td>塑性断裂 45mm</td><td></td><td></td><td></td><td></td><td></td><td></td></tr>
<tr><td></td><td></td><td></td><td></td><td></td><td></td><td></td><td></td><td></td></tr>
<tr><td></td><td></td><td></td><td></td><td></td><td></td><td></td><td></td><td></td></tr>
<tr><td></td><td></td><td></td><td></td><td></td><td></td><td></td><td></td><td></td></tr>
<tr><td></td><td></td><td></td><td></td><td></td><td></td><td></td><td></td><td></td></tr>
<tr><td colspan="9">结论：
依据 JGJ 18－2012 标准，现场检验符合电渣压力焊接头要求。

××工程检测试验有限公司
试验专用章</td></tr>
<tr><td colspan="2">批　　准</td><td>×××</td><td>审　　核</td><td colspan="2">×××</td><td>试　　验</td><td colspan="2">×××</td></tr>
<tr><td colspan="2">试验单位</td><td colspan="7">××工程检测试验有限公司</td></tr>
<tr><td colspan="2">报告日期</td><td colspan="7">××年×月×日</td></tr>
</table>

本表由检测机构提供。

<table>
<tr><td colspan="2" rowspan="3">CMA (2014)量认(京)字(U0375)号</td><td colspan="3" rowspan="3">钢筋机械连接型式检验报告</td><td>编　　号</td><td></td></tr>
<tr><td>试验编号</td><td>LJ11－0843</td></tr>
<tr><td>委托编号</td><td>××－13629</td></tr>
<tr><td colspan="2">工程名称及部位</td><td colspan="3">××住宅楼工程　基础反梁</td><td>试件编号</td><td>004</td></tr>
<tr><td colspan="2">委托单位</td><td colspan="3">××建设集团有限公司××项目部</td><td>试验委托人</td><td>×××</td></tr>
<tr><td colspan="2">接头类型</td><td colspan="3">直螺纹连接</td><td>检验形式</td><td>形式检验</td></tr>
<tr><td colspan="2">设计要求
接头性能等级</td><td colspan="3">Ⅱ级</td><td>代表数量</td><td>/</td></tr>
<tr><td colspan="2">连接钢筋种类
及牌号</td><td>热轧带肋
HRB 335</td><td>公称直径</td><td>32mm</td><td>原材试验编号</td><td>2014－4158</td></tr>
<tr><td colspan="2">操作人</td><td>×××</td><td>来样日期</td><td>2014 年 11 月 8 日</td><td>试验日期</td><td>2014 年 11 月 8 日</td></tr>
</table>

<table>
<tr><td colspan="3">接头试件</td><td colspan="2">母材试件</td><td colspan="3">弯曲试件</td><td rowspan="2">备注</td></tr>
<tr><td>公称面积(mm²)</td><td>抗拉强度(MPa)</td><td>断裂特征及位置</td><td>实测面积(mm²)</td><td>抗拉强度(MPa)</td><td>弯心直径</td><td>角度</td><td>结果</td></tr>
<tr><td>804.2</td><td>560</td><td>钢筋拉断　117mm</td><td>/</td><td>540</td><td></td><td></td><td></td><td></td></tr>
<tr><td>804.2</td><td>570</td><td>钢筋拉断　110mm</td><td>/</td><td>550</td><td></td><td></td><td></td><td></td></tr>
<tr><td>804.2</td><td>560</td><td>钢筋拉断　136mm</td><td>/</td><td>550</td><td></td><td></td><td></td><td></td></tr>
<tr><td></td><td></td><td></td><td></td><td></td><td></td><td></td><td></td><td></td></tr>
<tr><td></td><td></td><td></td><td></td><td></td><td></td><td></td><td></td><td></td></tr>
<tr><td></td><td></td><td></td><td></td><td></td><td></td><td></td><td></td><td></td></tr>
<tr><td></td><td></td><td></td><td></td><td></td><td></td><td></td><td></td><td></td></tr>
</table>

结论：

．依据 JGJ 107－2010 标准，以上所检项目工艺检验符合机械连接Ⅱ级接头要求。

<table>
<tr><td>批　　准</td><td>×××</td><td>审　　核</td><td>×××</td><td>试　　验</td><td>×××</td></tr>
<tr><td>试验单位</td><td colspan="5">××工程检测试验有限公司</td></tr>
<tr><td>报告日期</td><td colspan="5">2014 年 11 月 8 日</td></tr>
</table>

××工程检测试验有限公司 试验专用章

本表由检测机构提供。

砂浆配合比申请单 表 C6-4				资料编号	02－03－C6－001
				委托编号	××－08595
工程名称	××住宅楼工程　一～五层砌体				
委托单位	××建设发展有限公司			试验委托人	×××
砂浆种类	水泥混合砂浆			强度等级	M5.0
水泥品种	P·O 42.5			厂　　别	××水泥厂
水泥进场日期	××年×月×日			试验编号	SN09－0070
砂产地	××砂石厂	粗细级别	中砂	试验编号	SZ09－0055
掺和料种类	粉煤灰			外加剂种类	/
申请日期	2014 年 4 月 27 日			要求使用日期	2014 年 5 月 4 日

CMA (2014)量认(京)字(U0375)号 砂浆配合比通知单 表 C6－4				配合比编号	SP09－0044
				试配编号	2014－0028
强度等级	M5.0			试验日期	2014 年 4 月 27 日
配合比					
材料名称	水泥	砂	白灰膏	掺合料	外加剂
每立方米用量 (kg/m³)	190	1450	/	155	
比例	1	7.63	/	0.82	
注：砂浆稠度为 70～100mm，白灰膏稠度为 120±5mm。					
批　　准	×××	审　　核	×××	试　　验	×××
试验单位	××工程检测试验有限公司				
报告日期	2014 年 5 月 4 日				

本表由检测机构提供。

CMA

(2014)量认(京)字(U0375)号

砂浆抗压强度试验报告

表 C6-5

有见证试验

<table>
<tr><td colspan="4" rowspan="3"></td><td>资料编号</td><td>02－03－C6－001</td></tr>
<tr><td>试验编号</td><td>SJ09－0135</td></tr>
<tr><td>委托编号</td><td>2014－08761</td></tr>
<tr><td>工程名称及部位</td><td colspan="3">××工程　首层①～⑬/Ⓐ～Ⓖ轴砌体</td><td>试件编号</td><td>001</td></tr>
<tr><td>委托单位</td><td colspan="3">××建设集团有限公司××项目部</td><td>试验委托人</td><td>×××</td></tr>
<tr><td>砂浆种类</td><td>水泥混合砂浆</td><td>强度等级</td><td>M5.0</td><td>稠　度</td><td>75mm</td></tr>
<tr><td>水泥品种及强度等级</td><td colspan="3">P·O　42.5</td><td>试验编号</td><td>SN09－0070</td></tr>
<tr><td>砂产地及种类</td><td colspan="3">中砂</td><td>试验编号</td><td>SZ09－0055</td></tr>
<tr><td>掺合料种类</td><td colspan="3">粉煤灰</td><td>外加剂种类</td><td>/</td></tr>
<tr><td>配合比编号</td><td colspan="5">SP09－0044</td></tr>
<tr><td>试件成型日期</td><td>2014 年 5 月 18 日</td><td>要求龄期(d)</td><td>28</td><td>要求试验日期</td><td>2014 年 6 月 15 日</td></tr>
<tr><td>养护方法</td><td>标准养护</td><td>试件收到日期</td><td>2014 年 5 月 21 日</td><td>试件制作人</td><td>×××</td></tr>
</table>

<table>
<tr><td rowspan="8">试验结果</td><td rowspan="2">试压日期</td><td rowspan="2">实际龄期(d)</td><td rowspan="2">试件边长(mm)</td><td rowspan="2">受压面积(mm²)</td><td colspan="2">荷载(kN)</td><td rowspan="2">抗压强度(MPa)</td><td rowspan="2">达到设计强度等级(%)</td></tr>
<tr><td>单块</td><td>平均</td></tr>
<tr><td rowspan="6">2014 年 6 月 15 日</td><td rowspan="6">28</td><td rowspan="6">70.7</td><td rowspan="6">5000</td><td>25.5</td><td rowspan="6">25.0</td><td rowspan="6">6.75</td><td rowspan="6">135</td></tr>
<tr><td>27.0</td></tr>
<tr><td>24.0</td></tr>
<tr><td>24.0</td></tr>
<tr><td>25.0</td></tr>
<tr><td>25.0</td></tr>
</table>

结论：

试验方法依据《建筑砂浆基本性能试验方法标准》(JGJ/T 70－2009)标准。

<table>
<tr><td>批　　准</td><td>×××</td><td>审　　核</td><td>×××</td><td>试　　验</td><td>×××</td></tr>
<tr><td>试验单位</td><td colspan="5">××工程检测试验有限公司</td></tr>
<tr><td>报告日期</td><td colspan="5">2014 年 6 月 15 日</td></tr>
</table>

××工程检测试验有限公司 试验专用章

本表由建设单位、施工单位各保存一份。

<table>
<tr><td colspan="6">砌体砂浆试块强度统计评定记录
表 C6-6</td><td colspan="3">资料编号</td><td colspan="2">02－03－C6－002</td></tr>
<tr><td colspan="2">工程名称</td><td colspan="4">××住宅楼工程</td><td colspan="3">强度等级</td><td colspan="2">M5.0</td></tr>
<tr><td colspan="2">施工单位</td><td colspan="4">××建设集团有限公司</td><td colspan="3">养护方法</td><td colspan="2">标准养护</td></tr>
<tr><td colspan="2">统计期</td><td colspan="4">2014 年 5 月 14 日至 2014 年 6 月 20 日</td><td colspan="3">结构部位</td><td colspan="2">六～十一层砌体</td></tr>
<tr><td colspan="2">试块组数
n</td><td colspan="2">强度标准值 $f_{cu,k}$
(MPa)</td><td colspan="2">平均值 $m_{f_{cu}}$
(MPa)</td><td colspan="3">最小值 $f_{cu,min}$
(MPa)</td><td colspan="2">$0.85f_{cu,k}$</td></tr>
<tr><td colspan="2">6</td><td colspan="2">5</td><td colspan="2">9.15</td><td colspan="3">7.3</td><td colspan="2">4.25</td></tr>
<tr><td rowspan="7">每组强度值MPa</td><td>9.7</td><td>10.2</td><td>9.5</td><td>9.4</td><td>8.8</td><td>7.3</td><td></td><td></td><td></td><td></td></tr>
<tr><td></td><td></td><td></td><td></td><td></td><td></td><td></td><td></td><td></td><td></td></tr>
<tr><td></td><td></td><td></td><td></td><td></td><td></td><td></td><td></td><td></td><td></td></tr>
<tr><td></td><td></td><td></td><td></td><td></td><td></td><td></td><td></td><td></td><td></td></tr>
<tr><td></td><td></td><td></td><td></td><td></td><td></td><td></td><td></td><td></td><td></td></tr>
<tr><td></td><td></td><td></td><td></td><td></td><td></td><td></td><td></td><td></td><td></td></tr>
<tr><td></td><td></td><td></td><td></td><td></td><td></td><td></td><td></td><td></td><td></td></tr>
<tr><td>判定式</td><td colspan="5">$m_{f_{cu}} \geqslant 1.10f_{cu,k}$</td><td colspan="5">$f_{cu\cdot min} \geqslant 85\% f_{cu,k}$</td></tr>
<tr><td>结果</td><td colspan="5">9.15＞5.5</td><td colspan="5">7.3＞4.25</td></tr>
<tr><td colspan="11">结论：
依据《砌体结构工程施工质量验收规范》(GB 50203－2011)第 4.0.12 条，评定合格。</td></tr>
<tr><td colspan="2">批　准</td><td colspan="4">审　核</td><td colspan="5">统　计</td></tr>
<tr><td colspan="2">孙　强</td><td colspan="4">李　路</td><td colspan="5">李　星</td></tr>
<tr><td colspan="2">报告日期</td><td colspan="9">2014 年 6 月 23 日</td></tr>
</table>

本表由施工单位填写。

混凝土配合比申请单 表 C6-7				资料编号	01－06－C6－016
				委托编号	2014－5287
工程名称 部位	××住宅楼工程　地下一层③～⑧/Ⓑ～Ⓗ轴外墙				
委托单位	××建设集团有限公司××项目部			试验委托人	×××
设计强度等级	C35P8			要求坍落度	160±20mm
其他技术要求	/				
搅拌方法	机械	浇捣方法	机械	养护方法	标准养护
水泥品种及 强度等级	P·O　42.5	厂别牌号	××	试验编号	2014－00113
砂产地及种类	××中砂			试验编号	2014－0056
石产地及种类	××　碎石	最大粒径	25mm	试验编号	2014－0079
外加剂名称	JSP－Ⅳ UEA			试验编号	2014Y－032 2014－0010
掺合料名称	Ⅰ级粉煤灰			试验编号	2014－0098
申请日期	2014 年 12 月 14 日	使用日期	2014 年 12 月 14 日	联系电话	××××××××

CMA (2014)量认(京)字(U0375)号	混凝土配合比通知单 表 C6－7					配合比编号	2014－5287
						试配编号	2014－00065
强度等级	C34P8	水胶比	0.4	水灰比	0.41	砂率	40%
材料名称 项目	水泥	水	砂	石	外加剂 JSP－Ⅳ	掺合料 粉煤灰	其他 UEA
没 m³ 用量 (kg/m³)	363	180	706	1060	13.62	64	27
每盘用量(kg)	363	180	706	1060	13.62	64	27
混凝土碱含量 (kg/m³)	1.89 注:此栏只有遇Ⅱ类工程(按京建科[1999]230 号规定分类)时填写						
说明:本配合比所使用材料均为干材料,使用单位应根据材料含水情况随时调整							
批　准		审　核			试　验		
×××		×××			×××		
试验单位	××预拌混凝土供应中心 试验专用章						
报告日期	2005 年 12 月 14 日						

本表由检测机构提供。

<table>
<tr><td colspan="8" rowspan="3">CMA
(2014)量认(京)字(U0375)号
混凝土抗压强度试验报告
表 C6-8</td><td>资料编号</td><td>01－06－C6－×××</td></tr>
<tr><td>试验编号</td><td>HN11－04220</td></tr>
<tr><td>委托编号</td><td>2014－15948</td></tr>
<tr><td colspan="2">工程名称及部位</td><td colspan="6">××住宅楼工程　(1/1)～④/Ⓑ～Ⓖ轴基础底板</td><td>试件编号</td><td>010</td></tr>
<tr><td colspan="2">委托单位</td><td colspan="6">××建设集团有限公司××项目部</td><td>试验委托人</td><td>×××</td></tr>
<tr><td colspan="2">设计强度等级</td><td colspan="6">C30　P8</td><td>实测坍落度
扩展度</td><td>175mm</td></tr>
<tr><td colspan="2">水泥品种及
强度等级</td><td colspan="6">P·O　42.5</td><td>试验编号</td><td>2014－00108</td></tr>
<tr><td colspan="2">砂种类</td><td colspan="6">中砂</td><td>试验编号</td><td>2014－053</td></tr>
<tr><td colspan="2">石种类、公称直径</td><td colspan="6">碎石　25mm</td><td>试验编号</td><td>2014－076</td></tr>
<tr><td colspan="2">外加剂名称</td><td colspan="6">JSP－Ⅳ/UEA</td><td>试验编号</td><td>2014Y－030/
2014－0009</td></tr>
<tr><td colspan="2">掺合料名称</td><td colspan="6">粉煤灰</td><td>试验编号</td><td>2014－092</td></tr>
<tr><td colspan="2">配合比编号</td><td colspan="6">××－0082</td><td>混凝土生产
企业名称</td><td>××公司</td></tr>
<tr><td colspan="2">成型日期</td><td colspan="2">××年×月×日</td><td>要求龄期
(d)</td><td colspan="3">28</td><td>要求试验
日期</td><td>××年×月×日</td></tr>
<tr><td colspan="2">养护方法</td><td colspan="2">标准养护</td><td>收到日期</td><td colspan="3">××年×月×日</td><td>试块制作日</td><td>×××</td></tr>
<tr><td rowspan="5">试
验
结
果</td><td rowspan="2">试验日期</td><td rowspan="2">实际
龄期
(天)</td><td rowspan="2">试件
边长
(mm)</td><td rowspan="2">受压
面积
(mm²)</td><td colspan="2">荷载(kN)</td><td rowspan="2">平均抗
压强度
(MPa)</td><td rowspan="2">折合150mm
立方体抗压
强度(MPa)</td><td rowspan="2">达到
设计
强度
等级
(%)</td></tr>
<tr><td>单块指</td><td>平均值</td></tr>
<tr><td rowspan="3">××年×月×日</td><td rowspan="3">28</td><td rowspan="3">100</td><td rowspan="3">10000</td><td>393</td><td rowspan="3">392</td><td rowspan="3">39.2</td><td rowspan="3">37.2</td><td rowspan="3">124</td></tr>
<tr><td>396</td></tr>
<tr><td>387</td></tr>
<tr><td colspan="10">备注：
1. 商品混凝土。
2. 试验方法依据《普通混凝土力学性能试验方法标准》(GB/T 50081－2002)标准要求。</td></tr>
<tr><td colspan="2">批　准</td><td colspan="2">×××</td><td colspan="2">审　核</td><td colspan="2">×××</td><td>试　验</td><td>×××</td></tr>
<tr><td colspan="2">试验单位</td><td colspan="8">××工程检测试验有限公司</td></tr>
<tr><td colspan="2">报告日期</td><td colspan="8">××年×月×日</td></tr>
</table>

本表由检测机构提供。

混凝土试块强度统计、评定记录 表 C6-9		资料编号	02－01－C6－×××
工程名称	××住宅工程	强度等级	C35
施工单位	××建设集团有限公司××项目部	养护方法	标准养护
统计期	××年×月×日至××年×月×日	结构部位	一～五层柱、 墙、顶板后浇带

试块组 n	强度标准值 $f_{cu,k}$ (MPa)	平均值 m_{fcu} (MPa)	标准差 S_{fcu} (MPa)	最小值 $f_{cu,min}$ (MPa)	合格判定系数	
					λ_1	λ_2
21	35	41.88	3.01	35.9	0.95	0.85

每组强度值 MPa										
	40.1	43.5	42.8	42.1	41.7	42.9	38.1	43.8	48.4	35.9
	42.2	38.8	42.6	43.2	45.4	37.2	38.8	42.8	42.9	40.2
	46									

评定界限	☑ 统计方法(二)			☐ 非统计方法	
	$f_{cu,k}$	$f_{cu,k}+\lambda_1 \cdot S_{f_{cu}}$	$\lambda_2 \cdot f_{cu,k}$	$\lambda_3 \cdot f_{cu,k}$	$\lambda_4 \cdot f_{cu,k}$
	35	37.86	29.75		

判定式	$m_{f_{cu}} \geqslant f_{cu,k}+\lambda_1 \cdot S_{f_{cu}}$	$f_{cu,min} \geqslant \lambda_2 \cdot f_{cu,k}$	$m_{f_{cu}} \geqslant \lambda_3 \cdot f_{cu,k}$	$f_{cu,min} \geqslant \lambda_4 \cdot f_{cu,k}$
结果	41.88＞37.86	35.9＞29.75		

结论：

依据《混凝土强度检验评定标准》(GB/T 50107－2010)要求，该混凝土强度评定为合格。

批　准	审　核	统　计
孙　强	李　路	李　星
报告日期	××年×月×日	

本表由施工单位填写。

CMA (2014)量认(京)字(U0375)号	混凝土抗渗试验报告 表 C6-10			资料编号	01－05－C6－×××
				试验编号	KS12－0141
				委托编号	2014－17872
工程名称及部位	××住宅楼工程　地下一层⑧～⑫/Ⓑ～Ⓒ轴外墙			试件编号	035
委托单位	××建设集团有限公司××项目部			试验委托人	×××
抗渗等级	P8			配合比编号	2014－5484
强度等级	C35	养护条件	标准养护	收样日期	2014 年 1 月 25 日
成型日期	2014 年 12 月 25 日	龄期(d)	80	试验日期	2014 年 4 月 14 日

试验情况

由 0.1MPa 顺序加压至 0.9MPa，保持 8h，六个试件均无透水现象。

试验结果：抗渗等级＞P8。

结论：

依据 GB/T 50082－2009 试验方法，符合 P8 抗渗等级要求。

批　准	×××	审　核	×××	试　验	×××
试验单位	××工程检测试验有限公司				
报告日期	2014 年 4 月 14 日				

（印章：××工程检测试验有限公司 试验专用章）

本表由检测机构提供。

<table>
<tr><td colspan="4">CMA
(2014)量认(京)字(U0375)号
饰面砖粘结强度试验报告
表 C6-11</td><td>资料编号</td><td>03－06－C6－001</td></tr>
<tr><td colspan="4"></td><td>试验编号</td><td>SMZ10－0014</td></tr>
<tr><td colspan="4"></td><td>委托编号</td><td>2014－19397</td></tr>
<tr><td>工程名称</td><td colspan="3">××住宅楼工程</td><td>试件编号</td><td>001</td></tr>
<tr><td>委托单位</td><td colspan="3">××建设集团有限公司××项目部</td><td>试验委托人</td><td>×××</td></tr>
<tr><td>饰面砖品种及牌号</td><td colspan="3">条形砖　××牌</td><td>粘贴层次</td><td>1层</td></tr>
<tr><td>饰面砖生产厂及规格</td><td colspan="3">××陶瓷有限公司　60mm×240mm</td><td>粘贴面积(mm^2)</td><td>300×10^6</td></tr>
<tr><td>基体材料</td><td>外墙外保温</td><td>粘结材料</td><td>水泥砂浆</td><td>粘结剂</td><td>HY－914</td></tr>
<tr><td>抽样部位</td><td>2＃楼梯间外墙</td><td>龄期(d)</td><td>50</td><td>施工日期</td><td>2014年8月19日</td></tr>
<tr><td>检验类型</td><td>批量检验</td><td>环境温度(℃)</td><td>28</td><td>试验日期</td><td>2014年10月8日</td></tr>
<tr><td>仪器及编号</td><td colspan="5">数显式粘结强度检测仪　0238</td></tr>
</table>

<table>
<tr><td rowspan="2">序号</td><td colspan="2">试件尺寸(mm)</td><td rowspan="2">受力面积(mm^2)</td><td rowspan="2">拉力(kN)</td><td rowspan="2">粘结强度(MPa)</td><td rowspan="2">破坏状态</td><td rowspan="2">平均强度(MPa)</td></tr>
<tr><td>长</td><td>宽</td></tr>
<tr><td>1</td><td>96.5</td><td>46.5</td><td>4487.25</td><td>2.57</td><td>0.57</td><td>3</td><td rowspan="4">0.6</td></tr>
<tr><td>2</td><td>97.0</td><td>45.5</td><td>4413.50</td><td>3.18</td><td>0.72</td><td>3</td></tr>
<tr><td>3</td><td>97.0</td><td>46.0</td><td>4462.00</td><td>2.26</td><td>0.51</td><td>3</td></tr>
<tr><td></td><td></td><td></td><td></td><td></td><td></td><td></td></tr>
<tr><td></td><td></td><td></td><td></td><td></td><td></td><td></td><td></td></tr>
<tr><td></td><td></td><td></td><td></td><td></td><td></td><td></td><td></td></tr>
<tr><td></td><td></td><td></td><td></td><td></td><td></td><td></td><td></td></tr>
</table>

结论：

依据《建筑工程饰面砖粘结强度检验标准》(JGJ 110－2008)标准，粘结强度符合要求。

批　准	×××	审　核	×××	试　验	×××
试验单位	××工程检测试验有限公司				
报告日期	2014年10月10日				

××工程检测试验有限公司 试验专用章

本表由检测机构提供。

<table>
<tr><td rowspan="3">CMA
(2014)量认(京)字(U0375)号</td><td rowspan="3" colspan="2">超声波探伤报告
表 C6-12</td><td>资料编号</td><td>02－04－C6－×××</td></tr>
<tr><td>试验编号</td><td>×××</td></tr>
<tr><td>委托编号</td><td>×××</td></tr>
<tr><td>工程名称及
施工部位</td><td colspan="4">××住宅楼工程　二层柱、梁</td></tr>
<tr><td>委托单位</td><td colspan="2">××建设集团有限公司　××项目部</td><td>试验委托人</td><td>×××</td></tr>
<tr><td>构件名称</td><td colspan="2">钢柱/钢梁</td><td>检测部位</td><td>梁柱对接焊缝</td></tr>
<tr><td>材　质</td><td colspan="2">Q345B</td><td>板厚(mm)</td><td>10、12、14</td></tr>
<tr><td>仪器型号</td><td colspan="2">UFD－308</td><td>试　块</td><td>RB－1</td></tr>
<tr><td>耦合剂</td><td colspan="2">CMC</td><td>表面补偿</td><td>4Db</td></tr>
<tr><td>表面状况</td><td colspan="2">打磨</td><td>执行处理</td><td>GB/T 11345－2013</td></tr>
<tr><td>探头型号</td><td colspan="2">5P×10 70°</td><td>探伤日期</td><td>××年×月×日</td></tr>
<tr><td colspan="5">探伤结构及说明：
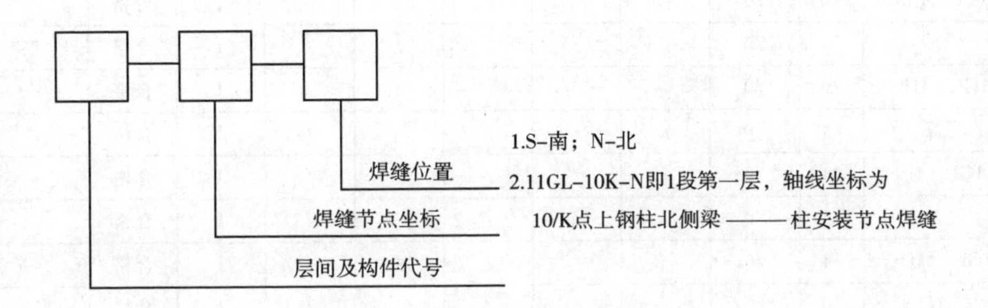
钢结构现场安装焊缝，经超声波检测未发现超标缺陷，符合《焊缝无损检测　超声检测　技术、检测等级和评定》(GB/T 11345－2013)表 6 中规定的 B－11 级验收要求。
焊缝评定合格。</td></tr>
<tr><td>批　准</td><td>×××</td><td>审　核</td><td>×××</td><td>试　验　×××</td></tr>
<tr><td>试验单位</td><td colspan="4">××工程检测试验有限公司</td></tr>
<tr><td>报告日期</td><td colspan="4">××年×月×日</td></tr>
</table>

本表由检测机构提供。

超声波探伤记录 表 C6-13								资料编号	02－04－C6－×××	
工程单位	××住宅楼工程							报告编号	×××	
施工单位	××建设集团有限公司　××项目部							检测单位	×××	
焊缝编号（两侧）	板厚（mm）	折射角（度）	回波高点	*X*（mm）	*D*（mm）	*Z*（mm）	*L*（mm）	级别	评定结果	备注
11GL－1K－N	10	70	/	/	/	/	/	I	合格	
11GL－1J2－S	10	70	/	/	/	/	/	I	合格	
N	10	70	/	/	/	/	/	I	合格	
11GL－1J1－S	10	70	/	/	/	/	/	I	合格	
11GL－1H2－N	10	70	/	/	/	/	/	I	合格	
11GL－1H1－S	10	70	/	/	/	/	/	I	合格	
N	10	70	/	/	/	/	/	I	合格	
11GL－1H－S	10	70	/	/	/	/	/	I	合格	
N	12	70	/	/	/	/	/	I	合格	
11GL－1G－S	12	70	/	/	/	/	/	I	合格	
11GL－4K－N	10	70	/	/	/	/	/	I	合格	
11GL－4J2－S	10	70	/	/	/	/	/	I	合格	
N	10	70	/	/	/	/	/	I	合格	
11GL－4J1－S	10	70	/	/	/	/	/	I	合格	
N	14	70	/	/	/	/	/	I	合格	
11GL－4J－S	14	70	/	/	/	/	/	I	合格	
N	14	70	/	/	/	/	/	I	合格	
11GL－4H2－S	14	70	/	/	/	/	/	I	合格	
N	10	70	/	/	/	/	/	I	合格	
11GL－5K－N	10	70	/	/	/	/	/	I	合格	
11GL－5J2－S	10	70	/	/	/	/	/	I	合格	
N	10	70	/	/	/	/	/	I	合格	
批　准	审　核			检　测				××工程检测试验有限公司 检测单位名称（章） 试验专用章		
×××	×××			××						
报告日期	××年×月×日									

本表由检测机构提供。

(2014)量认(京)字(U0375)号

钢构件射线探伤报告

表 C6-14

资料编号	02－04－C6－×××
试验编号	××－×××
委托编号	××－×××

工程名称	××住宅楼工程		
委托单位	××建设集团有限公司　××项目部	试验委托人	×××
检测单位	××检测中心	检测部位	球体环缝
构件名称	球体	构件编号	×××

材质	Q235	焊缝型式	V 型坡口	板厚(mm)	8、6
仪器型号	XY－2515	增感方式	铝箔	象质计型号	10/16
胶片型号	××	象质指数	13#、14#、15#	黑度	$D_{min}\geqslant 1.2$ $D_{max}\leqslant 3.5$
评定标准	GB 3323－2005	焊缝全长(mm)	4000	探伤比例与长度	25% 1354mm

探伤结果：

按容规(1981.5)第四章第 40 条(容器的焊缝探伤)之要求进行射线检测，并按《金属熔化焊焊接接头射线照相》(GB 3323－2005)的规定执行，检测合格。

底片编号	黑度	灵敏度	主要缺陷	评级
01			无	Ⅰ
02			无	Ⅱ
03			无	Ⅱ
04			无	Ⅲ
05			无	Ⅱ
06			无	Ⅲ
07			无	Ⅱ
08			无	Ⅱ
09			无	Ⅲ
010			无	Ⅰ
011			无	Ⅱ
012			无	Ⅱ

示意图：

1#

2#

3#

备注：

批　准	×××	审　核	×××	试　验	××
试验单位	××工程检测试验有限公司				
报告日期	××年×月×日				

××工程检测试验有限公司

试验专用章

本表由检测机构提供。

No.L0230

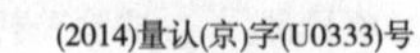

(2014)量认(京)字(U0333)号

(2014)国认监认字(077)号

检 验 报 告

TEST REPORT

BETC－DJ1－××－7A

工程/产品名称　　××大厦工程　护坡桩工程锚杆试验

Name of Engineering/Product

委托单位　　××建设集团有限公司

Client

检验类别　　委托检验

Test Category

国 家 建 筑 工 程 质 量 监 督 检 验 中 心

NATIONAL CENTER FOR QUALITY SUPERVISION

AND TEST OF BUILDING ENGINEERING

（续）

CMA
(2014)量认(京)字(U0375)号

有见证试验

检测报告

报告编号：BETC－DJ1－××－7A

委托单位	××建设集团有限公司　××项目部			委托编号	××
工程名称及部位	工建标大厦B栋　工程基坑支护， ф18：⑭～⑮/Ⓐ轴(标高－2.10～－3.50m) ф22：⑨－⑩/Ⓗ轴，第二步(标高－2.20～－3.70m)			试件编号	056－002
见证人	×××			委托人	×××
检测类型	土钉拉拔			检验形式	工作件
型号、牌号	HRB335			公称直径	ϕ18×3 ϕ22×1
凝结剂类型、产地	水泥净浆			基材强度等级	/
代表数量(个)	540	委托日期	××年×月×日	试验日期	××年×月×日
要求试验项目及说明	现场检测拉拔拔至60kN(ϕ18)、110kN(ϕ22)				
公称直径/面积	龄期	试验荷载(kN)	强度(MPa)	位移(mm)	破坏形式
ϕ18	9d	60.0	/	/	未破坏
	9d	65.0	/	/	未破坏
	/	/	/	/	/
ϕ22	9d	110.3	/	/	未破坏
	9d	115.2	/	/	未破坏
	/	/	/	/	/

结论：

以上检测在达到规定拉力时均未破坏。

批　准	×××	审　核	×××	试　验	×××
检测单位	××工程检测试验有限公司				
报告日期	××年×月×日				

××工程检测试验有限公司
试验专用章

CMA
(2014)量认(京)字(U0121)号

地基承载能力检验报告

<table>
<tr><td>工程名称</td><td colspan="4">××住宅楼工程</td><td>报告编号</td><td colspan="2">××××</td></tr>
<tr><td>委托单位</td><td colspan="4">××建设集团有限公司××项目部</td><td>委托编号</td><td colspan="2">××××</td></tr>
<tr><td>施工单位</td><td colspan="4">××建设集团开发有限公司</td><td>委托日期</td><td colspan="2">××年×月×日</td></tr>
<tr><td>分包单位</td><td colspan="4">/</td><td>见证人</td><td colspan="2">×××</td></tr>
<tr><td>见证单位</td><td colspan="4">××工程建设监理有限公司</td><td>见证号</td><td colspan="2">××××</td></tr>
<tr><td colspan="2">地基处理工艺方法</td><td colspan="3">夯实水泥土桩</td><td>试验方法</td><td colspan="2">平板静力载荷试验</td></tr>
<tr><td colspan="2">地基承载力设计值(kPa)</td><td>180</td><td>载荷板尺寸(mm)</td><td>10^6(圆形)</td><td>加荷方法</td><td colspan="2">钢架下设地锚，油压千斤顶加载</td></tr>
<tr><td>点(桩)号</td><td>加荷级数</td><td>最大试验荷载(kN)</td><td>最大试验荷载下载荷板沉降(mm)</td><td>残余变形(mm)</td><td>地基承载力特征值(kPa)</td><td>检测日期</td><td>备注</td></tr>
<tr><td>123</td><td>8</td><td>360</td><td>11.90</td><td>/</td><td>≥180</td><td>××年×月×日</td><td></td></tr>
<tr><td>263</td><td>8</td><td>360</td><td>13.47</td><td>/</td><td>≥180</td><td>××年×月×日</td><td></td></tr>
<tr><td>376</td><td>8</td><td>360</td><td>10.44</td><td>/</td><td>≥180</td><td>××年×月×日</td><td></td></tr>
<tr><td>503</td><td>8</td><td>360</td><td>13.56</td><td>/</td><td>≥180</td><td>××年×月×日</td><td></td></tr>
<tr><td></td><td></td><td></td><td></td><td></td><td></td><td></td><td></td></tr>
<tr><td>检测依据</td><td colspan="7">《建筑地基处理技术规范》(JGJ 79－2012)
《建筑地基基础工程施工质量验收规范》(GB 50202－2002)</td></tr>
<tr><td>检测结论</td><td colspan="7">本工程单桩符合地基承载力特征值≥180kPa。</td></tr>
<tr><td>备　注</td><td colspan="7"></td></tr>
<tr><td>试验：
×××</td><td>校核：
×××</td><td>审核：
×××</td><td colspan="5">检测单位：××基础工程试验检测中心
(盖章)
负责人：×××
××年×月×日</td></tr>
</table>

<table>
<tr><td colspan="2">CMA
(2014)量认(京)字(U0375)号　后置埋件拉拔试验报告</td><td>试验编号</td><td>JC××LB0039</td></tr>
<tr><td colspan="2"></td><td>委托编号</td><td>××力 53658</td></tr>
<tr><td>工程名称及部位</td><td>××大厦工程　外墙东立面</td><td>试样名称</td><td>膨胀螺栓 M8</td></tr>
<tr><td>委托单位</td><td>××幕墙装饰工程有限公司</td><td>产地</td><td>××市</td></tr>
<tr><td>委托人</td><td>×××</td><td>混凝土强度等级</td><td>C35</td></tr>
<tr><td>检验项目</td><td>拉拔力</td><td>锚固深度</td><td>—</td></tr>
<tr><td>依据标准</td><td>《建筑装饰装修工程质量验收规范》
(GB 50210－2001)</td><td>委托日期</td><td>××年×月×日</td></tr>
<tr><td>检验设备</td><td>SHJ－40</td><td>试验日期</td><td>××年×月×日</td></tr>
</table>

<table>
<tr><td colspan="5">试验结果</td></tr>
<tr><td>试件编号</td><td>设计荷载(kN)</td><td>实际拉拔力(kN)</td><td>锚固端状态</td><td>备注(部位)</td></tr>
<tr><td>1</td><td>8.00</td><td>11.1</td><td>拔出</td><td>—</td></tr>
<tr><td>2</td><td>8.00</td><td>14.3</td><td>拔出</td><td>—</td></tr>
<tr><td>3</td><td>8.00</td><td>14.5</td><td>拔出</td><td>—</td></tr>
<tr><td></td><td></td><td></td><td></td><td></td></tr>
<tr><td></td><td></td><td></td><td></td><td></td></tr>
<tr><td></td><td></td><td></td><td></td><td></td></tr>
<tr><td colspan="5">结论：
现场实际拉拔力超过设计荷载、符合设计要求。</td></tr>
</table>

<table>
<tr><td>负 责 人</td><td>审　核</td><td>试　验</td></tr>
<tr><td>×××</td><td>×××</td><td>×××</td></tr>
<tr><td>试验单位</td><td colspan="2">××工程检测试验有限公司</td></tr>
<tr><td>报告日期</td><td colspan="2">××年×月×日</td></tr>
</table>

××工程检测试验有限公司　试验专用章

建筑钢结构焊接工艺评定报告

编　　号：JHP××－23

编　　制：×××

焊接责任：×××

技术人员：×××

批　　准：×××

单　　位：××钢结构工程有限公司

日　　期：××年×月×日

焊接工艺评定报告目录

序号	报告名称	报告编号	页数
1	首页		1
2	目录		1
3	焊接工艺评定报告	JHP××－23	1
4	焊接工艺评定指导书	HZ××－23	1
5	焊接工艺评定记录表	HZ××－23	1
6	焊接工艺评定检验结果表		1
7	超声波探伤报告	×××	2(略)
8	试验报告单	×××	2(略)
9	试验材料材质单	×××	1(略)

焊接工艺评定报告

工程(产品)名称	××大厦工程			评定报告编号	JHP××－23		
委托单位	××公司制造厂			工艺指导书编号	HZ××－23		
项目负责人	×××			依据标准	《建筑钢结构焊接技术规程》(JGJ 81－2002)		
试样焊接单位	××公司			施焊日期	××年×月×日		
焊工	×××	资格代号	××××	级别	/		
母材钢号	Q345C	规格	－70	供货状态	热轧	生产厂	××

化学分析和力学性能

	C (%)	Mn (%)	Si (%)	S (%)	P (%)	σ_s (MPa)	σ_b (MPa)	δ_s (%)	A_{kv} (J)	180° 弯曲试验
标准	≤0.20	1.00～1.60	≤0.55	≤0.035	≤0.035	≥275	470～630	≥22	≥34	$d=3a$
合格证	0.13	1.45	0.33	0.005	0.015	375	550	28	178、199、182	合格
复验										

碳当量	0.37	公式	$CE\%=C+\frac{Mn}{6}+\frac{Cr+Mo+V}{5}+\frac{Cu+Ni}{15}(\%)$

焊接材料	生产厂	牌号	类型	直径(mm)	烘干温度(℃×h)	备注
焊条	/	/	/	/	/	/
焊丝	××焊接材料厂	H08MnA	/	ϕ4.0	/	/
焊剂或气体	××焊接材料厂	HJ 431	熔炼型	/	350℃×2h	/

焊接方法	埋弧自动焊		焊接位置	平焊	接头形式	板对接
焊接工艺参数	见焊接工艺指导书		清根工艺	碳弧气刨清根、磨光机打磨		
焊接设备型号	MZ－1000		电源及极性	直流、反接		
预热温度(C%)	100	层间温度(℃) 150	后热温度(℃)及时间(min)	/		
焊后热处理	/					

评定结论：

本评定按《建筑钢结构焊接技术规程》(JGJ 81－2002)规定，根据工程情况编制工艺评定指导书、焊接试件、制取并检验试样、测定性能，确认试验记录正确，评定结果为：合格。焊接条件及工艺参数适用范围按本评定指导书规定执行

评　定	×××	××年×月×日	评定单位： ××工程检测试验有限公司 试验专用章　（签章） ××年×月×日
审　核	×××	××年×月×日	
技术负责	×××	××年×月×日	

焊接工艺评定指导书

工程名称	××大厦工程			指导书编号	HZ××－23					
母材钢号	Q345C		规格	－70	供货状态	/	生产厂	××		
焊接材料	生产厂		牌号		类型	烘干温度(℃×h)		备注		
焊条	/		/		/	/		/		
焊丝	××焊接材料有限公司		H08MnA		ϕ4.0	/		/		
焊剂或气体	××焊接材料有限公司		HJ 431		熔炼型	300～350℃×2h		/		
焊接方法	埋弧自动焊			焊接位置	平焊					
焊接设备型号	MN－100			电源及极性	直流、反接					
预热温度(℃)	100～120	层间温度(℃)	150±15	后热温度(℃)及时间(min)			/			
接头及坡口尺寸图	50° 45 25 4 70 55° 500			焊接顺序图	50° 面层 中层 底层 底层 中层 面层 45 25 70 55° 500					
焊接工艺参数	道次	焊接方法	焊条或焊剂		焊剂或保护气	保护气体流量(*l*/min)	电流(A)	电压(V)	焊接速度cm/min	热输入(kJ/cm)	备注
			牌号	ϕ(mm)							
	底层	埋弧自动焊	H08MnA	ϕ4.0	HJ431	/	500～550	31～33	30～34	27～36	
	中层	埋弧自动焊	H08MA	ϕ4.0	HJ431	/	550～600	32～36	33～36	29～39	
	面层	埋弧自动焊	H08MA	ϕ4.0	HJ431	/	550～600	32～36	24～26	40～54	
技术措施	焊前清理	除锈、打磨		层间清理	清渣、除飞溅、磨光					
	背面清根	碳弧气刨清根								
	其他： /									
编制	×××	日期	××年×月×日	审核	×××	日期	××年×月×日			

焊接工艺评定记录表

工程名称	北京工建标大厦			指导书编号	HZ××－23		
焊接方法	埋弧自动焊	焊接位置	平焊	设备型号	MZ－1000	电源及极性	直流、反接
母材钢号	Q345C	类别	Ⅱ	生产厂	××		
母材规格	－70	供货状态	热轧				

接头尺寸及施焊道次顺序	焊接材料				
50° 面层 中层 底层 底层 中层 面层 45 25 70 55° 500	焊条	排号	/	类型	/
		生产厂	/	批号	/
		烘干温度(℃)	/	时间(min)	/
	焊丝	牌号	H08MnA	规格(mm)	ϕ4.0
		生产厂	××	批号	9091481
	焊剂或气体	牌号	HJ431	规格(目)	8～40
		生产厂	××焊接材料有限公司		
		烘干温度(℃)	350	时间(min)	120

施焊工艺参数记录

焊接工艺参数	首次	焊接方法	焊条(焊丝)直径(mm)	保护气体流量(l/min)	电流(A)	电压(V)	焊接速度(cm/min)	热输入(kJ/cm)	备注
	底层	埋弧自动焊	ϕ4.0	/	520	33	33	31	
	中层	埋弧自动焊	ϕ4.0	/	580	34	35	34	
	面层	埋弧自动焊	ϕ4.0	/	600	35	35	50	

施焊环境	室内	环境温度(℃)	27	相对湿度	52%		
预热温度(℃)	100	层间温度(℃)	150	后热温度(℃)	/	时间(min)	/
后热处理	/						

技术措施	焊前清理	除锈打磨	层间清理	清渣、除飞溅、磨光
	背面清根	碳弧所刨清根		
	其他	/		

焊工姓名	×××	资格代号	×××－×	级别	/	施焊日期	××年×月×日
记录	×××	日期	××年×月×日	审核	×××	日期	××年×月×日

焊接工艺评定检验结果表

非破坏检验				
试验项目	合格标准	判定结果	报告编号	备注
外观				
X光	/	/	/	/
超声波	Ⅰ级	合格	HP－023	/
磁粉	/	/	/	/

拉伸试验	报告编号	××			弯曲试验	报告编号		××		
试样编号	σ_s (MPa)	σ_b (MPa)	断口位置	评定结果	试样编号	试验类型	弯心直径 D(mm)	弯曲角度	评定结果	
23		480	拉断，母材	合格	23	侧弯	30	180°	侧弯合格	
23		485	拉断，母材	合格	23	侧弯	30	180°	侧弯合格	
					23	侧弯	30	180°	侧弯合格	
					23	侧弯	30	180°	侧弯合格	
					23	侧弯	30	180°	侧弯合格	
					23	侧弯	30	180°	侧弯合格	
					23	侧弯	30	180°	侧弯合格	
					23	侧弯	30	180°	侧弯合格	

冲击试验	报告编号	××		宏观金相	报告编号	/
试样编号	缺口位置	试验温度(℃)	冲击功 A_{kV}(J)			
23 区－1	热影响区	0	110	评定结果：/		
23 区－2	热影响区	0	130			
23 区－3	热影响区	0	140	硬度试验	报告编号	/
23 心－1	焊缝区	0	58			
23 心－2	焊缝区	0	68	评定结果：/		
23 心－3	焊缝区	0	70			

其他检验：

/

检验	×××、×××	日期	××年×月×日	审核	×××	日期	××年×月×日

二、给排水及供暖工程施工试验资料样表

<table>
<tr><td colspan="2">灌(满)水试验记录
表 C6-15</td><td>资料编号</td><td>05－02－C6－×××</td></tr>
<tr><td>工程名称</td><td>××住宅楼工程</td><td>试验日期</td><td>××年×月×日</td></tr>
<tr><td>试验项目</td><td>排水管道及配件安装</td><td>试验部位</td><td>九层①～⑬/Ⓓ～Ⓖ
轴排水立支管</td></tr>
<tr><td>材　质</td><td>柔性(A型)铸铁排水管</td><td>规　格</td><td>DN50　DN75　DN100</td></tr>
<tr><td colspan="4">试验要求：
灌水高度以本层地面高度为标准。满水 15min,液面下降后再灌满延续 5min,液面不下降,管道各连接处不渗不漏为合格。</td></tr>
<tr><td colspan="4">试验记录：
试验部位为九层九层①～⑬/Ⓓ～Ⓖ轴排水立支管。用橡胶皮球封堵下一层立管至检查口上部,灌水到本层地漏上边沿高度。灌(满)水持续 20min,后观察各液面。各液面均无下降且不渗不漏。</td></tr>
<tr><td colspan="4">试验结论：
经检查,试验方式、过程及结果均符合设计要求和《建筑给水排水及采暖工程施工质量验收规范》(GB 50242－2002)的规定,合格。</td></tr>
</table>

<table>
<tr><td rowspan="3">签
字
栏</td><td rowspan="2">施工单位</td><td rowspan="2">××建设集团
有限公司</td><td>专业技术负责人</td><td>专业质检员</td><td>专业工长</td></tr>
<tr><td>李　路</td><td>赵　刚</td><td>李　森</td></tr>
<tr><td>监理(建设)单位</td><td colspan="2">××工程建设监理有限公司</td><td>专业工程师</td><td>王　刚</td></tr>
</table>

本表由施工单位填写。

<table>
<tr><td colspan="2">强度严密性试验记录
表 C6-16</td><td>资料编号</td><td>05—01—C6—×××</td></tr>
<tr><td>工程名称</td><td>××住宅楼工程</td><td>试验日期</td><td>××年×月×日</td></tr>
<tr><td>试验项目</td><td>给水管道及配件安装
（支管单向试压）</td><td>试验部位</td><td>五层①～⑬/Ⓓ～Ⓕ
轴给水支管</td></tr>
<tr><td>材　质</td><td>PB管</td><td>规　格</td><td>D_c20</td></tr>
<tr><td colspan="4">试验要求：
给水支管工作压力为 0.3MPa，试验压力为 0.6MPa，在试验压力下稳压 1h，压力不降，然后降至工作压力的 1.15 倍 0.35MPa，稳压 2h，各连接处不渗不漏为合格。</td></tr>
<tr><td colspan="4">试验记录：
试验介质为自来水，试验压力表设置在本层支管末端。
强度试验：
试验压力 0.6MPa；试验持续时间 60min；压力降无下降，无渗漏。
严密性试验：
试验压力 0.35MPa；试验持续时间 120min；压力降无下降，无渗漏。</td></tr>
<tr><td colspan="4">试验结论：
经检查，试验方式、过程及结果均符合设计要求和《建筑给水排水及采暖工程施工质量验收规范》(GB 50242—2002)的规定，合格。</td></tr>
</table>

<table>
<tr><td rowspan="3">签字栏</td><td rowspan="2">施工单位</td><td rowspan="2">××建设集团有限公司</td><td>专业技术负责人</td><td>专业质检员</td><td>专业工长</td></tr>
<tr><td>李　路</td><td>赵　刚</td><td>李　森</td></tr>
<tr><td>监理（建设）单位</td><td colspan="2">××工程建设监理有限公司</td><td>专业工程师</td><td>王　刚</td></tr>
</table>

本表由施工单位填写。

<table>
<tr><td colspan="3">通水试验记录
表 C6-17</td><td colspan="2">资料编号</td><td>05－01－C6－×××</td></tr>
<tr><td>工程名称</td><td colspan="2">××住宅楼工程</td><td colspan="2">试验日期</td><td>××年×月×日</td></tr>
<tr><td>试验项目</td><td colspan="2">给水管道及配件安装
（通水试验）</td><td colspan="2">试验部位</td><td>1～4 层低区供水系统</td></tr>
<tr><td colspan="7">试验系统简述及试验要求：

低区供水系统 1～4 层由市政自来水直接供给，分两个进户，由地下一层导管供各立管，每户设铜截止阀 1 只、DN20 水表 1 只。每层 16 个坐便器、16 个洗脸盆水嘴、8 个淋浴器用水器具、8 个洗衣机水嘴、8 个洗菜盆水嘴。
给水系统的通水试验主要是检查水嘴和阀门开启、关闭是否灵活，其他附件（如减压阀）工作是否正常，水流是否畅通，管路无异常现象，管道接口无渗漏。检查配水点的水压情况是否满足设计要求。</td></tr>
<tr><td colspan="7">试验记录：

通水试验从上午 8 时 30 分开始，与排水系统同时进行。开启全部分户截止阀，打开全部给水水嘴，供水流量正常，最高点 4 层各水嘴出水均畅通，水嘴及阀门启闭灵活。至 11 时 30 分结束。</td></tr>
<tr><td colspan="7">试验结论：

经检查，1～4 层低区供水系统通水试验符合设计要求和《建筑给水排水及采暖工程施工质量验收规范》(GB 50242－2002)的规定，合格。</td></tr>
<tr><td rowspan="3">签字栏</td><td rowspan="2">施工单位</td><td rowspan="2">××建设集团有限公司</td><td>专业技术负责人</td><td>专业质检员</td><td colspan="2">专业工长</td></tr>
<tr><td>李　路</td><td>赵　刚</td><td colspan="2">李　森</td></tr>
<tr><td>监理（建设）单位</td><td colspan="2">××工程建设监理有限公司</td><td>专业工程师</td><td colspan="2">王　刚</td></tr>
</table>

本表由施工单位填写。

<table>
<tr><td colspan="2">冲(吹)洗试验记录
表 C6-18</td><td colspan="2">资料编号</td><td colspan="2">05－01－C6－×××</td></tr>
<tr><td colspan="2">工程名称</td><td>××住宅楼工程</td><td>试验日期</td><td colspan="2">××年×月×日</td></tr>
<tr><td colspan="2">试验项目</td><td>给水管道及配件安装
（冲洗试验）</td><td>试验介质</td><td colspan="2">自来水</td></tr>
<tr><td colspan="6">试验要求：
管道冲洗应采用设计提供的最大流量或不小于 1.0m/s 的流速连续进行，直至出水口处浊度、色度与入水口处冲洗水浊度、色度相同且无杂质为合格。冲洗时应保证排水管路畅通安全。</td></tr>
<tr><td colspan="6">试验记录：
管道进行冲洗，先从室外水表井接入临时冲洗管道和加压水泵，关闭立管阀门，从导管内加压进行冲洗，流速为 1.5m/s，从排放处观察水质情况，目测排水水质与供水水质一样，无杂质。然后拆掉临时排水管道，打开各立管阀门，所有水表位置用一短管代替，用加压泵往系统加压，分别打开各层给水阀门，从支管末端放水，直至无杂质，水色透明。至 12:10 冲洗结束。</td></tr>
<tr><td colspan="6">试验结论：
经检查，管道冲洗试验符合设计要求和《建筑给水排水及采暖工程施工质量验收规范》(GB 50242－2002)的规定，合格。</td></tr>
<tr><td rowspan="3">签字栏</td><td rowspan="2">施工单位</td><td rowspan="2">××建设集团有限公司</td><td>专业技术负责人</td><td>专业质检员</td><td>专业工长</td></tr>
<tr><td>李　路</td><td>赵　刚</td><td>李　森</td></tr>
<tr><td>监理(建设)单位</td><td colspan="2">××工程建设监理有限公司</td><td>专业工程师</td><td>王　刚</td></tr>
</table>

本表由施工单位填写。

<table>
<tr><td colspan="2">通球试验记录
表 C6-19</td><td>资料编号</td><td>05－02－C6－001</td></tr>
<tr><td>工程名称</td><td>××住宅楼工程</td><td>试验日期</td><td>××年×月×日</td></tr>
<tr><td>试验项目</td><td>一层～十层卫 2、开水间排水干、立管及出户管通球试验</td><td>管道材质</td><td>柔性(A 型)铸铁排水管</td></tr>
</table>

试验要求：

管道试球采用硬质空心塑料球，球径不小于管道内径的 2/3. 排水立管应自立管顶部将试球投入，在立管底部引出管的出口处进行检查，通水将试球从出口冲出。横干管及引出管应将试球在检查管管段的始端投入，通水冲至引出管末端排出。室外结合井处加临时网罩，以便将试球截住取出。通球试验以试球通畅无阻为合格。

试验部位	管段编号	通球管道管径(mm)	通球球径(mm)	通球情况
一至十层 2 卫生间立管	××	100	70	通畅无阻
一至十层开水间立管	××	100	70	通畅无阻
出户管	××	150	100	通畅无阻

试验记录：

从上午 8:30～8:35、8:50～5:55，分别在一至十层卫 2 卫生间立管顶部、开水间立管顶部将试球投入，试球采用硬质空心塑料球，球径为 70mm，在首层检查口处设挡板进行检查，同时往立管内灌水冲洗，球落到挡板上，取出球；9:10 从水平干管始端清扫口投球，球径为 100mm，通水后室外结合井处截取到试球，均通畅无阻。

试验结论：

经检查，试验方式、过程及结果均符合设计要求和《建筑给水排水及采暖工程施工质量验收规范》(GB 50242－2002)的规定，合格。

<table>
<tr><td rowspan="3">签字栏</td><td rowspan="2">施工单位</td><td rowspan="2">××建设集团有限公司</td><td>专业技术负责人</td><td>专业质检员</td><td>专业工长</td></tr>
<tr><td>李　路</td><td>赵　刚</td><td>李　森</td></tr>
<tr><td>监理(建设)单位</td><td colspan="2">××工程建设监理有限公司</td><td>专业工程师</td><td>王　刚</td></tr>
</table>

本表由施工单位填写。

补偿器安装记录 表 C6-20		资料编号	05－03－C6－×××
工程名称	××住宅楼工程	日　期	××年×月×日
设计压力(MPa)	1.6	安装部位	B01～F05 层低区 热水 HW－1 立管
规格型号	1.6RNY125×10J　DN50	补偿器材质	轴向内压式不锈钢 波纹补偿器
固定支架间距(m)	22	管内介质温度(℃)	7～60

补偿器安装记录及说明：

B01－F05 层低区热水 HW－1 立管安装 1.6RNY125×10J 轴向内压式不锈钢波纹补偿器 1 个。

安装调试前先检查波纹补偿器的外观质量，按管道设计最高温度为 60℃，最低温度为 7℃，安装时的环境温度 20℃，波纹补偿器的设计最大轴向补偿量 40mm，按照 $\Delta X = X[1/2-(T-T_D)/(T_G-T_D)]$ 公式，经计算，计算预拉值为 6.5mm，实际预拉值为 6.5mm，因此补偿器可以安装。安装时，在管道上割掉一段管长使等于预拉或预压后的补偿器及两侧短管的长度，将补偿器置于管道中心位置，歪斜，整体地焊接在连接管道上，最后拆掉补偿器的边杆。补偿器距固定支架的距离为 40m。

结论：

经检查，补偿器安装调试符合设计要求及施工规范规定，合格。

<table>
<tr><td rowspan="3">签字栏</td><td rowspan="2">施工单位</td><td rowspan="2">××建设集团
有限公司</td><td>专业技术负责人</td><td>专业质检员</td><td>专业工长</td></tr>
<tr><td>李　路</td><td>赵　刚</td><td>李　森</td></tr>
<tr><td>监理(建设)单位</td><td colspan="2">××工程建设监理有限公司</td><td>专业工程师</td><td>王　刚</td></tr>
</table>

本表由施工单位填写。

<table>
<tr><td colspan="2">消火栓试射记录
表 C6-21</td><td>资料编号</td><td>05－01－C6－001</td></tr>
<tr><td>工程名称</td><td>××住宅楼工程</td><td>试射日期</td><td>××年×月×日</td></tr>
<tr><td>试射消火栓位置</td><td>屋顶消火栓</td><td>启泵按钮</td><td>☑合格 ☐不合格</td></tr>
<tr><td>消火栓组件</td><td>☑合格 ☐不合格</td><td>栓口安装高度(m)</td><td>☑合格 ☐不合格</td></tr>
<tr><td>栓口水枪型号</td><td>☑合格 ☐不合格</td><td>卷盘间距、组件</td><td>☑合格 ☐不合格</td></tr>
<tr><td>栓口静压(MPa)</td><td>0.10</td><td>栓口动压(MPa)</td><td>0.20</td></tr>
<tr><td colspan="4">试验要求：
取屋顶消火栓进行试射试验，观察压力表读数不应大于 0.50MPa，射出的密集水柱长度不应小于 10m，屋顶消火栓静压不小于 0.07MPa。</td></tr>
<tr><td colspan="4">试验记录：
试验从 14:00 开始。打开屋顶消火栓箱。按下消防泵启动按钮，取下消防水龙带迅速接好栓口和水枪，打开消火栓阀门，拉到平屋顶上水平向上倾角 30°～45°试射，同时观察压力表读数为 0.20MPa，射出的密集水柱约 20m。检查屋顶消火栓静压为 0.10MPa。试验至 14:30 结束。</td></tr>
<tr><td colspan="4">试验结论：
屋顶消火栓射试验符合设计要求。</td></tr>
</table>

<table>
<tr><td rowspan="3">签字栏</td><td rowspan="2">施工单位</td><td rowspan="2">××建设集团有限公司</td><td>专业技术负责人</td><td>专业质检员</td><td>专业工长</td></tr>
<tr><td>李　路</td><td>赵　刚</td><td>李　森</td></tr>
<tr><td>监理(建设)单位</td><td colspan="2">××工程建设监理有限公司</td><td>专业工程师</td><td>王　刚</td></tr>
</table>

本表由施工单位填写。

自动喷水灭火系统 质量验收缺陷项目判定记录 表 C6-22		资料编号	05－11－06－002
工程名称	××住宅楼工程	建设单位	××集团开发有限公司
施工单位	××建设集团有限公司	监理单位	××工程建设监理有限公司

缺陷分类	严重缺陷(A)	缺陷分类	重缺陷(B)	缺陷分类	轻缺陷(C)	缺陷款数
包含条款	—	—	—	—	8.0.3 条第 1～5 款	
	8.0.4 条第 1、2 款		—	—	—	—
	—	—	8.0.5 条第 1～3 款		—	—
	8.0.6 条第 4 款		8.0.6 条第 1、2、3、5、6 款	0	8.0.6 条第 7 款	0
	—	—	8.0.7 条第 1、2、3、4、6 款	0	8.0.7 条第 5 款	0
	8.0.8 条第 1 款		8.0.8 条第 4、5 款	0	8.0.8 条第 2、3、6、7 款	0
	8.0.9 条第 1 款		8.0.9 条第 2 款	0	8.0.9 条第 3～5 款	1
	—	—	8.0.10 条	0	—	—
	8.0.11 条	0	—	—	—	—
	8.0.12 条第 3、4 款	0	8.0.12 条第 5～7 款		8.0.12 条第 1、2 款	0
	严重缺陷(A)合计	0	重缺陷(B)合计	0	轻缺陷(C)合计	0
合格判定条件	A	0	B	≤2	B+C	≤6
缺陷判定记录	A	0	B	0	B+C	1
判定结论	判定结论为合格					

参加单位	建设单位项目负责人： （签章） ××集团(开发)有限公司 李喜林 ××年×月×日	监理单位监理工程师： （签章） ××工程建设监理有限公司 张[illegible]峰 ××年×月×日	施工单位项目负责人： （签章） ××建设集团有限公司 赵小伟 ××年×月×日

<table>
<tr><td colspan="2">设备单机试运转记录
表 C6-91</td><td>资料编号</td><td>08－C6－001</td></tr>
<tr><td>工程名称</td><td>××住宅楼工程</td><td>试运转时间</td><td>2011 年 6 月 15 日 9:00～11:00</td></tr>
<tr><td>设备名称</td><td>变频给水泵</td><td>设备编号</td><td>M2－43</td></tr>
<tr><td>规格型号</td><td>BA1－100×4</td><td>额定数据</td><td>Q=54m^3/h　H=70.4m
N=18.5kW</td></tr>
<tr><td>生产厂家</td><td>××水泵有限责任公司</td><td>设备所在系统</td><td>室内给水系统</td></tr>
</table>

试验要求：

序号	试验项目	试验记录	试验结论
1	减震器连接状况	连接牢固、平衡、接触紧密，并符合减震要求	符合设计要求、施工规范规定及产品说明书要求
2	减震效果	基础减震运行平稳，无异常振动与声响	符合设计要求、施工规范规定及产品说明书要求
3	传动装置	水泵安装后其纵向水平度偏差及横向水平度偏差、垂直度偏差以及联轴器两轴芯的偏差满足设计或规范要求。盘车灵活、无异常现象，润滑情况良好。运行时各固定连接部位无松动	符合设计要求、施工规范规定及产品说明书要求
4	压力表	灵敏、准确、可靠	符合设计要求、施工规范规定及产品说明书要求
5	电气设备	电机绕组对地绝缘电阻合格。电动机转向与泵的转向相符。电机运行电流、电压正常	符合设计要求、施工规范规定及产品说明书要求
6	轴承温升	试运转时的环境温度 25℃，连续运转 2h 后，水泵轴承外壳最高温度 67℃；电机轴承最高温度 76℃	符合设计要求、施工规范规定及产品说明书要求

试运转结论：

经试运转，给水泵的单机试运行符合设计要求、施工规范规定及产品说明书要求，合格。

<table>
<tr><td rowspan="3">签字栏</td><td rowspan="2">施工单位</td><td rowspan="2">××建设集团有限公司</td><td>专业技术负责人</td><td>专业质检员</td><td>专业工长</td></tr>
<tr><td>陈　亮</td><td>王　强</td><td>李小刚</td></tr>
<tr><td>监理（建设）单位</td><td colspan="2">××工程建设监理有限公司</td><td>专业工程师</td><td>王　刚</td></tr>
</table>

本表由施工单位填写。

<table>
<tr><td colspan="2">系统试运转调试记录
表 C6-92</td><td>资料编号</td><td colspan="2">08－01－C6－×××</td></tr>
<tr><td>工程名称</td><td>××住宅楼工程</td><td>试运转
调试时间</td><td colspan="2">2014.2.25.9 时～
2014.2.26.12 时</td></tr>
<tr><td>试运转
调试项目</td><td>采暖系统调试</td><td>试运转
调试部位</td><td colspan="2">一层至屋顶水箱间
（西区）采暖系统</td></tr>
<tr><td colspan="5">试运转、调试内容：
本工程采暖系统为上供下回单管民程式供暖系统，供回水干管分别设于顶层 F11 层及 B01 层，末端高点设有集气罐。系统管道采用焊接钢管，散热器采用铸铁、钢制散热器。
西区于 2 月 25 日 9 时开始正式通暖，至 2 月 26 日 12 时，西区供热管道及散热器受热情况基本均匀，各阀门开启灵活，管道、设备、散热器等接口处均不渗不漏。
经进行室温测量，办公室内温度均在 18～20℃内，卫生间及走道温度在 12～16℃之间。设计温度为办公室内温度 18℃，卫生间及走道温度 15℃。</td></tr>
<tr><td colspan="5">试运转、调试结论：
经检查，采暖系统调试符合设计要求和《建筑给水排水及采暖工程施工质量验收规范》(GB 50242－2002)的规定，调试合格。</td></tr>
<tr><td rowspan="2">签字栏</td><td>建设单位</td><td colspan="2">监理单位</td><td>施工单位</td></tr>
<tr><td>李喜林</td><td colspan="2">张学峰</td><td>赵小伟</td></tr>
</table>

本表由施工单位填写。

三、建筑电气工程施工试验资料样表

<table>
<tr><td colspan="2">电气接地电阻测试记录
表 C6-23</td><td>资料编号</td><td colspan="3">06－07－C6－×××</td></tr>
<tr><td>工程名称</td><td>××住宅楼工程</td><td>测试日期</td><td colspan="3">××年×月×日</td></tr>
<tr><td>仪表型号</td><td>ZC－8</td><td>天气情况</td><td>晴</td><td>气温(℃)</td><td>26</td></tr>
<tr><td>接地类型</td><td colspan="5">☑防雷接地　☐计算机接地　☑工作接地
☐保护接地　☐防静电接地　☐逻辑接地
☑重复接地　☐综合接地　☐医疗设备接地</td></tr>
<tr><td>设计要求</td><td colspan="5">☐10Ω　☐≤4Ω　☑≤1Ω
☐≤0.1Ω　☐≤　Ω　☐≤　Ω</td></tr>
<tr><td colspan="6">测试结论：
季节系数取 1.4，按接地类型分 2 组进行测试，级别及实测数据分别为：
防雷接地：(1)0.27×1.4＝0.378，(2)0.27×1.4＝0.378
重复接地：(1)0.27×1.4＝0.378，(2)0.27×1.4＝0.378
工作接地：(1)0.27×1.4＝0.378，(2)0.26×1.4＝0.364
经测试计算，符合设计要求和《建筑电气工程施工质量验收规范》(GB 50303－2011)规定。</td></tr>
</table>

<table>
<tr><td rowspan="3">签字栏</td><td rowspan="2">施工单位</td><td rowspan="2">××建设集团有限公司</td><td>专业技术负责人</td><td>专业质检员</td><td>专业工长</td></tr>
<tr><td>李　路</td><td>赵　刚</td><td>王　明</td></tr>
<tr><td>监理(建设)单位</td><td colspan="2">××工程建设监理有限公司</td><td>专业工程师</td><td>李　亮</td></tr>
</table>

本表由施工单位填写。

<table>
<tr><td colspan="4">电气接地装置隐检与平面示意图表
表 C6-24</td><td>资料编号</td><td colspan="2">06－07－C6－×××</td></tr>
<tr><td>工程名称</td><td colspan="3">××大厦工程</td><td>图　号</td><td colspan="2">电施－15</td></tr>
<tr><td>接地类型</td><td colspan="2">防雷接地</td><td>组数</td><td>/</td><td>设计要求</td><td>≤1Ω</td></tr>
<tr><td colspan="7">接地装置平面示意图(绘制比例要适当,注明各组别编号及有关尺寸)</td></tr>
<tr><td colspan="7">与护坡桩主筋焊接
-40×4镀锌扁钢
护坡桩
注：图中Z1、Z4、Z7引下线处距室外地坪0.5m处为接地电阻测试点位置</td></tr>
</table>

<table>
<tr><td colspan="4">接地装置敷设情况检查表(尺寸单位:mm)</td></tr>
<tr><td>槽沟尺寸</td><td>沿结构处四周,深 700mm</td><td>土质情况</td><td>粉质黏土</td></tr>
<tr><td>接地极规格</td><td>/</td><td>打进深度</td><td>/</td></tr>
<tr><td>接地体规格</td><td>ϕ25</td><td>焊接情况</td><td>符合规范规定</td></tr>
<tr><td>防腐处理</td><td>焊接处均涂沥青油</td><td>接地电阻</td><td>(取最大值)0.18Ω</td></tr>
<tr><td>检验结论</td><td>符合设计和规范要求</td><td>检验日期</td><td>××年×月×日</td></tr>
</table>

<table>
<tr><td rowspan="3">签字栏</td><td rowspan="2">施工单位</td><td rowspan="2">××建设集团有限公司</td><td>专业技术负责人</td><td>专业质检员</td><td>专业工长</td></tr>
<tr><td>李　路</td><td>赵　刚</td><td>王　明</td></tr>
<tr><td>监理(建设)单位</td><td colspan="2">××工程建设监理有限公司</td><td>专业工程师</td><td>李　亮</td></tr>
</table>

本表由施工单位填写。

电气绝缘电阻测试记录 表 C6-25					资料编号	06－05－C6－002
工程名称	××住宅楼工程				测试日期	××年×月×日
计量单位	MΩ(兆欧)				天气情况	晴
仪表型号	ZC－7	电压	500V		气温	13℃

试验内容		相间			相对零			相对地			零对地
		L_1-L_2	L_2-L_3	L_3-L_1	L_1-N	L_2-N	L_3-N	L_1-PE	L_2-PE	L_3-PE	N－PE
层数·路别·名称·编号	1AL－1										
	WP1	500	500	500	500	500	500	500	500	500	500
	WL1	500	500	500	500	500	500	500	500	500	500
	WL2				470						
	WL3					480					
	WL4						450				
	WL5				400						
	WL6					400			400		400
	WL7						400			400	400
	WL8				450			450			450
	WL9	500	500	500	500	500	500	500	500	500	500
	WL10	500	500	500	500	500	500	500	500	500	500
	WL11				450			450			450
	WL12					470			470		470

测试结论：

经测试，线路绝缘良好，符合设计要求和《建筑电气工程施工质量验收规范》(GB 50303－2011)的规定。

签字栏	施工单位	××建设集团有限公司	专业技术负责人	专业质检员	专业工长
			赵 刚	王 明	陈 伟
	监理(建设)单位	××工程建设监理有限公司		专业工程师	李 亮

本表由施工单位填写。

电气器具通电安全检查记录 表 C6-26		资料编号	06－05－C6－002
工程名称	××住宅楼工程	检查日期	××年×月×日
楼门单元或区域场所	一层		

层数	开关									灯具									插座								
	1	2	3	4	5	6	7	8	9	1	2	3	4	5	6	7	8	9	1	2	3	4	5	6	7	8	9
一层	√	√	√	√	√	√	√	√	√	√	√	√	√	√	√	√	√	√	√	√	√	√	√	√	√	√	√
	√	√	√	√	√	√	√	√	√	√	√	√	√	√	√	√	√	√	√	√	√	√	√	√	√	√	√
	√	√	√	√	√	√	√	√	√	√	√	√	√	√	√	√	√	√	√	√	√	√	√	√	√	√	√
	√	√	√	√	√	√	√	√	√	√	√	√	√	√	√	√	√	√	√	√	√	√	√	√	√	√	√
	√	√	√	√	√	√	√	√	√	√	√	√	√	√	√	√	√	√	√	√	√	√	√	√	√	√	√
	√	√	√	√	√	√	√	√	√	√	√	√	√	√	√	√	√	√	√	√	√	√	√	√	√	√	√
	√	√	√	√	√	√	√	√	√	√	√	√	√	√	√	√	√	√	√	√	√	√	√	√	√	√	√
	√	√	√	√	√	√	√	√	√	√	√	√	√	√	√	√	√	√	√	√	√	√	√	√	√	√	√
	√	√	√	√	√	√	√	√	√	√	√	√	√	√	√	√	√	√	√	√	√	√	√	√	√	√	√
	√	√	√	√	√	√	√	√	√	√	√	√	√	√	√	√	√	√	√	√	√	√	√	√	√	√	√
	√	√	√	√	√					√	√	√	√	√	√	√	√	√	√	√	√	√	√	√	√	√	√
										√	√	√	√	√	√	√	√	√	√	√	√	√	√	√	√	√	√
										√	√	√	√	√	√	√	√	√	√	√	√	√	√	√	√	√	√
										√	√	√	√	√	√	√	√	√	√	√	√	√	√	√	√	√	√
										√	√	√	√	√	√	√	√	√	√	√	√	√	√	√	√	√	√
										√	√	√	√	√	√	√	√	√	√	√	√	√	√	√	√	√	√

检查结论：

经检查，开关、插座、灯具均接线正确，通断正常，开关通断位置一致，操作灵活，接触可靠，符合设计要求及《建筑电气工程施工质量验收规范》(GB 50303－2011)的规定。

签字栏	施工单位	××建设集团有限公司	专业技术负责人	专业质检员	专业工长
			赵　刚	王　明	陈　伟
	监理(建设)单位	××工程建设监理有限公司		专业工程师	李　亮

本表由施工单位填写。

电气设备空载试运行记录 表 C6-27					资料编号		06—04—C6—001	
工程名称		××住宅楼工程						
试运项目		地下一层9#风机(2.2kW)			填写日期		××年×月×日	
试运时间		由×日7时50分开始至×日9时50分结束						
运行负荷记录	运行时间	运行电压(V)			运行电流(A)			温度(℃)
		L_1-N (L_1-L_2)	L_2-N (L_2-L_3)	L_3-N (L_3-L_1)	L_1相	L_2相	L_3相	
	7:50	376	377	377	3.8	3.8	3.9	25
	8:50	376	377	377	3.8	3.8	3.9	26
	9:50	376	377	377	3.8	3.8	3.9	26
试运行情况记录： 经2h通电试运行，线压接点和线路无过热现象，电机运转、温升、噪声等情况正常；配电线路、开关、仪表等正常；符合设计要求和《建筑电气工程施工质量验收规范》(GB 50303—2011)的规定。								
签字栏	施工单位	××建设集团有限公司		专业技术负责人		专业质检员	专业工长	
				李　路		赵　刚	王　明	
	监理(建设)单位	××工程建设监理有限公司				专业工程师	李　亮	

本表由施工单位填写。

<table>
<tr><td colspan="5">建筑物照明通电试运行记录
表 C6-28</td><td colspan="2">资料编号</td><td colspan="2">06－05－C6－×××</td></tr>
<tr><td colspan="2">工程名称</td><td colspan="5">××住宅楼工程　照明系统进线 1(AA4、AA5、AA9、AA10)</td><td colspan="2">公建□/住宅☑</td></tr>
<tr><td colspan="2">试运项目</td><td colspan="3">照明系统</td><td colspan="2">填写日期</td><td colspan="2">××年×月×日</td></tr>
<tr><td colspan="2">试运时间</td><td colspan="7">由 5 日 8 时 0 分开始至 5 日 16 时 0 分结束</td></tr>
<tr><td rowspan="15">运行负荷记录</td><td rowspan="2">运行时间</td><td colspan="3">运行电压(V)</td><td colspan="3">运行电流(A)</td><td rowspan="2">温度(℃)</td></tr>
<tr><td>L_1-N
(L_1-L_2)</td><td>L_2-N
(L_2-L_3)</td><td>L_3-N
(L_3-L_1)</td><td>L_1 相</td><td>L_2 相</td><td>L_3 相</td></tr>
<tr><td>16:00</td><td>221</td><td>220</td><td>220</td><td>120</td><td>120.5</td><td>119.5</td><td>17</td></tr>
<tr><td>16:00～18:00</td><td>223</td><td>222</td><td>221</td><td>120.5</td><td>120.5</td><td>120</td><td>16</td></tr>
<tr><td>18:00～20:00</td><td>222</td><td>221</td><td>222</td><td>120</td><td>120</td><td>120</td><td>16</td></tr>
<tr><td>20:00～22:00</td><td>220</td><td>222</td><td>223</td><td>120.5</td><td>120.5</td><td>120</td><td>16</td></tr>
<tr><td>22:00～0:00</td><td>221</td><td>219</td><td>221</td><td>120</td><td>121</td><td>120.5</td><td>17</td></tr>
<tr><td>0:00～2:00</td><td>221</td><td>220</td><td>220</td><td>120.5</td><td>120.5</td><td>121</td><td>16</td></tr>
<tr><td>2:00～4:00</td><td>222</td><td>220</td><td>220</td><td>119</td><td>119.5</td><td>120.5</td><td>16</td></tr>
<tr><td>4:00～6:00</td><td>221</td><td>220</td><td>224</td><td>120</td><td>121</td><td>121</td><td>17</td></tr>
<tr><td>6:00～8:00</td><td>221</td><td>223</td><td>220</td><td>120.5</td><td>120.5</td><td>120.5</td><td>19</td></tr>
<tr><td>8:00～10:00</td><td>223</td><td>221</td><td>222</td><td>121</td><td>121</td><td>120.5</td><td>20</td></tr>
<tr><td>10:00～12:00</td><td>222</td><td>220</td><td>222</td><td>120.5</td><td>121</td><td>120</td><td>206</td></tr>
<tr><td>12:00～14:00</td><td>223</td><td>222</td><td>220</td><td>120.5</td><td>120</td><td>120</td><td>18</td></tr>
<tr><td>14:00～16:00</td><td>221</td><td>221</td><td>221</td><td>120.5</td><td>120</td><td>119.5</td><td>19</td></tr>
<tr><td colspan="9">试运行情况记录：

照明系统灯具均投入运行，经 24h 通电试验，配电控制正确，空开、线路结点温度及器具运行情况正常，符合设计及规范要求，合格。</td></tr>
<tr><td rowspan="3">签字栏</td><td rowspan="2">施工单位</td><td rowspan="2" colspan="2">××建设集团有限公司</td><td colspan="2">专业技术负责人</td><td colspan="2">专业质检员</td><td>专业工长</td></tr>
<tr><td colspan="2">李　路</td><td colspan="2">赵　刚</td><td>王　明</td></tr>
<tr><td>监理（建设）单位</td><td colspan="4">××工程建设监理有限公司</td><td colspan="2">专业工程师</td><td>李　亮</td></tr>
</table>

本表由施工单位填写。

<table>
<tr><td colspan="3">大型照明灯具承载试验记录
表 C6-29</td><td>资料编号</td><td>06－05－C6－×××</td></tr>
<tr><td>工程名称</td><td colspan="4">××大厦工程</td></tr>
<tr><td>楼层</td><td>一层</td><td>试验日期</td><td colspan="2">××年×月×日</td></tr>
<tr><td>灯具名称</td><td>安装部位</td><td>数量</td><td>灯具自重(kg)</td><td>试验载重(kg)</td></tr>
<tr><td>花灯</td><td>大厅</td><td>10套</td><td>35</td><td>70</td></tr>
<tr><td></td><td></td><td></td><td></td><td></td></tr>
<tr><td></td><td></td><td></td><td></td><td></td></tr>
<tr><td></td><td></td><td></td><td></td><td></td></tr>
<tr><td></td><td></td><td></td><td></td><td></td></tr>
<tr><td></td><td></td><td></td><td></td><td></td></tr>
<tr><td></td><td></td><td></td><td></td><td></td></tr>
<tr><td></td><td></td><td></td><td></td><td></td></tr>
<tr><td colspan="5">检查结论：
一层大厅使用灯具的规格、型号符合设计要求，预埋螺栓直径符合规范要求，经做承载试验，试验载重 70kg，试验时间为 15min，预埋件牢固可靠，符合规范规定。</td></tr>
</table>

<table>
<tr><td rowspan="3">签字栏</td><td rowspan="2">施工单位</td><td rowspan="2">××建设集团有限公司</td><td>专业技术负责人</td><td>专业质检员</td><td>专业工长</td></tr>
<tr><td>李　路</td><td>赵　刚</td><td>李　森</td></tr>
<tr><td>监理(建设)单位</td><td colspan="2">××工程建设监理有限公司</td><td>专业工程师</td><td>李　亮</td></tr>
</table>

本表由施工单位填写。

<table>
<tr><td colspan="2">漏电开关模拟试验记录
表 C6-30</td><td colspan="2">资料编号</td><td colspan="2">06－05－C6－002</td></tr>
<tr><td>工程名称</td><td colspan="5">××住宅楼工程</td></tr>
<tr><td>试验器具</td><td>漏电开关检测仪(MI 2121 型)</td><td colspan="2">试验日期</td><td colspan="2">××年×月×日</td></tr>
<tr><td rowspan="2">安装部位</td><td rowspan="2">型　号</td><td colspan="2">设计要求</td><td colspan="2">实际测试</td></tr>
<tr><td>动作电流
(mA)</td><td>动作时间
(ms)</td><td>动作电流
(mA)</td><td>动作时间
(ms)</td></tr>
<tr><td>一层 1AT－1 箱 WL2 支路</td><td>C65N/2P＋VM16A</td><td>30</td><td>100</td><td>10</td><td>5</td></tr>
<tr><td>一层 1AT－2 箱 WL1 支路</td><td>C65N/4P＋VM32A</td><td>30</td><td>100</td><td>16</td><td>15</td></tr>
<tr><td>一层 1AT－2 箱 WL2 支路</td><td>C65N/2P＋VM16A</td><td>30</td><td>100</td><td>17</td><td>16</td></tr>
<tr><td>一层 1AT－2 箱备用</td><td>C65N/2P＋VM16A</td><td>30</td><td>100</td><td>20</td><td>9</td></tr>
<tr><td>一层 1AT－4 箱 WL2 支路</td><td>C65N/2P＋VM16A</td><td>30</td><td>100</td><td>19</td><td>16</td></tr>
<tr><td>一层 1AT－4 箱 WL3 支路</td><td>C65N/2P＋VM16A</td><td>30</td><td>100</td><td>19</td><td>15</td></tr>
<tr><td>一层 1AT－5 箱 WL2 支路</td><td>C65N/2P＋VM16A</td><td>30</td><td>100</td><td>20</td><td>17</td></tr>
<tr><td>一层 1AL－1－1 箱 WL3 支路</td><td>C65N/2P＋VM16A</td><td>30</td><td>100</td><td>19</td><td>16</td></tr>
<tr><td>一层 1AL－2－1 箱 WL3 支路</td><td>C65N/2P＋VM16A</td><td>30</td><td>100</td><td>17</td><td>14</td></tr>
<tr><td>一层 1AL－2－1 箱 WL4 支路</td><td>C65N/2P＋VM16A</td><td>3</td><td>100</td><td>19</td><td>13</td></tr>
<tr><td>一层 1AL－2－1 箱备用</td><td>C65N/2P＋VM16A</td><td>30</td><td>100</td><td>18</td><td>17</td></tr>
<tr><td>一层 1AL－1 箱 WL16 支路</td><td>C65N/2P＋VM16A</td><td>30</td><td>100</td><td>9</td><td>9</td></tr>
<tr><td>一层 1AL－1 箱 WL17 支路</td><td>C65N/2P＋VM16A</td><td>30</td><td>100</td><td>10</td><td>8</td></tr>
<tr><td>一层 1AL－1 箱 WL18 支路</td><td>C65N/2P＋VM16A</td><td>30</td><td>100</td><td>9</td><td>9</td></tr>
<tr><td>一层 1AL－1 箱 WL19 支路</td><td>C65N/2P＋VM16A</td><td>30</td><td>100</td><td>7</td><td>18</td></tr>
<tr><td>一层 1AL－1 箱 WL20 支路</td><td>C65N/2P＋VM16A</td><td>30</td><td>100</td><td>12</td><td>7</td></tr>
<tr><td>一层 1AL－1 箱 WL21 支路</td><td>C65N/2P＋VM16A</td><td>30</td><td>100</td><td>15</td><td>11</td></tr>
<tr><td>一层 1AL－1 箱 WL22 支路</td><td>C65N/2P＋VM16A</td><td>30</td><td>100</td><td>19</td><td>18</td></tr>
<tr><td>一层 1AL－1 箱 WL23 支路</td><td>C65N/2P＋VM20A</td><td>30</td><td>100</td><td>17</td><td>17</td></tr>
<tr><td>一层 1AL－1 箱 WL24 支路</td><td>C65N/2P＋VM16A</td><td>30</td><td>100</td><td>18</td><td>13</td></tr>
<tr><td>一层 1AL－1 箱 WL25 支路</td><td>C65N/2P＋VM16A</td><td>30</td><td>100</td><td>15</td><td>8</td></tr>
<tr><td>一层 1AL－1 箱备用</td><td>C65N/2P＋VM16A</td><td>30</td><td>100</td><td>20</td><td>9</td></tr>
<tr><td>一层 1AL－3 箱 WL6 支路</td><td>C65N/2P＋VM16A</td><td>30</td><td>100</td><td>20</td><td>10</td></tr>
<tr><td>一层 1AL－3 箱 WL7 支路</td><td>C65N/2P＋VM16A</td><td>30</td><td>100</td><td>9</td><td>8</td></tr>
<tr><td>一层 1AL－3 箱 WL8 支路</td><td>C65N/2P＋VM16A</td><td>30</td><td>100</td><td>19</td><td>11</td></tr>
<tr><td>一层 1AL－3 箱 WL9 支路</td><td>C65N/2P＋VM20A</td><td>30</td><td>100</td><td>20</td><td>6</td></tr>
<tr><td>一层 1AL－3 箱备用</td><td>C65N/2P＋VM16A</td><td>30</td><td>100</td><td>17</td><td>9</td></tr>
<tr><td colspan="6">测试结论：
经过一层箱(盘)内所有带漏电保护的回路进行测试，所有漏电保护装置动作可靠，漏电保护装置的动作电流和动作时间均符合设计及施工规范要求。</td></tr>
</table>

<table>
<tr><td rowspan="3">签字栏</td><td rowspan="2">施工单位</td><td rowspan="2">××建设集团
有限公司</td><td>专业技术负责人</td><td>专业质检员</td><td>专业工长</td></tr>
<tr><td>李　路</td><td>赵　刚</td><td>李　森</td></tr>
<tr><td>监理(建设)
单位</td><td colspan="2">××工程建设监理有限公司</td><td>专业工程师</td><td>李　亮</td></tr>
</table>

本表由施工单位填写。

<table>
<tr><td colspan="2">大容量电气线路结点测温记录
表 C6-31</td><td>资料编号</td><td colspan="2">06－02－C6－×××</td></tr>
<tr><td>工程名称</td><td colspan="4">××大厦工程</td></tr>
<tr><td>测试地点</td><td>地下室配电室</td><td>测试品种</td><td colspan="2">导线□/母线☑/开关□</td></tr>
<tr><td>测试工具</td><td>远红外摇表测量仪</td><td>测试日期</td><td colspan="2">××年×月×日</td></tr>
<tr><td>测试回路(部位)</td><td>测试时间</td><td>电流(A)</td><td>设计温度(℃)</td><td>测试温度(℃)</td></tr>
<tr><td>地下配电室 1# 柜 A 相母线</td><td>10:00</td><td>640</td><td>60</td><td>55</td></tr>
<tr><td>地下配电室 1# 柜 B 相母线</td><td>10:00</td><td>645</td><td>60</td><td>55</td></tr>
<tr><td>地下配电室 1# 柜 C 相母线</td><td>10:00</td><td>645</td><td>60</td><td>55</td></tr>
<tr><td></td><td></td><td></td><td></td><td></td></tr>
<tr><td></td><td></td><td></td><td></td><td></td></tr>
<tr><td></td><td></td><td></td><td></td><td></td></tr>
<tr><td></td><td></td><td></td><td></td><td></td></tr>
<tr><td></td><td></td><td></td><td></td><td></td></tr>
<tr><td></td><td></td><td></td><td></td><td></td></tr>
<tr><td></td><td></td><td></td><td></td><td></td></tr>
<tr><td></td><td></td><td></td><td></td><td></td></tr>
<tr><td></td><td></td><td></td><td></td><td></td></tr>
<tr><td></td><td></td><td></td><td></td><td></td></tr>
<tr><td></td><td></td><td></td><td></td><td></td></tr>
<tr><td></td><td></td><td></td><td></td><td></td></tr>
<tr><td></td><td></td><td></td><td></td><td></td></tr>
<tr><td colspan="5">测试结论：

设备在设计计算负荷运行情况下，对母线与电缆的连接结点进行抽测，温升稳定且不大于设计值，符合设计及施工规范规定。</td></tr>
</table>

<table>
<tr><td rowspan="3">签字栏</td><td rowspan="2">施工单位</td><td rowspan="2">××建设集团有限公司</td><td>专业技术负责人</td><td>专业质检员</td><td>专业工长</td></tr>
<tr><td>李　路</td><td>赵　刚</td><td>李　森</td></tr>
<tr><td>监理(建设)单位</td><td colspan="2">××工程建设监理有限公司</td><td>专业工程师</td><td>李　亮</td></tr>
</table>

本表由施工单位填写。

<table>
<tr><td colspan="4">避雷带支架拉力测试记录
表 C6-32</td><td colspan="2">资料编号</td><td colspan="2">06－07－C6－001</td></tr>
<tr><td colspan="2">工程名称</td><td colspan="6">××住宅楼工程</td></tr>
<tr><td colspan="2">测试部位</td><td colspan="2">屋顶</td><td colspan="2">测试日期</td><td colspan="2">××年×月×日</td></tr>
<tr><td>序号</td><td>拉力(kg)</td><td>序号</td><td>拉力(kg)</td><td>序号</td><td>拉力(kg)</td><td>序号</td><td>拉力(kg)</td></tr>
<tr><td>1</td><td>5.5</td><td>17</td><td>5.5</td><td>33</td><td>5.5</td><td>49</td><td>5.5</td></tr>
<tr><td>2</td><td>5.5</td><td>18</td><td>5.5</td><td>34</td><td>5.5</td><td>50</td><td>5.5</td></tr>
<tr><td>3</td><td>5.5</td><td>19</td><td>5.5</td><td>35</td><td>5.5</td><td>51</td><td>5.5</td></tr>
<tr><td>4</td><td>5.5</td><td>20</td><td>5.5</td><td>36</td><td>5.5</td><td>52</td><td>5.5</td></tr>
<tr><td>5</td><td>5.5</td><td>21</td><td>5.5</td><td>37</td><td>5.5</td><td>53</td><td>5.5</td></tr>
<tr><td>6</td><td>5.5</td><td>22</td><td>5.5</td><td>38</td><td>5.5</td><td>54</td><td>5.5</td></tr>
<tr><td>7</td><td>5.5</td><td>23</td><td>5.5</td><td>39</td><td>5.5</td><td>55</td><td>5.5</td></tr>
<tr><td>8</td><td>5.5</td><td>24</td><td>5.5</td><td>40</td><td>5.5</td><td>56</td><td>5.5</td></tr>
<tr><td>9</td><td>5.5</td><td>25</td><td>5.5</td><td>41</td><td>5.5</td><td>57</td><td>5.5</td></tr>
<tr><td>10</td><td>5.5</td><td>26</td><td>5.5</td><td>42</td><td>5.5</td><td>58</td><td>5.5</td></tr>
<tr><td>11</td><td>5.5</td><td>27</td><td>5.5</td><td>43</td><td>5.5</td><td>59</td><td>5.5</td></tr>
<tr><td>12</td><td>5.5</td><td>28</td><td>5.5</td><td>44</td><td>5.5</td><td>60</td><td>5.5</td></tr>
<tr><td>13</td><td>5.5</td><td>29</td><td>5.5</td><td>45</td><td>5.5</td><td>61</td><td>5.5</td></tr>
<tr><td>14</td><td>5.5</td><td>30</td><td>5.5</td><td>46</td><td>5.5</td><td>62</td><td>5.5</td></tr>
<tr><td>15</td><td>5.5</td><td>31</td><td>5.5</td><td>47</td><td>5.5</td><td>63</td><td>5.5</td></tr>
<tr><td>16</td><td>5.5</td><td>32</td><td>5.5</td><td>48</td><td>5.5</td><td>64</td><td>5.5</td></tr>
<tr><td colspan="8">检查结论：
屋顶避雷带安装平正顺直，固定点支持件间距均匀，经过全楼避雷带支架(共计××处)进行测试，每个支持件均能承受大于49N(5kg)的垂直拉力，固定牢固可靠，符合设计及施工规范要求。</td></tr>
<tr><td rowspan="3">签字栏</td><td rowspan="2">施工单位</td><td rowspan="2">××建设集团有限公司</td><td>专业技术负责人</td><td>专业质检员</td><td>专业工长</td></tr>
<tr><td>李　路</td><td>赵　刚</td><td>李　森</td></tr>
<tr><td>监理(建设)单位</td><td colspan="2">××工程建设监理有限公司</td><td>专业工程师</td><td>李　亮</td></tr>
</table>

本表由施工单位填写。

<table>
<tr><td colspan="7">逆变应急电源测试试验记录
表 C6-33</td><td>资料编号</td><td colspan="2">06－06－C6－×××</td></tr>
<tr><td colspan="2">工程名称</td><td colspan="5">××大厦工程</td><td>施工单位</td><td colspan="2">××建设集团有限公司</td></tr>
<tr><td colspan="2">安装部位</td><td colspan="5">配电室</td><td>测试日期</td><td colspan="2">××年×月×日</td></tr>
<tr><td colspan="2">规格型号</td><td colspan="5">HIPULSE160kVA</td><td>环境温度</td><td colspan="2">25℃</td></tr>
<tr><td colspan="7">检查测试内容</td><td>额定值</td><td colspan="2">测试值</td></tr>
<tr><td colspan="7">输入电压(V)</td><td>380</td><td colspan="2">412</td></tr>
<tr><td colspan="4" rowspan="3">输出电压(V)</td><td colspan="3">空载</td><td>380</td><td colspan="2">388</td></tr>
<tr><td rowspan="2">满载</td><td colspan="2">正常进行</td><td>380</td><td colspan="2">383</td></tr>
<tr><td colspan="2">逆变应急进行</td><td>380</td><td colspan="2">383</td></tr>
<tr><td colspan="4" rowspan="2">输出电流(A)</td><td rowspan="2">满载</td><td colspan="2">正常进行</td><td>140</td><td colspan="2">140</td></tr>
<tr><td colspan="2">逆变应急进行</td><td>140</td><td colspan="2">142</td></tr>
<tr><td colspan="7">能量恢复时间(h)</td><td></td><td colspan="2"></td></tr>
<tr><td colspan="7">切换时间(s)</td><td>0.003</td><td colspan="2">0.002</td></tr>
<tr><td colspan="7">逆变储能供电能力(min)</td><td>60</td><td colspan="2">62</td></tr>
<tr><td colspan="4" rowspan="2">过载能力
(输出表观功率额定值120%的阻性负载)</td><td>正常进行</td><td colspan="2">连续工作时间(min)</td><td>10</td><td colspan="2">13</td></tr>
<tr><td>逆变应急进行</td><td colspan="2">连续工作时间(min)</td><td>10</td><td colspan="2">12</td></tr>
<tr><td colspan="4" rowspan="2">噪声检测(dB)</td><td colspan="3">正常进行</td><td>58～68dB</td><td colspan="2">60dB</td></tr>
<tr><td colspan="3">逆变应急进行</td><td>58～68dB</td><td colspan="2">61dB</td></tr>
<tr><td>测试结果</td><td colspan="9">符合设计和规范要求,合格。</td></tr>
<tr><td rowspan="3">签字栏</td><td colspan="2" rowspan="2">施工单位</td><td colspan="2" rowspan="2">××建设集团有限公司</td><td>专业技术负责人</td><td colspan="3">专业工长</td><td>测试人员</td></tr>
<tr><td>李 路</td><td colspan="3">赵 刚</td><td>李 森</td></tr>
<tr><td colspan="2">监理(建设)单位</td><td colspan="3">××工程建设监理有限公司</td><td colspan="3">专业工程师</td><td>李 亮</td></tr>
</table>

本表由施工单位填写。

<table>
<tr><td colspan="2">柴油发电机测试试验记录
表 C6-34</td><td>资料编号</td><td>06－06－C6－×××</td></tr>
<tr><td>工程名称</td><td>××大厦工程</td><td>施工单位</td><td>××建设集团有限公司</td></tr>
<tr><td>安装部位</td><td>一层柴油机房</td><td>测试日期</td><td>××年×月×日</td></tr>
<tr><td>规格型号</td><td>DCM300</td><td>环境温度</td><td>－30℃～45℃</td></tr>
<tr><td colspan="2">检查测试内容</td><td>额定值</td><td>测试值</td></tr>
<tr><td rowspan="2">输出电压(V)</td><td>空载</td><td>400</td><td>405</td></tr>
<tr><td>满载</td><td>400</td><td>398</td></tr>
<tr><td>输出电流(A)</td><td>满载</td><td>800</td><td>805</td></tr>
<tr><td colspan="2">切换时间(s)</td><td>10</td><td>7</td></tr>
<tr><td colspan="2">供电能力(min)</td><td>24</td><td>24</td></tr>
<tr><td rowspan="2">噪声检测(dB)</td><td>空载</td><td>95</td><td>80</td></tr>
<tr><td>满载</td><td>128</td><td>120</td></tr>
</table>

<table>
<tr><td>测试结果</td><td colspan="5">符合设计及规范要求，合格。</td></tr>
<tr><td rowspan="3">签字栏</td><td rowspan="2">施工单位</td><td rowspan="2">××建设集团有限公司</td><td>专业技术负责人</td><td>专业质检员</td><td>专业工长</td></tr>
<tr><td>李　路</td><td>李　森</td><td>陈　伟</td></tr>
<tr><td>监理(建设)单位</td><td colspan="2">××工程建设监理有限公司</td><td>专业工程师</td><td>李　亮</td></tr>
</table>

本表由施工单位填写。

<table>
<tr><td colspan="3">低压配电电源质量测试记录
表 C6-35</td><td>资料编号</td><td>06－06－C6－×××</td></tr>
<tr><td>工程名称</td><td colspan="4">××大厦工程</td></tr>
<tr><td>施工单位</td><td colspan="2">××建设集团有限公司</td><td>测试日期</td><td>××年×月×日</td></tr>
<tr><td colspan="2">测试设备名称及型号</td><td colspan="3">PITG3500 电能质量测量仪</td></tr>
<tr><td colspan="3">检查测试内容</td><td>测试值(V)</td><td>偏差(%)</td></tr>
<tr><td rowspan="4">供电电压</td><td rowspan="3">三相</td><td>A 相</td><td>/</td><td></td></tr>
<tr><td>B 相</td><td>/</td><td></td></tr>
<tr><td>C 相</td><td>/</td><td></td></tr>
<tr><td colspan="2">单相</td><td>220</td><td>2%</td></tr>
<tr><td rowspan="3">公共电网
谐波电压</td><td colspan="2">电压总谐波畸变率(%)</td><td colspan="2">5</td></tr>
<tr><td colspan="2">奇次(1～25 次)谐波含有率(%)</td><td colspan="2">4</td></tr>
<tr><td colspan="2">偶次(2～24 次)谐波含有率(%)</td><td colspan="2">2</td></tr>
<tr><td colspan="3">谐波电流(A)</td><td colspan="2">附检测设备打印记录</td></tr>
<tr><td>测试结果</td><td colspan="4">符合设计及规范要求,合格。</td></tr>
</table>

<table>
<tr><td rowspan="3">签字栏</td><td rowspan="2">施工单位</td><td rowspan="2">××建设集团
有限公司</td><td>专业技术负责人</td><td>专业质检员</td><td>专业工长</td></tr>
<tr><td>李　路</td><td>李　森</td><td>陈　伟</td></tr>
<tr><td>监理(建设)
单位</td><td colspan="2">××工程建设监理有限公司</td><td>专业工程师</td><td>李　亮</td></tr>
</table>

本表由施工单位填写。

<table>
<tr><td colspan="3">监测与控制节能工程检查记录
表 C6-36</td><td>资料编号</td><td colspan="2">10−10−C6−×××</td></tr>
<tr><td colspan="2">工程名称</td><td>××大厦工程</td><td>日期</td><td colspan="2">××年×月×日</td></tr>
<tr><td>序号</td><td colspan="2">检查项目</td><td colspan="2">检验内容及其规范标准要求</td><td>检查结果</td></tr>
<tr><td>1</td><td colspan="2">空调与采暖的冷源</td><td colspan="2">控制及故障报警功能应符合设计要求</td><td>符合设计要求</td></tr>
<tr><td>2</td><td colspan="2">空调与采暖的热源</td><td colspan="2">控制及故障报警功能应符合设计要求</td><td>符合设计要求</td></tr>
<tr><td>3</td><td colspan="2">空调水系统</td><td colspan="2">控制及故障报警功能应符合设计要求</td><td>符合设计要求</td></tr>
<tr><td>4</td><td colspan="2">通风与空调检测控制系统</td><td colspan="2">控制及故障报警功能应符合设计要求</td><td>符合设计要求</td></tr>
<tr><td>5</td><td colspan="2">供配电的监测与数据采集系统</td><td colspan="2">监测采集的运行数据和报警功能应符合设计要求</td><td>符合设计要求</td></tr>
<tr><td>6</td><td colspan="2">大型公共建筑的公用照明区</td><td colspan="2">集中控制并按建筑使用条件和天然采光状况采取分区、分组控制，并按需要采取调光或降低照度的控制措施</td><td>符合设计要求</td></tr>
<tr><td>7</td><td colspan="2">宾馆、饭店的每间（套）客房</td><td colspan="2">应设置节能控制型开关</td><td>/</td></tr>
<tr><td>8</td><td colspan="2">居住建筑有天然采光的楼梯间、走道的一般照明</td><td colspan="2">应采用节能自熄开关</td><td>/</td></tr>
<tr><td rowspan="2">9</td><td colspan="2" rowspan="2">房间或场所设有两列或多列灯具的控制</td><td colspan="2">所控灯列与侧窗平行</td><td>符合规范要求</td></tr>
<tr><td colspan="2">电教室、会议室、多动能厅、报告厅等场所按靠近或远离讲台分组</td><td>符合规范要求</td></tr>
<tr><td>10</td><td colspan="2">庭院灯、路灯的控制</td><td colspan="2">开启和熄灭时间应根据自然光线变换智能控制，其供电方式可采用太阳能</td><td>/</td></tr>
<tr><td rowspan="3">签字栏</td><td rowspan="2">施工单位</td><td rowspan="2">××建设集团有限公司</td><td>专业技术负责人</td><td>专业质检员</td><td>专业工长</td></tr>
<tr><td>李　路</td><td>李　森</td><td>陈　伟</td></tr>
<tr><td>监理（建设）单位</td><td colspan="2">××工程建设监理有限公司</td><td>专业工程师</td><td>李　亮</td></tr>
</table>

本表由施工单位填写。

四、通风与空调工程施工试验资料样表

<table>
<tr><td colspan="3">风管漏光检测记录
表 C6-81</td><td>资料编号</td><td>08－01－C6－×××</td></tr>
<tr><td>工程名称</td><td colspan="2">××大厦工程</td><td>试验日期</td><td>××年×月×日</td></tr>
<tr><td>系统名称</td><td colspan="2">B02 层 SEF－B204 车库排风兼排烟风管</td><td>工作压力(Pa)</td><td>300</td></tr>
<tr><td>系统接缝总长度(m)</td><td colspan="2">85</td><td>每 10 米接缝为一检测段的分段数</td><td>6 段</td></tr>
<tr><td>检测光源</td><td colspan="4">150W 带保护罩低压照明</td></tr>
<tr><td>分段序号</td><td>实测漏光点数(个)</td><td colspan="2">每 10 米接缝的允许漏光点数(个/10m)</td><td>结　论</td></tr>
<tr><td>1</td><td>0</td><td colspan="2">小于 2</td><td>合格</td></tr>
<tr><td>2</td><td>1</td><td colspan="2">小于 2</td><td>合格</td></tr>
<tr><td>3</td><td>0</td><td colspan="2">小于 2</td><td>合格</td></tr>
<tr><td>4</td><td>0</td><td colspan="2">小于 2</td><td>合格</td></tr>
<tr><td>5</td><td>1</td><td colspan="2">小于 2</td><td>合格</td></tr>
<tr><td>6</td><td>0</td><td colspan="2">小于 2</td><td>合格</td></tr>
<tr><td></td><td></td><td colspan="2"></td><td></td></tr>
<tr><td></td><td></td><td colspan="2"></td><td></td></tr>
<tr><td></td><td></td><td colspan="2"></td><td></td></tr>
<tr><td rowspan="2">合　格</td><td>总漏光点数(个)</td><td colspan="2">每 100 米接缝的允许漏光点数(个/100m)</td><td>结　论</td></tr>
<tr><td>2</td><td colspan="2">平均小于 16</td><td>合格</td></tr>
<tr><td colspan="5">检测结论：
按施工验收规范要求进行测试的 6 段中各段漏光点均未超标，评定结论合格。
已测出的漏光处用密封胶堵严。</td></tr>
</table>

<table>
<tr><td rowspan="3">签字栏</td><td rowspan="2">施工单位</td><td rowspan="2">××机电工程有限公司</td><td>专业技术负责人</td><td>专业质检员</td><td>专业工长</td></tr>
<tr><td>刘　强</td><td>郑　伟</td><td>邓　超</td></tr>
<tr><td>监理(建设)单位</td><td colspan="2">××工程建设监理有限公司</td><td>专业工程师</td><td>王学兵</td></tr>
</table>

本表由施工单位填写。

<table>
<tr><td colspan="2">风管漏风检测记录
表 C6-82</td><td>资料编号</td><td>08－01－C6－×××</td></tr>
<tr><td>工程名称</td><td>××住宅工程</td><td>试验日期</td><td>××年×月×日</td></tr>
<tr><td>系统名称</td><td>地下一层车库××排烟系统</td><td>工作压力(Pa)</td><td>740</td></tr>
<tr><td>系统总面积(m^2)</td><td>416</td><td>试验压力(Pa)</td><td>1100</td></tr>
<tr><td>试验面积(m^2)</td><td>397</td><td>系统检测分段数</td><td>5 段</td></tr>
</table>

检测区段图示：

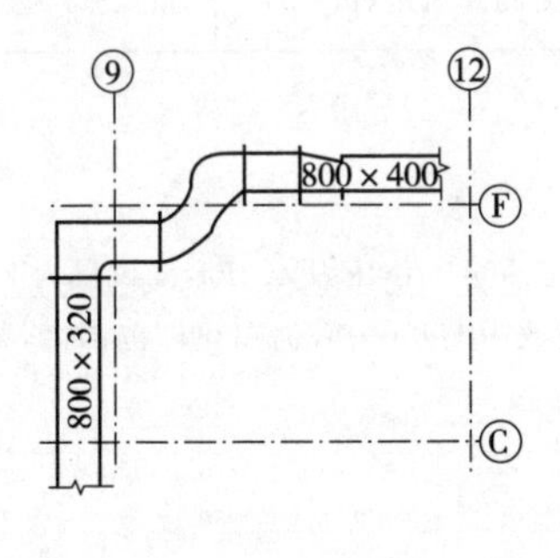

分段实测数值			
序号	分段面积 (m^2)	试验压力 (Pa)	实际漏风量 (m^3/h)
1	42	1100	205.8
2	83	1100	381.8
3	172	1100	808.4
4	75	1100	375
5	25	1100	130

系统允许漏风量 ($m^3/m^2 \cdot h$)	6.9	实测系统漏风量 ($m^3/m^2 \cdot h$)	4.88

检测结论：

经检测，检测结果符合设计要求和《通风与空调工程施工质量验收规范》(GB 50243－2002)的规定，合格。

<table>
<tr><td rowspan="3">签字栏</td><td rowspan="2">施工单位</td><td rowspan="2">××机电工程有限公司</td><td>专业技术负责人</td><td>专业质检员</td><td>专业工长</td></tr>
<tr><td>刘　强</td><td>郑　伟</td><td>邓　超</td></tr>
<tr><td>监理(建设)单位</td><td colspan="2">××工程建设监理有限公司</td><td>专业工程师</td><td>王学兵</td></tr>
</table>

本表由施工单位填写。

<table>
<tr><td colspan="4">现场组装除尘器、空调机漏风检测记录
表 C6-83</td><td>资料编号</td><td>08－03－C6－×××</td></tr>
<tr><td colspan="2">工程名称</td><td colspan="2">××大厦工程</td><td>分部工程</td><td>空调风系统</td></tr>
<tr><td colspan="2">分项工程</td><td colspan="2">空调风系统</td><td>检测日期</td><td>××年×月×日</td></tr>
<tr><td colspan="2">设备名称</td><td colspan="2">新风机组</td><td>型号规格</td><td>ZKD03－JX－Y4</td></tr>
<tr><td colspan="2">总风量(m^3/h)</td><td colspan="2">7000</td><td>允许漏风率(%)</td><td>3</td></tr>
<tr><td colspan="2">工作压力(Pa)</td><td colspan="2">400</td><td>测试压力(Pa)</td><td>700</td></tr>
<tr><td colspan="2">允许漏风量(m^3/h)</td><td colspan="2"><210</td><td>实测漏风量(m^3/h)</td><td>200</td></tr>
<tr><td colspan="6">检测记录：

新风机组组装后，以采用 Q80 型漏风检测设备测试，先打压至工作压力 400Pa，漏风量为 $200m^3/h$，在允许范围内，然后再打压超出工作压力 700Pa，观看读数为 $200m^3/h$，仍在允许范围内，则组装严密。</td></tr>
<tr><td colspan="6">检测结论：

经检测，符合设计要求及《通风与空调工程施工质量验收规范》(GB 50243－2002)的规定，合格。</td></tr>
<tr><td rowspan="3">签字栏</td><td rowspan="2">施工单位</td><td rowspan="2">××机电工程有限公司</td><td>专业技术负责人</td><td>专业质检员</td><td>专业工长</td></tr>
<tr><td>刘　强</td><td>郑　伟</td><td>邓　超</td></tr>
<tr><td>监理(建设)单位</td><td colspan="2">××工程建设监理有限公司</td><td>专业工程师</td><td>王学兵</td></tr>
</table>

本表由施工单位填写。

各房间室内风量温度测量记录 表 C6-84			资料编号	08－04－C6－006
工程名称	××住宅楼工程		测量日期	××年×月×日
系统名称	××新风机组		系统位置	F05 层 ①～⑬/Ⓓ～Ⓖ轴
项目 / 房间（测点）编号	风量（m^3/h）			所在房间室内温度（℃）
	设计风量（$Q_{设}$）	实际风量（$Q_{实}$）	相对差	
1	225	232	3.1%	25
2	225	221	－1.8%	24.5
3	225	228	1.3%	26
4	225	235	4.4%	25
5	225	220	－2.22%	24.5
6	225	240	6.67%	26
7	225	231	2.67%	25
8	225	227	2.67%	25
9	225	237	5.3%	24.5
10	225	234	4%	26
11	225	230	2.22%	25
12	225	220	－2.22%	24.5
13	225	235	4.44%	26
14	225	232	3.11%	25
15	225	219	－2.67%	24.5
16	225	223	－0.9%	26
	总 3600	总 3664	$\delta=(Q_{实}-Q_{设})/Q_{设}\times100\%$	
			$\Delta=\frac{3664-3600}{3600}\times100\%=2\%$	
施工单位	××建设集团有限公司			
测量人	记录人		审核人	
陈　伟	王　旺		李路	

本表由施工单位填写。

管网风量平衡记录 表 C6-85		资料编号	08－04－004
工程名称	××住宅楼工程	测试日期	××年×月×日
系统名称	××新风机组	系统位置	F03 层①～⑬/Ⓐ～Ⓖ轴

测点编号	风管规格(mm×mm)	断面积(m^2)	平均风压(Pa)			风速(m/s)	风量(m^3/h)		对差	使用仪器编号
			动压	静压	全压		设计($Q_{设}$)	实际($Q_{实}$)		
21 号(新风)	400×650	0.26				5.18	4500	4850	7.7%	
	400×650	0.26				5.12	4500	4790	6.4%	
	400×650	0.26				5.16	4500	4830	6.9%	
	400×650	0.26				5.07	4500	4750	5.5%	
	400×650	0.26				5.14	4500	4810	6.89%	
	400×650	0.26				5.16	4500	4830	7.3%	
22 号(送风)	700×300	0.21			352	5.18	4500	4850	7.78%	
	700×300	0.21			348	5.12	4500	4790	6.44%	
	700×300	0.21			355	5.16	4500	4750	5.56%	
	700×300	0.21			342	5.07	4500	4810	6.89%	
	700×300	0.21			348	5.14	4500	4830	7.33%	
	700×300	0.21			349	5.14	4500	4810	6.89%	
					348.5(平均值)	5.135(平均值)	4500	4806.7(平均值)	6.81%	
送风＝Σ1～20＝4564						4564				

施工单位	×× 建设集团有限公司	
审核人	测定人	记录人
李　路	陈　伟	王　旺

本表由施工单位填写。

<table>
<tr><td colspan="3">空调系统试运转调试记录
表 C6-86</td><td colspan="2">资料编号</td><td>08－01－C6－×××</td></tr>
<tr><td colspan="2">工程名称</td><td>××住宅楼工程</td><td colspan="2">试运转
调试日期</td><td>××年×月×日</td></tr>
<tr><td colspan="2">系统名称</td><td>F02 层 PAU－201、PAU－202 新风机组</td><td colspan="2">系统所在位置</td><td>首层多功能厅</td></tr>
<tr><td colspan="2">设计总风量
(m^3/h)</td><td>1300</td><td colspan="2">实测总风量
(m^3/h)</td><td>1390</td></tr>
<tr><td colspan="2">风机全压(Pa)</td><td>(机组)余压 500</td><td colspan="2">实测量风机全压
(Pa)</td><td>495</td></tr>
<tr><td colspan="6">试运转、调试内容：
(1)系统总风量调试结果与设计风量的偏差不应大于 10%。
(2)系统联运试运转中，设备及主要部件的联运必须符合设计要求，动作协调、正确，无异常现象。
(3)空调室内噪声应符合设计规定要求。
F02 层 PAU－201、PAU－202 新风机组安装完成，分别调整新风机组的进风口处的调节阀、送风管各支管处的调节阀，进行总风量的调整，采用“基准风口法”，从系统最不利环路的未端开始，使系统内各风口风量达到平衡。系统调试完成后，系统实际风量与设计风量的相对差为 5.3%。</td></tr>
<tr><td colspan="6">试运转、调试结论：
经检查，调试结果符合设计要求和《通风与空调工程施工质量验收规范》(GB 50243－2002)的规定，调试合格。</td></tr>
<tr><td rowspan="3">签字栏</td><td rowspan="2">施工单位</td><td rowspan="2">××机电工程有限公司</td><td>专业技术负责人</td><td>专业质检员</td><td>专业工长</td></tr>
<tr><td>刘 强</td><td>邦 伟</td><td>邓 超</td></tr>
<tr><td>监理(建设)单位</td><td colspan="2">××工程建设监理有限公司</td><td>专业工程师</td><td>王学兵</td></tr>
</table>

本表由施工单位填写。

<table>
<tr><td colspan="2">空调水系统试运转调试记录
表 C6-87</td><td>资料编号</td><td>08－07－C6－×××</td></tr>
<tr><td>工程名称</td><td>××住宅楼工程</td><td>试运转
调试日期</td><td>××年×月×日</td></tr>
<tr><td>设计空调冷(热)水
总流量($Q_{设}$)(m^3/h)</td><td></td><td rowspan="2">相对差</td><td rowspan="2">3.47%</td></tr>
<tr><td>实际空调冷(热)水
总流量($Q_{实}$)(m^3/h)</td><td>1552</td></tr>
<tr><td>空调冷(热)水
供水温度(℃)</td><td>7</td><td>空调冷(热)
水回水温度
(℃)</td><td>12</td></tr>
<tr><td>设计冷却水总流量
($Q_{设}$)(m^3/h)</td><td>1800</td><td rowspan="2">相对差</td><td rowspan="2">3.33%</td></tr>
<tr><td>实际冷却水总流量
($Q_{实}$)(m^3/h)</td><td>1860</td></tr>
<tr><td>冷却水供水温度
(℃)</td><td>32</td><td>冷却水回水
温度(℃)</td><td>37</td></tr>
<tr><td colspan="4">试运转、调试内容：
依据设计提出的流量分配原则及设备供应商提供的设备水量参数，编制水流量分配表，绘制水平平衡试草图进行现场水平调试工作。并进行空调水系统试运转调试记录。
水平衡调试前认真检查系统平衡阀安装位置，启动所有设备，使系统在满载运行状态下调试。先调试每台设备，使其达到满截值后，再调试区域控制平衡阀，使其达到设计数据，每个平衡阀调试完成后将手轮锁定。定时检查总回水的实际流量使其保持在设计流量范围内。发现平衡阀前后压差过大时要及时查明原因如过滤器堵塞，压差过小时应检查区域是否满足设计需求流量。记录实测数据，实测数据与设计数据偏差控制在10%以内。最终调试结果，实际空调冷水总流量与设计空调冷水总流量与设计空调冷水总流量偏差为3.47%。
调试期间，冷水机组、冷冻水泵、冷却塔、冷冻水软水装置、冷却水加药装置、加湿器运行正常。</td></tr>
<tr><td colspan="4">测试结论：
通过以上检测记录及数据符合设计要求和《通风与空调工程施工质量验收规范》(GB 50243－2002)的规定，合格。</td></tr>
</table>

<table>
<tr><td rowspan="3">签
字
栏</td><td rowspan="2">施工单位</td><td rowspan="2">××机电工程
有限公司</td><td>专业技术负责人</td><td>专业质检员</td><td>专业工长</td></tr>
<tr><td>刘　强</td><td>邦　伟</td><td>邓　超</td></tr>
<tr><td>监理(建设)
单位</td><td colspan="2">××工程建设监理有限公司</td><td>专业工程师</td><td>王学兵</td></tr>
</table>

本表由施工单位填写。

<table>
<tr><td colspan="3">制冷系统气密性试验记录
表 C6-88</td><td>资料编号</td><td>08－06－C6－×××</td></tr>
<tr><td>工程名称</td><td colspan="2">××住宅楼工程</td><td>试验时间</td><td>××年×月×日</td></tr>
<tr><td>试验项目</td><td colspan="2">制冷设备系统安装</td><td>试验时间</td><td>××年×月×日</td></tr>
<tr><td rowspan="2">管道编号</td><td colspan="4">气 密 性 试 验</td></tr>
<tr><td>试验介质</td><td>试验压力(MPa)</td><td>停压时间</td><td>试验结果</td></tr>
<tr><td>1</td><td>氮气</td><td>1.6</td><td>×日×时×分</td><td>压降不大于 0.03MPa</td></tr>
<tr><td>2</td><td>氮气</td><td>1.6</td><td></td><td>压降不大于 0.03MPa</td></tr>
<tr><td>3</td><td>氮气</td><td>1.6</td><td></td><td>压降不大于 0.02MPa</td></tr>
<tr><td rowspan="2">管道编号</td><td colspan="4">真 空 试 验</td></tr>
<tr><td>试验介质</td><td>试验压力(MPa)</td><td>停压时间</td><td>试验结果</td></tr>
<tr><td>剩余压力<5.3kPa</td><td></td><td>760mmHg
(101.3kPa)</td><td>720mmHg
(96kPa)</td><td>24h</td></tr>
<tr><td></td><td></td><td></td><td></td><td></td></tr>
<tr><td></td><td></td><td></td><td></td><td></td></tr>
<tr><td rowspan="2">管道编号</td><td colspan="4">充注制冷剂检漏试验</td></tr>
<tr><td>充制准剂压力(MPa)</td><td>检漏仪器</td><td>补漏位置</td><td>试验结果</td></tr>
<tr><td></td><td></td><td></td><td></td><td></td></tr>
<tr><td></td><td></td><td></td><td></td><td></td></tr>
<tr><td></td><td></td><td></td><td></td><td>厂家已做</td></tr>
<tr><td colspan="5">测试结论：
通过以上检测记录及数据符合设计要求和《通风与空调工程施工质量验收规范》(GB 50243－2002)的规定，合格。</td></tr>
</table>

<table>
<tr><td rowspan="3">签字栏</td><td rowspan="2">施工单位</td><td rowspan="2">××机电工程有限公司</td><td>专业技术负责人</td><td>专业质检员</td><td>专业工长</td></tr>
<tr><td>刘 强</td><td>邦 伟</td><td>邓 超</td></tr>
<tr><td>监理(建设)单位</td><td colspan="2">××工程建设监理有限公司</td><td>专业工程师</td><td>王学兵</td></tr>
</table>

本表由施工单位填写。

<table>
<tr><td colspan="3">净化空调系统测试记录
表 C6-89</td><td>资料编号</td><td>08—05—C6—×××</td></tr>
<tr><td>工程名称</td><td colspan="2">××住宅楼工程</td><td>试验时间</td><td>××年×月×日</td></tr>
<tr><td>系统名称</td><td colspan="2">××净化空调系统</td><td>洁净室级别</td><td>3 级和 4 级</td></tr>
<tr><td>仪器型号</td><td colspan="2">光学粒子计数器 1L/min</td><td>仪品编号</td><td>×××</td></tr>
<tr><td rowspan="8">高效过滤器</td><td>型号</td><td>D类</td><td>数 量</td><td>4 台</td></tr>
<tr><td rowspan="7">测试内容</td><td colspan="3">首先测试高效过滤器的风口处的风量是否符合设计要求；</td></tr>
<tr><td colspan="3">然后用扫描在过滤器下风侧用粒子计数器动力采样头；</td></tr>
<tr><td colspan="3">对高效过滤器表面、边框、封头胶处移动扫描测出泄漏率是否走出；</td></tr>
<tr><td colspan="3">设计参数</td></tr>
<tr><td colspan="3"></td></tr>
<tr><td colspan="3"></td></tr>
<tr><td colspan="3"></td></tr>
<tr><td rowspan="7">室内洁净度</td><td rowspan="7">测试内容</td><td colspan="2">实测洁净等级</td><td>室内洁净面积（m^2）</td></tr>
<tr><td colspan="2">根据检测数据（静态下）悬浮粒子浓度达到 3 级洁净度</td><td>20</td></tr>
<tr><td colspan="2">根据检测数据（静态下）悬浮粒子浓度达到 4 级洁净度</td><td>40</td></tr>
<tr><td colspan="2"></td><td></td></tr>
<tr><td colspan="2"></td><td></td></tr>
<tr><td colspan="2"></td><td></td></tr>
<tr><td colspan="2"></td><td></td></tr>
<tr><td colspan="5">测试结论：

通过以上检测记录及数据符合设计要求和《通风与空调工程施工质量验收规范》（GB 50243—2002）的规定，合格。</td></tr>
</table>

<table>
<tr><td rowspan="3">签字栏</td><td rowspan="2">施工单位</td><td rowspan="2">××建设集团有限公司</td><td>专业负责人</td><td>专业质检员</td><td>专业工长</td></tr>
<tr><td>刘 强</td><td>邦 伟</td><td>邓 超</td></tr>
<tr><td>监理（建设）单位</td><td colspan="2">××工程建设监理有限公司</td><td>专业工程师</td><td>王学兵</td></tr>
</table>

本表由施工单位填写。

防排烟系统联合试运行记录 表 C6-90		资料编号	08－02－C6－×××
工程名称	××图书馆工程	试运行时间	××年×月×日
试运行项目	屋面层 PF－PF01 楼梯间正压送风系统	系统编号或位置	F10 层合用前室
风道类别	镀镜、锌钢板风道	风机类别型号	高效低噪声斜流风机

试验风口位置	风口尺寸(mm)	风速(m/s)	风量(m^3/h)		相对差	风压(Pa)
			设计风量($Q_{设}$)	实际风量($Q_{实}$)	$\delta=(Q_{实}-Q_{设})$	
1	500×1000	11.5	22000	22451	2.05%	28

系统设计风量(m^3/h)	22000	系统实际风量(m^3/h)	22451	相对差 δ	2.05%

结论：

试运行结果符合设计要求和《通风与空调工程施工质量验收规范》(GB 50243－2002)的规定，合格。

签字栏	施工单位	××建设集团有限公司	专业负责人	专业质检员	专业工长
			刘　强	邦　伟	邓　超
	监理(建设)单位	××工程建设监理有限公司		专业工程师	王学兵

本表由施工单位填写。

<table>
<tr><td colspan="2">设备单机试运转记录
表 C6-91</td><td>资料编号</td><td>08－06－001</td></tr>
<tr><td>工程名称</td><td>××住宅楼工程</td><td>试运转时间</td><td>2014 年 5 月 8 日 10：00～12：00</td></tr>
<tr><td>设备名称</td><td>冷水机组</td><td>设备编号</td><td>L－L－l</td></tr>
<tr><td>规格型号</td><td>FS－S－R－400D</td><td>额定数据</td><td>制冷量 1407kW、蒸发器水量 242m^3/h、水压降 97kPa，冷凝器水量 288m^3/h，水压降 85kPa，工作压力 1.0MPa，功率 277kW</td></tr>
<tr><td>生产厂家</td><td>××空调设备有限公司</td><td>设备所在系统</td><td>冷冻水系统</td></tr>
</table>

试验要求：

设备外观检查后通电试运转，检查运行状况、减震器连接状况、减震效果、传动装置、压力表、电气设备、轴承温升等状况，符合设计要求，规范规定、设备技术文件规定为合格

序号	试验项目	试验记录	试验结论
1	减震器连接状况	连接牢固、平稳、接触紧密，并符合减震要求	符合设计要求，施工规范规定及产品说明书要求
2	减震效果	减振器运行平稳，无异常振动与声响	符合设计要求、施工规范规定及产生说明书要求
3	进出水口水温、水量、水压	运行数据正常	符合设计要求及设备技术文件规定
4	电气设备	电机绕组对地绝缘电阻合格。电机运行电流、电压正常	符合设计要求、施工规范规定及产品说明书要求
5	运行噪声	运行噪声值 88dB	符合设计或产品技术文件的规定

试运转结论：

符合设计要求及施工规范规定，合格。

<table>
<tr><td rowspan="3">签字栏</td><td rowspan="2">施工单位</td><td rowspan="2">××建设集团有限公司</td><td>专业负责人</td><td>专业质检员</td><td>专业工长</td></tr>
<tr><td>刘　强</td><td>邦　伟</td><td>邓　超</td></tr>
<tr><td>监理（建设）单位</td><td colspan="2">××工程建设监理有限公司</td><td>专业工程师</td><td>王学兵</td></tr>
</table>

本表由施工单位填写。

系统试运转调试记录 表 C6-92		资料编号	08－01－C6－×××
工程名称	×××大厦工程	试运转 调试日期	2014 年 3 月 10 日 8：00～ 2014 年 3 月 11 日 16 时

试运转、调试内容：

B02 层热力站 FAF－B202 送风系统调试时，其中调试的主要性能参数如下：

系统编号	设备名称	系统总风量(m^3/h)	风口风量(m^3/h)	全压(Pa)
FAT－B202	轴流风机箱	15600	3120	233

在完成送风机的单机试运转后，启动 B02 层 FAF－B202 热力站送风系统送风机，分别调整送风系统的 5 个风口百叶，进行风口风量的调整。使送风系统内各风口风量达到平衡。系统调试完成后，测量数据如下：

风口序号	实际风量(m^3/h)	设计风量(m^3/h)	相对差
1	3250	3120	4%
2	3100	3120	－0.60%
3	3180	3120	1.90%
4	3220	3120	3.10%
5	3150	3120	0.95%
系统总风量	15900	15600	9.30%

系统实际风量与设计风量的相对差小于 10%。

试运转、调试结论：

B02 层 FAF－B202 热力站送风系统试运行调试记录符合设计要求及施工规范规定。测试合格。

<table>
<tr><td rowspan="3">签字栏</td><td rowspan="2">施工单位</td><td rowspan="2">××建设集团有限公司</td><td>专业技术负责人</td><td>专业质检员</td><td>专业工长</td></tr>
<tr><td>刘　强</td><td>邦　伟</td><td>邓　超</td></tr>
<tr><td>监理(建设)单位</td><td colspan="2">××工程建设监理有限公司</td><td>专业工程师</td><td>王学兵</td></tr>
</table>

本表由施工单位填写。

<table>
<tr><td colspan="3" rowspan="3">施工试验记录(通用)
表 C6-93</td><td>资料编号</td><td colspan="2">08－1C6－×××</td></tr>
<tr><td>试验编号</td><td colspan="2">×××－×××</td></tr>
<tr><td>委托编号</td><td colspan="2">×××－×××</td></tr>
<tr><td>工程名称及
施工部位</td><td colspan="5">××大厦工程　风机盘管单体通电试验</td></tr>
<tr><td>规格、材质</td><td colspan="2">YGF(03、04、06)</td><td>试验日期</td><td colspan="2">××年×月×日</td></tr>
<tr><td colspan="6">试验项目：
风机盘管机组安装前，宜进行单机三速运转试验。</td></tr>
<tr><td colspan="6">试验项目：
本工程风机盘管机组全数到场后，逐台进行临时通电试验，通电台观察 2min，看风机部位是否有阻滞与卡碰现象。</td></tr>
<tr><td colspan="6">结论：
试验结果机组运转合格。</td></tr>
<tr><td>批　准</td><td>刘　强</td><td>审　核</td><td>邦　伟</td><td>试验</td><td></td></tr>
<tr><td>试验单位</td><td colspan="5">机电工程有限公司</td></tr>
<tr><td>报告日期</td><td colspan="5">××年×月×日</td></tr>
</table>

本表由施工单位填写。

第十章　施工质量验收资料管理与实务

第一节　施工质量验收资料内容

一、检验批质量验收记录

1. 检验批质量验收程序和组织

(1)检验批施工完成并由施工单位自检合格后,应由项目专业质量检查员填报“检验批质量验收记录”。

(2)按照《建筑工程施工质量验收统一标准》(GB 50300—2013)规定,检验批质量验收由专业监理工程师组织施工单位项目专业质量检查员、专业工长等进行验收。

(3)“检验批质量验收记录”必须依据“现场验收检查原始记录”填写。

(4)检验批里非现场验收内容,“检验批质量验收记录”中应填写依据的资料名称及编号,并给出结论。

2. 检验批质量验收记录填写

(1)检验批编号

1)检验批表的编号由 GB 50300—2013 的附录 B 规定的分部工程、子分部工程、分项工程的代码、检验批代码(依据专业验收规范)和资料顺序号共 11 位数的数码编号组成,写在表的右上角。其编号规则具体说明如下:

①第 1、2 位数字是分部工程的代码;

②第 3、4 位数字是子分部工程的代码;

③第 5、6 位数字是分项工程的代码;

④第 7、8 位数字是检验批的代码;

⑤第 9、10、11 位数字是各检验批验收的自然顺序号。

2)同一检验批表格适用于不同分部、子分部、分项工程时,表格分别编号,填表时按实际类别填写顺序号加以区别;编号按分部、子分部、分项、检验批序号的顺序排列。

(2)最小/实际抽样数量

1)对于材料、设备及工程试验类规范条文,非抽样项目,直接写入“/”;

2)对于抽样项目的样本为总体时,写入"全/实际数量",例如"全/10","10"指本检验批实际包括的样本总量;

3)对于抽样项目且按工程量抽样时,写入"最小/实际抽样数量",例如"10/10",即按工程量计算最小抽样数量为10,实际抽样数量为10;

4)本次检验批验收不涉及此验收项目时,此栏写入"/"。

(3)检查记录

1)对于计量检验项目,采用文字描述方式,说明实际质量验收内容及结论;此类多为对材料、设备及工程试验类结果的检查项目;

2)对于计数检验项目,必须依据对应的《检验批验收现场检查原始记录》中验收情况记录,按下列形式填写:

①抽样检查的项目,填写描述语,例如"抽查10处,合格8处",或者"抽查10处,全部合格";

②全数检查的项目,填写描述语,例如"共10处,检查10处,合格8处",或者"共10处,检查10处,全部合格";

3)本次检验批验收不涉及此验收项目时,此栏写入"/"。

4)对于"明显不合格"情况的填写要求:

①对于计量检验和计数检验中全数检查的项目,发现明显不合格的个体,此条验收就不合格;

②对于计数检验中抽样检验的项目,明显不合格的个体可不纳入检验批,但应进行处理,使其满足有关专业验收规范的规定,对处理的情况应予以记录并重新验收;"检查记录"栏填写要求如下:

a. 不存在明显不合格的个体的,不做记录;

b. 存在明显不合格的个体的,按"检验批验收现场检查原始记录"中验收情况记录填写,例如"一处明显不合格,已整改,复查合格",或"一处明显不合格,未整改,复查不合格"。

(4)检查结果

1)采用文字描述方式的验收项目,合格打"√",不合格打"×";

2)对于抽样项目且为主控项目,无论定性还是定量描述,全数合格为合格,有1处不合格即为不合格,合格打"√",不合格打"×";

3)对于抽样项目且为一般项目,"检查结果"栏填写合格率,例如"100%";定性描述项目所有抽查点全部合格(合格率为100%),此条方为合格;定量描述项目,其中每个项目都必须有80%以上(混凝土保护层为90%)检测点的实测数值达到规范规定,其余20%按各专业施工质量验收规范规定,不能大于1.5倍,钢结构为1.2倍,就是说有数据的项目,除必须达到规定的数值外,其余可放宽的,最大放宽到1.5倍。

4)本次检验批验收不涉及此验收项目时,此栏写入“/”。

二、分项工程质量验收记录

1. 分项工程质量验收程序和组织

(1)分项工程所包含的检验批均已完工后,施工单位自检合格后,应填报“分项工程质量验收记录”。分项工程应由专业监理工程师组织施工单位项目专业技术负责人等进行验收并签认。

(2)核对检验批的部位、区段是否全部覆盖分项工程的范围,确保没有遗漏的部位;

(3)检查各检验批的验收资料是否完整,做好整理、登记及保管,为下一步验收打下基础。

2. 分项工程质量验收记录填写

(1)分项工程质量验收记录编号

根据GB 50300—2013的附录B规定的分部(子分部)工程、分项工程的代码编写,写在表的右上角。

一个分项只有一个分项工程质量验收记录,所以不编写顺序号。其编号规则如下:

1)第1、2位数字是分部工程的代码;

2)第3、4位数字是子分部工程的代码;

3)第5、6位数字是分项工程的代码;

(2)施工单位检查结果

1)由施工单位项目技术负责人填写,填写“符合要求”或“验收合格”,并填写日期及签字;

2)如有分包单位施工的分项工程验收时,分包单位不签字,但应将分包单位名称、分包单位项目负责人和分包内容填到对应单元格内。

三、分部工程质量验收记录

1. 分部工程质量验收程序和组织

(1)施工单位在分部或子分部工程完成后,进行自检,并核查各分部工程所含分项工程是否齐全,有无遗漏,全部合格后,填报“分部工程质量验收记录”。

(2)分部工程验收应由总监理工程师组织,施工单位项目负责人和项目技术、质量负责人参加。勘察、设计单位项目负责人和施工单位技术、质量部门负责人应参加地基与基础分部工程的验收。设计单位项目负责人和施工单位技术、质量部门负责人应参加主体结构、节能分部工程的验收。

2. 分部工程质量验收记录填写

(1)分部工程质量验收记录编号

根据 GB 50300—2013 的附录 B 规定的分部工程代码编写,其编号为两位,写在表的右上角。

(2)安全和功能检验结果

1)安全和功能检验,是指按规定或约定需要在竣工时进行抽样检测的项目。这些项目凡能在分部(子分部)工程验收时进行检测的,应在分部(子分部)工程验收时进行检测。

2)每个检测项目都通过审查,施工单位即可在“施工单位检查结果”栏填写“检查合格”。

(3)观感质量检验结果

观感质量等级分为“好”、“一般”、“差”共 3 档。“好”、“一般”均为合格;“差”为不合格,需要修理或返工。

四、单位工程质量竣工验收记录

1. 单位工程质量竣工验收组织和程序

(1)单位工程完工,施工单位自检合格后,报请监理单位。监理单位组织进行工程预验收,合格后施工单位填写“单位工程质量竣工验收记录”,向建设单位提交工程竣工报告。

(2)工程竣工正式验收应由建设单位应组织,参加单位包括设计单位、监理单位、施工单位、勘察单位等。验收合格后,验收记录上各单位必须签字并加盖公章,验收签字人员应由相应单位法人代表书面授权。

(3)进行单位工程质量竣工验收时,施工单位应同时填报“单位工程质量控制资料检查记录”、“单位工程安全和功能检查资料核查及主要功能抽查记录”、“单位工程观感质量检查记录”,作为“单位工程质量竣工验收记录”的附表。

2. 单位工程质量竣工验收记录填写

(1)“质量控制资料核查”栏根据“单位工程质量控制资料核查记录”的核查结论填写。

建设单位组织由各方代表组成的验收组成员,或委托总监理工程师,按照“单位工程质量控制资料核查记录”的内容,对资料进行逐项核查。

(2)“安全和使用功能核查及抽查结果” 栏根据“单位工程安全和功能检验资

料核查及主要功能抽查记录”的核查结论填写。对于分部工程验收时已经进行了安全和功能检测的项目,单位工程验收时不再重复检测。但要核查以下内容:

1)单位工程验收时按规定、约定或设计要求,需要进行的安全功能抽测项目是否都进行了检测;具体检测项目有无遗漏。

2)抽测的程序、方法是否符合规定。

3)抽测结论是否达到设计要求及规范规定。

(3)“观感质量验收”栏根据“单位工程观感质量检查记录”的检查结论填写。建设单位组织验收组成员,对观感质量进行抽查,共同做出评价。观感质量评价分为“好”、“一般”、“差”三个等级。

五、单位工程质量控制资料核查记录

(1) GB 50300—2013 中规定了按专业分共计 6 1 项内容。建筑与结构 10 项;给排水与采暖 8 项;通风与空调 9 项;建筑电气 8 项;建筑智能化 10 项,建筑节能 8 项,电梯 8 项。

(2)“单位工程质量控制资料核查记录”由施工单位按照所列质量控制资料的种类、名称进行检查,并填写份数,然后提交给监理单位验收。

(3)“单位工程质量控制资料核查记录”其他各栏内容先由施工单位进行自查和填写。监理单位核查合格后,在“核查意见”栏填写对资料核查后的具体意见如“齐全”、“符合要求”。施工、监理单位具体核查人员在“核查人”栏签字。

(4)总监理工程师确认符合要求后,在“结论”栏内填写综合性结论。

(5)施工单位项目负责人应在“结论”栏内签字确认。

六、单位工程安全和功能检验资料核查及功能抽查记录

(1)“单位工程安全和功能检验资料核查及功能抽查记录”由施工单位按所列内容检查并在“份数”栏填写实际数量后,提交给监理单位。

(2)“单位工程安全和功能检验资料核查及功能抽查记录”其他栏目由总监理工程师或建设单位项目负责人组织核查、抽查并由监理单位填写核查意见。

(3)建筑工程投入使用,最为重要的是要确保安全和满足功能性要求。涉及安全和使用功能的分部工程应有检验资料,施工验收对能否满足安全和使用功能的项目进行强化验收,对主要项目进行抽查记录,填写此表。

(4)抽查项目是在核查资料文件的基础上,由参加验收的各方人员确定,然后按有关专业工程施工质量验收标准进行检查。

(5)“单位工程安全和功能检验资料核查及功能抽查记录”中已经列明安全和功能的各项主要检测项目,如果设计或合同有其他要求,经监理认可后可以补充。

(6)安全和功能的检测,如果条件具备,应在分部工程验收时进行。分部工程验收时凡已经做过的安全和功能检测项目,单位工程竣工验收时不再重复检测。只核查检测报告是否符合有关规定。

七、单位工程观感质量检查记录

(1)工程观感质量检查,是在工程全部竣工后进行的一项重要验收工作,这是全面评价一个单位工程的外观及使用功能质量。

(2)根据 GB 50300—2013 规定,单位工程的观感质量验收,分为“好”、“一般”、“差”三个等级。观感质量检查的方法、程序、评判标准等,均与分部工程相同,不同的是检查项目较多,属于综合性验收。主要内容包括核实质量控制资料,检查检验批、分项、分部工程验收的正确性,对在分项工程中不能检查的项目进行检查,核查各分部工程验收后到单位工程竣工时之间,工程的观感质量有无变化、损坏等。

(3)“单位工程观感质量检查记录”由总监理工程师组织验收组成员,按照表中所列内容,共同实际检查,协商得出质量评价、综合评价和验收结论意见。参加验收的各方代表,经共同实际检查,如果确认没有影响结构安全和使用功能等问题,可共同商定评价意见。在“检查结论”栏内填写“工程观感质量综合评价为好(或一般),验收合格”。

(4)如有评价为“差”的项目,属于不合格项,应予以返工修理。这样的观感检查项目修理后需重新检查验收。

(5)“抽查质量状况”栏,可填写具体检查数据。当数据少时,可直接将检查数据填在表格内;当数据多时,可简要描述抽查的质量状况,但应将检查原始记录附在本表后面。

(6)评价规则

1)参见验收各方现场协商,确定评价规则确定。

2)可以参考下列评价规则:

①观感检查项目:

a. 有差评,则项目评价为差;

b. 无差评,好评百分率≥60%,评价为好;

c. 其他,评价为一般。

②分部/单位工程观感综合评价:

a. 检查项目有差评,则综合评价为差;

b. 检查项目无差评,好评百分率≥60%,评价为好;

c. 其他,评价为一般。

第二节　施工质量验收资料样表

砖砌体检验批质量验收记录

编号＿＿＿＿＿＿

单位(子单位) 工程名称	××住宅楼工程	分部(子分部) 工程名称	主体结构/ 砌体结构	分项工程名称	砖砌体
施工单位	××建设集团有限公司	项目负责人	赵小伟	检验批容量	220m³
分包单位	/	分包单位项目 负责人	/	检验批部位	二层墙 A～G/ 1～9 轴
施工依据	《××××工艺标准》××××— ××××、施工方案		验收依据	《砌体结构工程施工质量验收规范》 GB 50203－2011	

		验收项目		设计要求及 规范规定	最小/实际 抽样数量	检查记录	检查结果
主控项目	1	砖强度等级必须符合设计要求		设计要求 MU 10	/	见证试验合格，报告编号 ××××	√
	2	砂浆强度等级必须符合设计要求		设计要求 M 10	/	见证试验合格，报告编号 ××××	√
	3	砂浆饱满度	墙水平灰缝	≥80％	5 / 5	抽查5处，合格5处	√
			柱水平及竖向灰缝	≥90％	/	/	/
	4	转角、交接处		5.2.3 条	5 / 5	抽查5处，合格5处	√
	5	斜槎留置		5.2.3 条	/	/	/
	6	直槎拉结钢筋及接槎处理		5.2.4 条	5 / 5	抽查5处，合格5处	√
一般项目	1	组砌方法		5.3.1 条	5 / 5	抽查5处，合格5处	100％
	2	水平灰缝厚度		8～12mm	5 / 5	抽查5处，合格5处	100％
	3	竖向灰缝宽度		8～12mm	5 / 5	抽查5处，合格5处	100％
	4	轴线位移		≤10mm	全 / 16	共16处，全部检查，合格16处	100％
	5	基础、墙、柱顶面标高		±15mm 以内	5 / 5	抽查5处，合格5处	100％
	6	每层墙面垂直度		≤5mm	5 / 5	抽查5处，合格5处	100％
	7	表面平整度	清水墙柱	≤5mm	/	/	/
			混水墙柱	≤8mm	5 / 5	抽查5处，合格5处	100％
	8	水平灰缝平直度	清水墙	≤7mm	/	/	/
			混水墙	≤10mm	5 / 5	抽查5处，合格5处	100％
	9	门窗洞口高、宽(后塞口)		±10mm 以内	5 / 5	抽查5处，合格5处	100％
	10	外墙上下窗口偏移		≤20mm	5 / 5	抽查5处，合格5处	100％
	11	清水墙游丁走缝		≤20mm	/	/	/
施工单位检查结果		符合要求 专业工长：李大壮 项目专业质量检查：张光亮 ××年××月××日					
监理单位验收结论		合格 专业监理工程师：五学兵 ××年××月××日					

表F 砖砌体 分项工程质量验收记录

编号____________

<table>
<tr><td>单位(子单位)
工程名称</td><td colspan="2">××住宅楼工程</td><td>分部(子分部)
工程名称</td><td colspan="2">主体结构部分/砌体结构子分部</td></tr>
<tr><td>分项工程
工程量</td><td colspan="2">1100m³</td><td>检验批数量</td><td colspan="2">5</td></tr>
<tr><td>施工单位</td><td>××建设集团
有限公司</td><td>项目负责人</td><td>赵小伟</td><td>项目技术负责人</td><td>孙强</td></tr>
<tr><td>分包单位</td><td>/</td><td>分包单位项
目负责人</td><td>/</td><td>分包内容</td><td>/</td></tr>
</table>

序号	检验批名称	检验批容量	部位/区段	施工单位检查结果	监理单位验收结论
1	砖砌体	220m³	一层	符合要求	合格
2	砖砌体	220m³	二层	符合要求	合格
3	砖砌体	220m³	三层	符合要求	合格
4	砖砌体	220m³	四层	符合要求	合格
5	砖砌体	220m³	五层	符合要求	合格
6					
7					
8					
9					
10					
11					
12					
13					
14					
15					

说明：
检验批质量验收记录资料齐全完整。

<table>
<tr><td>施工单位
检查结果</td><td>符合要求
项目专业技术负责人： 孙强
××年××月××日</td></tr>
<tr><td>监理单位
验收结论</td><td>合格
专业监理工程师： 王学兵
××年××月××日</td></tr>
</table>

表G　主体结构　分部工程质量验收记录

编号＿＿＿＿＿＿

<table>
<tr><td>单位(子单位)
工程名称</td><td>××住宅楼工程</td><td>子分部工程
数量</td><td>1</td><td>分项工程
数量</td><td>5</td></tr>
<tr><td>施工单位</td><td>××建设集团有限公司</td><td>项目负责人</td><td>赵小伟</td><td>技术(质量)
负责人</td><td>孙强</td></tr>
<tr><td>分包单位</td><td>/</td><td>分包单位
负责人</td><td>/</td><td>分包内容</td><td>/</td></tr>
<tr><td>序号</td><td>子分部工程名称</td><td>分项工程名称</td><td>检验批数量</td><td>施工单位检查结果</td><td>监理单位验收结论</td></tr>
<tr><td>1</td><td>砌体结构</td><td>砖砌体</td><td>5</td><td>符合要求</td><td>合格</td></tr>
<tr><td>2</td><td>凝土结构</td><td>混凝土</td><td>2</td><td>符合要求</td><td>合格</td></tr>
<tr><td>3</td><td></td><td></td><td></td><td></td><td></td></tr>
<tr><td>4</td><td></td><td></td><td></td><td></td><td></td></tr>
<tr><td>5</td><td></td><td></td><td></td><td></td><td></td></tr>
<tr><td>6</td><td></td><td></td><td></td><td></td><td></td></tr>
<tr><td>7</td><td></td><td></td><td></td><td></td><td></td></tr>
<tr><td>8</td><td></td><td></td><td></td><td></td><td></td></tr>
<tr><td colspan="4">质量控制资料</td><td>共20份,齐全有效</td><td>合格</td></tr>
<tr><td colspan="4">安全和功能检验结果</td><td>抽查5项,符合要求</td><td>合格</td></tr>
<tr><td colspan="4">观感质量检验结果</td><td colspan="2">好</td></tr>
<tr><td>综合验收结论</td><td colspan="5">砌体结构分部工程验收合格。</td></tr>
<tr><td colspan="2">施工单位
项目负责人:
赵小伟
××年××月××日</td><td>勘察单位
项目负责人:
××年××月××日</td><td colspan="2">设计单位
项目负责人:
孙楠
××年××月××日</td><td>监理单位
总监理工程师:
韩学峰
××年××月××日</td></tr>
</table>

注:1. 地基与基础分部工程的验收应由施工、勘察、设计单位项目负责人和总监理工程师参加并签字。

2. 主体结构、节能分部工程的验收应由施工、设计单位项目负责人和总监理工程师参加签字。

表 H.0.1-1 单位工程质量竣工验收记录

<table>
<tr><td>工程名称</td><td>××住宅楼工程</td><td>结构类型</td><td>框架剪力墙</td><td>层数/
建筑面积</td><td>地下一层
地上十层/19500m²</td></tr>
<tr><td>施工单位</td><td>××建设集团有限公司</td><td>技术负责人</td><td>王超</td><td>开工日期</td><td>××年××月××日</td></tr>
<tr><td>项目负责人</td><td>赵小伟</td><td>项目技术
负责人</td><td>孙强</td><td>完工日期</td><td>××年××月××日</td></tr>
<tr><td>序号</td><td>项　　目</td><td colspan="2">验收记录</td><td colspan="2">验收结论</td></tr>
<tr><td>1</td><td>分部工程验收</td><td colspan="2">共10分部，经查符合设计及标准规定10分部</td><td colspan="2">所有分部工程质量验收合格</td></tr>
<tr><td>2</td><td>质量控制资料核查</td><td colspan="2">共45项，经核查符合规定45项</td><td colspan="2">质量控制资料全部符合有关规定</td></tr>
<tr><td>3</td><td>安全和使用功能
核查及抽查结果</td><td colspan="2">共核查33项，符合规定33项
共抽查10项，符合规定10项
经返工处理符合规定0项</td><td colspan="2">核查及抽查项目全部符合规定</td></tr>
<tr><td>4</td><td>观感质量验收</td><td colspan="2">共抽查24项，达到“好”和“一般”的24项，经返修处理符合要求的/项</td><td colspan="2">好</td></tr>
<tr><td colspan="2">综合验收结论</td><td colspan="4">工程质量合格</td></tr>
<tr><td rowspan="2">参加验收单位</td><td>建设单位</td><td>监理单位</td><td>施工单位</td><td>设计单位</td><td>勘察单位</td></tr>
<tr><td>（公章）
项目负责人：
李春林
××年××月××日</td><td>（公章）
总监理工程师：
韩学峰
××年××月××日</td><td>（公章）
项目负责人：
赵小伟
××年××月××日</td><td>（公章）
项目负责人：
孙楠
××年××月××日</td><td>（公章）
项目负责人：
齐兵
××年××月××日</td></tr>
</table>

注：单位工程验收时，验收签字人员应由相应单位法人代表书面授权。

表 H.0.1-2 单位工程质量竣工验收记录

工程名称		××住宅楼工程	施工单位	××建设集团有限公司			
序号	项目	资料名称	份数	施工单位		监理单位	
				核查意见	核查人	核查意见	核查人
1	建筑与结构	图纸会审记录、设计变更通知单、工程洽商记录	24	齐全有效	李瑞芳	合格	王学兵
2		工程定位测量、放线记录	54	齐全有效		合格	
3		原材料出厂合格证书及进场检验、试验报告	226	齐全有效		合格	
4		施工试验报告及见证检测报告	126	齐全有效		合格	
5		隐蔽工程验收记录	136	齐全有效		合格	
6		施工记录	118	齐全有效		合格	
7		地基、基础、主体结构检验及抽样检测资料	56	齐全有效		合格	
8		分项、分部工程质量验收记录	12	齐全有效		合格	
9		工程质量事故调查处理资料	/	/		/	
10		新技术论证、备案及施工记录	2	齐全有效		合格	
1	给水排水与供暖	图纸会审记录、设计变更通知单、工程洽商记录	9	齐全有效	李瑞芳	合格	王学兵
2		原材料出厂合格证书及进场检验、试验报告	32	齐全有效		合格	
3		管道、设备强度试验、严密性试验记录	6	齐全有效		合格	
4		隐蔽工程验收记录	25	齐全有效		合格	
5		系统清洗、灌水、通水、通球试验记录	28	齐全有效		合格	
6		施工记录	22	齐全有效		合格	
7		分项、分部工程质量验收记录	10	齐全有效		合格	
8		新技术论证、备案及施工记录	1	齐全有效		合格	

（续）

工程名称		××住宅楼工程	施工单位	××建设集团有限公司		
序号	项目	资料名称	份数	施工单位		监理单位	
				核查意见	核查人	核查意见	核查人
1	通风与空调	图纸会审记录、设计变更通知单、工程洽商记录	5	齐全有效	李瑞芳	合格	王学兵
2		原材料出厂合格证书及进场检验、试验报告	4	齐全有效		合格	
3		制冷、空调、水管道强度试验、严密性试验记录	6	齐全有效		合格	
4		隐蔽工程验收记录	8	齐全有效		合格	
5		制冷设备运行调试记录	10	齐全有效		合格	
6		通风、空调系统调试记录	5	齐全有效		合格	
7		施工记录	25	齐全有效		合格	
8		分项、分部工程质量验收记录	5	齐全有效		合格	
9		新技术论证、备案及施工记录	1	齐全有效		合格	
1	建筑电气	图纸会审记录、设计变更通知单、工程洽商记录	9	齐全有效	李瑞芳	合格	王学兵
2		原材料出厂合格证书及进场检验、试验报告	25	齐全有效		合格	
3		设备调试记录	8	齐全有效		合格	
4		接地、绝缘电阻测试记录	30	齐全有效		合格	
5		隐蔽工程验收记录	25	齐全有效		合格	
6		施工记录	20	齐全有效		合格	
7		分项、分部工程质量验收记录	10	齐全有效		合格	
8		新技术论证、备案及施工记录	1	齐全有效		合格	

（续）

工程名称		××住宅楼工程	施工单位	××建设集团有限公司			
序号	项目	资料名称	份数	施工单位		监理单位	
				核查意见	核查人	核查意见	核查人
1	智能建筑	图纸会审记录、设计变更通知单、工程洽商记录	9	齐全有效	李瑞芳	合格	王学兵
2		原材料出厂合格证书及进场检验、试验报告	25	齐全有效		合格	
3		隐蔽工程验收记录	30	齐全有效		合格	
4		施工记录	30	齐全有效		合格	
5		系统功能测定及设备调试记录	25	齐全有效		合格	
6		系统技术、操作和维护手册	20	齐全有效		合格	
7		系统管理、操作人员培训记录	10	齐全有效		合格	
8		系统检测报告	1	齐全有效		合格	
9		分项、分部工程质量验收记录	9	齐全有效		合格	
10		新技术论证、备案及施工记录	2	齐全有效		合格	
1	建筑节能	图纸会审记录、设计变更通知单、工程洽商记录	4	齐全有效	李瑞芳	合格	王学兵
2		原材料出厂合格证书及进场检验、试验报告	25	齐全有效		合格	
3		隐蔽工程验收记录	8	齐全有效		合格	
4		施工记录	30	齐全有效		合格	
5		外墙、外窗节能检测报告	5	齐全有效		合格	
6		设置系统节能检测报告	20	齐全有效		合格	
7		分项、分部工程质量验收记录	10	齐全有效		合格	
8		新技术论证、备案及施工记录	1	齐全有效		合格	
1	电梯	图纸会审记录、设计变更通知单、工程洽商记录	4	齐全有效	李瑞芳	合格	王学兵
2		设备出厂合格证书及开箱检验记录	25	齐全有效		合格	
3		隐蔽工程验收记录	8	齐全有效		合格	
4		施工记录	30	齐全有效		合格	
5		接地、绝缘电阻测试记录	5	齐全有效		合格	
6		负荷试验、安全装置检查记录	20	齐全有效		合格	
7		分项、分部工程质量验收记录	10	齐全有效		合格	
8		新技术论证、备案及施工记录	1	齐全有效		合格	
结论： 资料齐全有效，检查合格。 施工单位项目负责人：　赵小伟　　总监理工程师：　韩学峰 201×年××月××日　　201×年××月××日							

表 H.0.1-3　单位工程安全和功能检验资料核查和主要功能由查记录

工程名称		××住宅楼工程	施工单位		××建设集团有限公司	
序号	项目	安全和功能检查项目	份数	核查意见	抽查结果	核查人
1	建筑与结构	地基承载力检验报告	2	完整、有效		李瑞芳 王学兵
2		桩基承载力检验报告	3	完整、有效		
3		混凝土强度试验报告	12	完整、有效	抽查 5 处合格	
4		砂浆强度试验报告	2	完整、有效		
5		主体结构尺寸、位置抽查记录	5	完整、有效		
6		建筑物垂直度、标高、全高测量记录	2	完整、有效	抽查 5 处合格	
7		屋面淋水或蓄水试验记录	10	完整、有效	抽查 4 处合格	
8		地下室渗漏水检测记录	10	完整、有效		
9		有防水要求的地面蓄水试验记录	16	完整、有效	抽查 5 处合格	
10		抽气(风)道检查记录	18	完整、有效	抽查 2 处合格	
11		外窗气密性、水密性、耐风压检测报告	2	完整、有效		
12		幕墙气密性、水密性、耐风压检测报告	3	完整、有效		
13		建筑物沉降观测测量记录	12	完整、有效		
14		节能、保温测试记录	5	完整、有效		
15		室内环境检测报告	10	完整、有效		
16		土壤氡气浓度检测报告	1	完整、有效		
1	给水排水与供暖	给水管道通水试验记录	12	完整、有效		李瑞芳 王学兵
2		暖气管道、散热器压力试验记录	2	完整、有效	抽查 5 处合格	
3		卫生器具满水试验记录	12	完整、有效		
4		消防管道、燃气管道压力试验记录	15	完整、有效		
5		排水干管通球试验记录	16	完整、有效		
6		锅炉试运行、安全阀及报警联动测试记录	2	完整、有效		
1	通风与空调	通风、空调系统试运行记录	12	完整、有效		
2		风量、温度测试记录	2	完整、有效		
3		空气能量回收装置测试记录	8	完整、有效	抽查 5 处合格	
4		洁净室洁净度测试记录	9	完整、有效		
5		制冷机组试运行调试记录	16	完整、有效		
1	建筑电气	建筑照明通电试运行记录	2	完整、有效		
2		灯具固定装置及悬吊装置的载荷强度试验记录	10	完整、有效		
3		绝缘电阻测试记录	36	完整、有效	抽查 8 处合格	
4		剩余电流动作保护器测试记录	23	完整、有效		
5		应急电源装置应急持续供电时间记录	5	完整、有效		
6		接地电阻测试记录	6	完整、有效	抽查 3 处合格	
7		接地故障回路阻抗测试记录	6	完整、有效		
1	智能建筑	系统试运行记录	16	完整、有效		李瑞芳 王学兵
2		系统电源及接地检测报告	5	完整、有效	抽查 2 处合格	
3		系统接地检测报告	5	完整、有效		
1	建筑节能	外墙节能构造检查记录或热工性能检验报告	12	完整、有效		李瑞芳 王学兵
2		设备系统节能性能检查记录	2	完整、有效		
1	电梯	运行记录	5	完整、有效		李瑞芳 王学兵
2		安全装置检测报告	5	完整、有效		

结论：　资料齐全有效、抽查结果全部合格

施工单位项目负责　　赵小伟　　总监理工程师：　韩学峰

××年××月××日　　××年××月××日

注：抽查项目由验收组协商确定。

表H.0.1-4　单位工程观感质量检查记录

工程名称		××住宅楼工程	施工单位	××建设集团有限公司
序号	项目		抽查质量状况	质量评价
1	建筑与结构	主体结构外观	共查10点,好10点,一般0点,差0点	好
2		室外墙面	共查10点,好10点,一般0点,差0点	好
3		变形缝、雨水管	共查10点,好10点,一般0点,差0点	好
4		屋面	共查10点,好10点,一般0点,差0点	好
5		室内墙面	共查10点,好9点,一般1点,差0点	好
6		室内顶棚	共查10点,好9点,一般1点,差0点	好
7		室内地面	共查10点,好10点,一般0点,差0点	好
8		楼梯、踏步、护栏	共查10点,好9点,一般1点,差0点	好
9		门窗	共查10点,好9点,一般1点,差0点	好
10		雨罩、台阶、坡道、散水	共查10点,好10点,一般0点,差0点	好
1	给排水与供暖	管道接口、坡度、支架	共查10点,好8点,一般2点,差0点	好
2		卫生器具、支架、阀门	共查10点,好9点,一般1点,差0点	好
3		检查口、扫除口、地漏	共查10点,好9点,一般1点,差0点	好
4		散热器	共查10点,好8点,一般2点,差0点	好
1	通风与空调	风管、支架	共查10点,好9点,一般1点,差0点	好
2		风口、风阀	共查10点,好10点,一般0点,差0点	好
3		风机、空调设备	共查10点,好9点,一般1点,差0点	好
4		管道、阀门、支架	共查10点,好8点,一般2点,差0点	好
5		水泵、冷却塔	共查10点,好8点,一般2点,差0点	好
6		绝热	共查10点,好9点,一般1点,差0点	好
1	建筑电气	配电箱、盘、板、接线盒	共查10点,好8点,一般2点,差0点	好
2		设备器具、开关、插座	共查10点,好9点,一般1点,差0点	好
3		防雷、接地、防火	共查10点,好9点,一般1点,差0点	好
1	智能建筑	机房设备安装及布局	共查10点,好9点,一般1点,差0点	好
2		现场设备安装	共查10点,好10点,一般0点,差0点	好
1	电梯	运行、平层、开关门	共查10点,好9点,一般1点,差0点	好
2		层门、信号系统	共查10点,好9点,一般1点,差0点	好
3		机房	共查10点,好10点,一般0点,差0点	好
观感质量综合评价			好	
结论：　评价为好，观感质量验收合格。 施工单位项目负责人：　赵小伟 ××年××月××日			总监理工程师：　韩学峰 ××年××月××日	

注：1. 对质量评价为差的项目应进行返修；

2. 观感质量现场检查原始记录应作为本表附件。

附录 施工资料组卷及排列顺序示例

1. 建筑与结构工程施工资料(第1分册)

(1)施工管理资料

1)施工现场质量管理检查记录

2)建设工程特殊工种上岗证审查表

3)施工日志

4)工程开/复工报审表

5)工程停/复工报告等

(2)施工技术资料

1)单位工程施工组织设计

2)专项施工方案及专项施工方案专家论证审查报告

3)技术、质量交底记录

4)设计交底记录

5)图纸会审记录

6)设计变更通知单

7)工程洽商记录

8)技术联系(通知)单等

(3)施工物资资料

1)出厂质量证明文件

①各种材料、构件、半成品、成品质量证明文件

②钢材性能检验报告

③钢筋机械连接型式检验报告

④水泥性能检验报告

⑤砂、石性能检验报告

⑥外加剂性能检验报告

⑦掺和料性能检验报告

⑧防水涂料性能检验报告

⑨防水卷材性能检验报告

⑩砖(砌块)性能检验报告

⑪轻骨料性能检验报告

⑫保温材料的外墙外保温系统耐候性检验报告

⑬胶粉 EPS 颗粒保温浆料外墙外保温系统抗拉强度检验报告

⑭EPS 板现浇混凝土外墙外保温系统黏结强度检验报告

⑮保温材料的外墙外保温系统抗风荷载性能、抗冲击性、吸水量、耐冻融性、热阻、抹面层不透水性、保护层水蒸气渗透阻检验报告

⑯外墙外保温系统组成材料性能检验报告

⑰门、窗性能检验报告(建筑外窗应有三性能检测报告及力学性能检测报告)

⑱吊顶材料性能检验报告

⑲饰面板材性能检验报告

⑳饰面石材性能检验报告

㉑饰面砖性能检验报告

㉒轻质隔墙材料性能检验报告

㉓涂料性能检验报告

㉔玻璃性能检验报告

㉕壁纸、墙布防火、阻燃性能检验报告

㉖装修用胶粘剂性能检验报告

㉗隔声/隔热/阻燃/防潮材料特殊性能检验报告

㉘木结构材料检验报告

㉙材料污染物含量检验报告

㉚预拌混凝土出厂合格证等

2)试验报告

①钢材物理性能试验报告

②钢材化学分析试验报告

③水泥试验报告

④砂试验报告

⑤碎(卵)石试验报告

⑥混凝土早强、减水类外加剂试验报告

⑦混凝土引气剂试验报告

⑧混凝土缓凝剂试验报告

⑨混凝土泵送剂试验报告

⑩砂浆防水剂试验报告

⑪混凝土防水剂试验报告

⑫混凝土防冻剂试验报告

⑬混凝土膨胀剂试验报告

⑭混凝土速凝剂试验报告

⑮砌筑砂浆增塑剂试验报告

⑯掺和料试验报告

⑰轻骨料试验报告

⑱烧结普通砖试验报告

⑲烧结空心砖、空心砌砖、烧结多孔砖试验报告

⑳粉煤灰砖试验报告

㉑蒸压灰砂砖、蒸压灰砂空心砖试验报告

㉒粉煤灰砌块试验报告

㉓轻骨料混凝土小型空心砌块试验报告

㉔轻骨料混凝土小型空心砌块试验报告

㉕普通混凝土小型空心砌块试验报告

㉖木结构材料试验报告

㉗膨胀珍珠岩试验报告

㉘聚苯乙烯泡沫塑料

㉙胶粉 EPS 颗粒浆料试验报告

㉚苯板胶粘剂性能试验报告

㉛耐碱玻璃纤维网格布试验报告

㉜门窗力学性能试验报告

㉝门窗物理性能试验报告

㉞门窗保温性能试验报告

㉟密封材料试验报告

㊱外墙涂料试验报告

㊲合成树脂乳液内墙涂料试验报告

㊳水溶性内墙涂料试验报告

㊴外墙饰面砖试验报告

㊵防水涂料试验报告

㊶防水卷材试验报告

㊷装饰装修材料有害物质试验报告等

3)施工测量记录

①工程定位测量记录

②基槽(孔)验线记录

③楼层平面放线记录

④楼层标高抄测记录
⑤建筑物垂直度、标高、全高测量记录
⑥建筑物沉降观测测量记录等
4)施工记录
①地基验槽(孔)记录
②地基处理记录
③预拌混凝土运输交接记录
④混凝土开盘鉴定
⑤混凝土工程施工记录
⑥混凝土拆模申请批准单
⑦混凝土养护测温记录
⑧大体积混凝土养护测温记录
⑨混凝土结构同条件养护试件测温记录
⑩构件安装记录
⑪焊接材料烘焙记录
⑫木结构施工记录
⑬涂料施工记录等
5)隐蔽工程检查验收记录
①地基验槽记录
②地基处理复检记录
③基础钢筋绑扎、焊接工程
④主体工程钢筋绑扎、焊接工程
⑤现场结构焊接
⑥屋面防水层下各层细部做法
⑦厕浴间防水层下各层细部做法等
6)施工检测资料
①锚固抗拔承载力检测报告
②地基平板载荷试验报告
③土工击实试验报告
④回填土密实检测报告
⑤钢筋(材)焊接接头物理性能检测报告
⑥钢筋机械连接接头抗拉强度检验报告
⑦砂浆配合比试验报告
⑧砂浆抗压强度检测报告

⑨贯入法砂浆抗压强度检测报告
⑩地下工程防水效果检验记录
⑪防水工程淋(蓄)水检验记录
⑫通风(烟)道检查记录
⑬墙体传热系数检测报告
⑭室内环境污染物检测委托单
⑮室内环境污染物检测报告等
7)检验批、分项工程、分部(子分部)工程施工质量验收记录
①地基与基础分部工程质量验收记录
②地基与基础分部工程中分项工程质量验收记录
③主体结构分部工程质量验收记录
④主体结构分部工程中各分项工程质量验收记录
⑤建筑装饰装修分部工程质量验收记录
⑥建筑装饰装修分部工程中各分项工程质量验收记录
⑦建筑屋面分部工程质量验收记录
⑧建筑屋面分部工程中各分项工程质量验收记录
⑨结构实体检验记录等

2. 基坑工程施工资料(第2分册)

(1)施工技术资料
1)单位工程施工组织设计
2)专项施工方案及专项施工方案专家论证审查报告
3)技术、质量交底记录
4)设计交底记录
5)图纸会审记录
6)设计变更通知单
7)工程洽商记录
8)技术联系(通知)单等
(2)施工物资资料
1)出厂质量证明文件
2)试验报告
(3)施工测量记录
(4)施工记录
支护结构、降水与排水等施工记录等
(5)隐蔽工程检查验收记录

(6)施工检测资料

1)基坑支护变形监测记录,并附基坑(观测点)平面示意图

2)锚固抗拔承载力检测报告

3)基坑支护工程施工检测记录

4)基坑支护工程用锚杆、土钉应按设计要求进行现场锁定力(抗拔力)抽样检测,由检测机构出具等

(7)检验批、分项工程、分部(子分部)工程施工质量验收记录

3. 桩基工程施工资料(第3分册)

(1)施工技术资料

1)单位工程施工组织设计

2)专项施工方案及专项施工方案专家论证审查报告

3)技术、质量交底记录

4)设计交底记录

5)图纸会审记录

6)设计变更通知单

7)工程洽商记录

8)技术联系(通知)单等

(2)施工物资资料

1)出厂质量证明文件

2)试验报告

(3)施工测量记录

施工测量放线报验表等

(4)施工记录

1)混凝土灌注桩施工记录

2)钻孔后压浆混凝土灌注桩施工记录

3)钻孔后压浆灌注桩施工记录

4)振动沉管灌注桩施工记录

5)混凝土预制桩打桩施工记录

6)静力压桩施工记录等

(5)隐蔽工程检查验收记录

(6)施工检测资料

1)基桩检测报告

2)桩基工程其他检测项目等

(7)检验批、分项工程、分部(子分部)工程施工质量验收记录

4. 预应力工程施工资料(第 4 分册)

(1)施工技术资料

1)单位工程施工组织设计

2)专项施工方案及专项施工方案专家论证审查报告

3)技术、质量交底记录

4)设计交底记录

5)图纸会审记录

6)设计变更通知单

7)工程洽商记录

8)技术联系(通知)单等

(2)施工物资资料

1)出厂质量证明文件

①预应力钢筋性能检验报告

②预应力筋、锚(夹)具和连接器、水泥、外加剂和预应力筋孔道用螺旋管等出厂质量证明文件

③预应力锚具、夹具和连接器性能检验报告等

2)试验报告

①预应力钢筋力学性能试验报告

②预应力锚具、夹具和连接器性能试验报告

③孔道灌浆用水泥及外加剂等试验报告等

(3)施工测量记录

(4)施工记录

1)预应力钢筋固定、张拉端施工记录

2)预应力钢筋张拉记录

3)预应力钢筋封锚记录

4)有黏结力预应力孔道灌浆记录等

(5)隐蔽工程检查验收记录

(6)施工检测资料

砂浆抗压强度检测报告等

(7)检验批、分项工程、分部(子分部)工程施工质量验收记录

5. 钢结构工程施工资料(第 5 分册)

(1)施工技术资料

1)单位工程施工组织设计

2)专项施工方案及专项施工方案专家论证审查报告

3)技术、质量交底记录
4)设计交底记录
5)图纸会审记录
6)设计变更通知单
7)工程洽商记录
8)技术联系(通知)单等
(2)施工物资资料
1)出厂质量证明文件
①钢材钢构件性能检验报告
②钢材化学分析检验报告
③焊接材料检验报告
④连接用紧固标准件性能检验报告
⑤高强度大六角头螺栓连接副紧固轴力检验报告
⑥扭剪型高强度螺栓连接副紧固轴力检验报告
⑦焊接球及制造焊接球所采用的原材料性能检验报告
⑧螺栓球及制造螺栓球节点采用的原材料性能检验报告
⑨封板、锥头和套筒及其原材料性能检验报告
⑩金属压型板及原材料检验报告
⑪涂装材料性能检验报告
⑫防火涂料性能检验报告
⑬钢结构用其他材料性能检验报告等
2)试验报告
①钢结构用钢材力学性能试验报告
②钢结构用钢材化学分析试验报告
③钢结构涂料试验报告
④焊接材料试验报告
⑤高强度大六角头螺栓连接副扭矩系数试验报告
⑥扭剪型高强度螺栓连接副紧固轴力试验报告
⑦螺栓实物最小载荷试验报告等
(3)施工测量记录
(4)施工记录
1)焊材烘焙记录
2)钢结构防腐(火)涂料施工记录
3)钢结构制作记录

4)钢结构安装记录

5)钢结构焊接记录

6)焊接记录附图

7)保温、保护层施工记录等

(5)隐蔽工程检查验收记录

(6)施工检测资料

1)钢结构工程焊接检测报告封皮

2)检测报告首页

3)探测示意图

4)超声波检测报告

5)焊接 X 射线检测报告

6)磁粉检测报告

7)网架节点承载力检测报告

8)抗滑移系数检测报告等

(7)检验批、分项工程、分部(子分部)工程施工质量验收记录

6. 幕墙工程施工资料(第 6 分册)

(1)施工技术资料

1)单位工程施工组织设计

2)专项施工方案及专项施工方案专家论证审查报告

3)技术、质量交底记录

4)设计交底记录

5)图纸会审记录

6)设计变更通知单

7)工程洽商记录

8)技术联系(通知)单等

(2)施工物资资料

1)出厂质量证明文件

①幕墙用铝塑板检验报告(三性试验)

②幕墙用硅酮结构胶检验报告

③铝型材涂膜厚度检验报告

④幕墙用玻璃性能检验报告及 3C 认证书

⑤幕墙用石材性能检验报告

⑥幕墙用金属板检验报告

⑦防火材料防火性能检验报告等

2)试验报告

①幕墙用铝塑板试验报告

②幕墙用石材试验报告

③幕墙用安全玻璃试验报告

④硅酮结构密封胶物理力学性能试验报告

⑤幕墙用硅酮结构胶密封性能试验报告等

(3)施工测量记录

(4)施工记录

幕墙注胶施工记录等

(5)隐蔽工程检查验收记录

(6)施工检测资料

1)锚固抗拔承载力检测报告

2)幕墙气密性、耐风压、平面变形性能检测报告

3)幕墙淋水检测记录等

(7)检验批、分项工程、分部(子分部)工程施工质量验收记录

7. 建筑给水排水及采暖工程施工资料(第7分册)

(1)施工技术资料

1)单位工程施工组织设计

2)专项施工方案

3)技术、质量交底记录

4)设计交底记录

5)图纸会审记录

6)设计变更通知单

7)工程洽商记录

8)技术联系(通知)单等

(2)施工物资资料

1)出厂质量证明文件

①各类管材、备件应有产品质量证明文件

②设备、配件及器具应有质量合格证及安装说明书

③特定设备及材料,如消防、卫生、压力容器等的检验报告

④安全阀、减压阀的调试报告

⑤锅炉、承压设备焊缝无损探伤检测报告

⑥给水管道材料卫生检验报告

⑦水表和热量表计量检定证书

⑧绝热材料产品质量合格证和性能检验报告等

2)试验报告

①阀门、水嘴压力试验报告

②散热器压力试验报告等

(3)施工测量记录

(4)施工记录

1)补偿器安装记录

2)伸缩器安装及预拉伸记录

3)设备精平、找正记录

4)风机、水泵安装记录等

(5)隐蔽工程检查验收记录

1)直埋于地下或结构中和暗敷设于沟槽、管井及进入吊顶内的给水、排水、雨水、采暖、消防管道和相关设备的检查验收记录

2)有防水要求的套管检查验收记录

3)有绝热、防腐要求的给水、排水、采暖、消防、喷淋管道和相关设备的检查验收记录埋地的采暖、热水管道,保温层、保护层的检查验收记录

4)地面辐射采暖检查验收记录等

(6)施工检测资料

1)设备及管道附件检测记录

2)灌水、满水检测记录

3)管道与设备强度、严密性试验记录

4)通水检测记录

5)管道冲洗、吹扫、脱脂检测记录

6)室内排水管道通球检测记录

7)室内消火栓试射记录

8)生活用水卫生检测报告

9)安全附件安装检测记录

10)锅炉烘炉记录

11)锅炉煮炉记录

12)锅炉试运行记录

13)安全阀调试记录等

(7)检验批、分项工程、分部(子分部)工程施工质量验收记录

1)建筑给水、排水及采暖分部工程中各分项工程质量验收记录

2)建筑给水、排水及采暖分部工程质量验收记录等

8. 通风空调工程施工资料(第8分册)

(1)施工技术资料

1)单位工程施工组织设计

2)专项施工方案

3)技术、质量交底记录

4)设计交底记录

5)图纸会审记录

6)设计变更通知单

7)工程洽商记录

8)技术联系(通知)单等

(2)施工物资资料

1)出厂质量证明文件

①各种设备、配件及器具质量证明文件

②隔热材料的产品质量合格证和性能检验报告

③各类板材、管材等应有出厂质量证明文件和性能检验报告

④压力表、温度计、湿度计、流量计、水位计等产品的合格证和检测报告等

2)试验报告

阀门的压力试验报告等

(3)施工测量记录

(4)施工记录

1)设备精平、找正记录

2)风机、水泵安装记录等

(5)隐蔽工程检查验收记录

1)敷设于竖井内、不进人吊顶内的风道(包括各类附件、部件、设备等)的检查验收记录

2)有隔热、防腐要求的风管、空调水管及设备的检查验收记录等

(6)施工检测资料

1)风管漏光检测记录

2)风管漏风检测记录

3)除尘器、空调机漏风检测记录

4)室内风量、温度检测记录

5)风管风量平衡检测记录

6)制冷系统气密性检测记录

7)净化空调系统检测记录

8)防排烟系统联合试运行记录等

(7)检验批、分项工程、分部(子分部)工程施工质量验收记录

1)通风与空调分部工程中各分项工程质量验收记录

2)通风与空调分部工程质量验收记录等

9. 建筑电气工程施工资料(第9分册)

(1)施工技术资料

1)单位工程施工组织设计

2)专项施工方案

3)技术、质量交底记录

4)设计交底记录

5)图纸会审记录

6)设计变更通知单

7)工程洽商记录

8)技术联系(通知)单等

(2)施工物资资料

1)出厂质量证明文件

①低压成套配电柜、动力、照明配电箱(盘、柜)出厂合格证、试验记录、“CCC”认证标志

②电力变压器、柴油发电机组、高压成套配电柜、蓄电池柜、不间断电源柜、控制柜(屏、台)出厂合格证和试验记录

③电动机、电加热器、电动执行机构和低压开关设备合格证、“CCC”认证标志照明灯具、开关、插座、风扇及附件出厂合格证、“CCC”认证标志

④电线、电缆出厂合格证、“CCC”认证标志

⑤导管、型钢出厂合格证和材质证明书

⑥电缆桥架、线槽出厂合格证

⑦裸母线、螺导线、电缆头部件及接线端子、电焊条、钢制灯柱、混凝土电杆和其他混凝土制品出厂合格证

⑧镀锌制品(支架、横担、接地极、避雷用型钢等)、外线金具出厂合格证和镀锌质量证明书

⑨封闭母线、插接母线出厂合格证、“CCC”认证标志

⑩进口物资的商检证明

⑪设备安装技术文件等

2)试验报告

(3)施工测量记录

(4)施工记录

(5)隐蔽工程检查验收记录

1)埋于结构内的各种电线导管、结构钢筋避雷引下线、等电位及均压环暗敷设、接地极装置埋设、金属门窗、幕墙金属框架接地、不进人吊顶内的电线导管、不进人吊顶内的线槽、直埋电缆、不进人的电缆沟内敷设电缆、管(线)路经过建筑物变形缝处的补偿装置

2)大型灯具及吊扇的预埋件(吊钩)等的检查验收记录

(6)施工检测资料

1)电气接地电阻检测记录

2)等电位联结导通性检测记录

3)电气绝缘电阻检测记录

4)大型照明灯具载荷测试记录

5)电气器具通电安全测试记录

6)建筑物照明通电试运行记录

7)电气设备空载试运行记录

8)大容量电气线路节点温度检测记录

9)避雷带支架拉力测试记录

10)高压部分检测记录

11)电度表检定记录等

(7)检验批、分项工程、分部(子分部)工程施工质量验收记录

1)建筑电气分部工程中各分项工程质量验收记录

2)建筑电气分部工程质量验收记录

10. 建筑智能工程施工资料(第10分册)

(1)施工技术资料

1)单位工程施工组织设计

2)专项施工方案

3)技术、质量交底记录

4)设计交底记录

5)图纸会审记录

6)设计变更通知单

7)工程洽商记录

8)技术联系(通知)单等

(2)施工物资资料

1)出厂质量证明文件

①材料、设备出厂合格证或产品认证书、检验报告、产品说明书、主要设备安装使用说明书

②未列入强制性认证产品目录或未实施生产许可证和上网许可证管理的产品按规定程序进行产品检测

③硬件设备及材料的可靠性检测报告

④商业化软件的使用许可证

⑤系统承包商编制的各类用户应用软件功能测试和系统测试报告,以及根据需要进行的容量、可靠性、安全性、可恢复性、兼容性、自诊断、可维护性等功能测试报告

⑥所有自编软件均提供完整的文档(资料、规定、安装调试说明、使用和维护说明)

⑦系统接口规定、系统接口测试方案

⑧批准使用新材料、新产品的主管部门证明文件等

2)试验报告

(3)施工测量记录

(4)施工记录

(5)隐蔽工程检查验收记录

埋在结构内的各种电线导管、不进人吊顶内的电线导管、不进人吊顶内的线槽、直埋电缆、不进人的电缆沟敷设电缆等的检查验收记录等

(6)施工检测资料

1)电气接地电阻检测记录

2)电气绝缘电阻检测记录

3)电气器具通电安全测试记录

4)建筑智能系统功能检测记录

5)综合布线系统性能测试记录

6)视频系统末端测试记录

7)建筑设备监控系统功能测试记录

8)建筑智能系统试运行记录等

(7)检验批、分项工程、分部(子分部)工程施工质量验收记录

1)智能建筑分部工程中各分项工程质量验收记录

2)智能建筑分部工程质量验收记录

11. 电梯工程施工资料(第11分册)

(1)施工技术资料

1)单位工程施工组织设计

2)专项施工方案

3)技术、质量交底记录

4)设计交底记录

5)图纸会审记录

6)设计变更通知单

7)工程洽商记录

8)技术联系(通知)单等

(2)施工物资资料

1)出厂质量证明文件

电梯主要设备、材料及附件出厂合格证、产品说明书、安装技术文件、设备开箱检验记录等

2)试验报告

(3)施工测量记录

(4)施工记录

1)电梯技术参数

2)电梯机房、井道土建交接记录

3)自动扶梯、自动人行道土建交接记录

4)电梯导轨支架安装记录

5)电梯导轨安装记录

6)电梯轿厢、安全钳、限速器、缓冲器安装记录

7)电梯对重装置、导向轮、复绕轮、曳引机、导靴安装记录

8)电梯门系统安装记录

9)电梯电气装置安装记录

10)自动扶梯、自动人行道电气装置安装记录

11)自动扶梯、自动人行道机械装置安装记录等

(5)隐蔽工程检查验收记录

1)电梯承重梁埋设隐蔽工程检查验收记录

2)电梯钢丝绳头灌注隐蔽工程检查验收记录

3)电梯导轨支架、层门支架、螺栓埋设隐蔽工程检查验收记录等

(6)施工检测资料

1)电梯电气绝缘电阻检测记录

2)轿厢平面准确度检测记录

3)电梯负荷运行检测记录

4)电梯噪声检测记录

5)电梯电气装置检测记录

6)电梯整机性能检测记录

7)电梯主要功能检测记录

8)自动扶梯、自动人行道安全装置检测记录

9)自动扶梯、自动人行道整机性能检测记录等

(7)检验批、分项工程、分部(子分部)工程施工质量验收记录

1)电梯分部工程中各分项工程质量验收记录等

2)电梯分部工程质量验收记录

12. 单位(子单位)工程竣工验收资料(第12分册)

(1)工程概况

(2)工程质量事故调(勘)查记录与工程质量事故报告

(3)单位(子单位)工程施工质量竣工验收报告

1)建筑工程质量验收程序和组织

2)单位(子单位)工程质量竣工验收记录

3)单位(子单位)工程质量控制资料核查记录

4)单位(子单位)工程安全和功能检验资料核查及主要功能抽查记录

5)单位(子单位)工程观感质量检查记录等

(4)单位(子单位)工程施工总结

13. 综合施工图(竣工图)资料(第13分册)

(1)设计总说明书

(2)总平面布置图(包括建筑、建筑小品、照明、道路、绿化等)施工文件

(3)竖向布置图

(4)室外给水、排水、热力、燃气等管网综合图

(5)电气(包括电力、电信、电视系统等)综合图等

14. 室外工程专业竣工图资料(第14分册)

(1)室外给水工程竣工图及设计说明书

(2)室外雨水工程竣工图及设计说明书

(3)室外污水工程竣工图及设计说明书

(4)室外热力工程竣工图及设计说明书

(5)室外燃气工程竣工图及设计说明书

(6)室外电信工程竣工图及设计说明书

(7)室外电力工程竣工图及设计说明书

(8)室外电视工程竣工图及设计说明书

(9)室外建筑小品工程竣工图及设计说明书
(10)室外消防工程竣工图及设计说明书
(11)室外照明工程竣工图及设计说明书
(12)室外水景工程竣工图及设计说明书
(13)室外道路工程竣工图及设计说明书
(14)室外绿化工程竣工图及设计说明书等

15. 专业竣工图资料(第15分册)

(1)建筑竣工图及设计说明书
(2)结构竣工图及设计说明书
(3)装修(装饰)竣工图及设计说明书
(4)给水排水工程竣工图及设计说明书
(5)采暖工程竣工图及设计说明书
(6)消防工程竣工图及设计说明书
(7)通风空调工程竣工图及设计说明书
(8)燃气工程竣工图及设计说明书
(9)电气工程竣工图及设计说明书
(10)智能建筑工程竣工图及设计说明书
(11)电梯工程竣工图及设计说明书等